"十四五"时期国家重点出版物出版专项规划项目

空天推进技术系列丛书

固体火箭发动机技术发展概论

田维平　王春光　王立武　王　伟　著

U0195244

西北工业大学出版社

西安

【内容简介】 本书着重介绍国内外固体火箭发动机技术的发展概况,主要内容包括绪论、固体火箭发动机性能与表征、固体火箭发动机在武器系统和宇航中的应用、战略导弹固体火箭发动机技术发展、战术导弹固体发动机技术发展、航天运载与助推固体发动机技术发展、其他领域固体发动机技术发展、固体火箭发动机试验技术、固体火箭发动机生产制造与检测技术、固体火箭发动机技术发展展望。

本书可作为研究生指导教材,也可作为固体火箭发动机技术领域科研工作者的参考用书。

图书在版编目(CIP)数据

固体火箭发动机技术发展概论 / 田维平等著. —西安:西北工业大学出版社,2022.9
(空天推进技术系列丛书)
ISBN 978-7-5612-8427-8

Ⅰ.①固… Ⅱ.①田… Ⅲ.①固体推进剂火箭发动机-技术发展-概论 Ⅳ.①V435

中国版本图书馆 CIP 数据核字(2022)第 184730 号

GUTI HUOJIAN FADONGJI JISHU FAZHAN GAILUN
固 体 火 箭 发 动 机 技 术 发 展 概 论
田维平 王春光 王立武 王伟 著

责任编辑:朱晓娟 董珊珊		策划编辑:华一瑾	
责任校对:朱晓娟		装帧设计:李 飞	

出版发行:西北工业大学出版社
通信地址:西安市友谊西路 127 号　　　　邮编:710072
电　　话:(029)88493844,88491757
网　　址:www.nwpup.com
印 刷 者:陕西奇彩印务有限责任公司
开　　本:787 mm×1 092 mm　　　1/16
印　　张:14.875
字　　数:352 千字
版　　次:2022 年 9 月第 1 版　　　2022 年 9 月第 1 次印刷
书　　号:ISBN 978-7-5612-8427-8
定　　价:68.00 元

前　言

固体火箭发动机作为导弹武器装备的动力源,直接决定着导弹武器远程投送、机动突防的能力,是武器装备作战效能发挥的前提和基础,更是推动导弹武器升级换代的核心技术。与此同时,随着太空探索与商业航天的快速发展,固体火箭发动机也逐步应用于航天运载与固体助推领域。国内外对固体火箭发动机技术的发展高度重视,尤其是进入 21 世纪以来,随着设计分析、推进剂、材料和制造工艺水平的提高,固体火箭发动机技术水平得到了快速发展,为导弹武器和运载能力提升奠定了基础。

本书着重介绍世界固体火箭发动机技术的发展水平,从战术武器型号到宇航战略领域,列举世界上较为知名的先进固体火箭发动机型号,着重介绍各型号的技术参数及特色,梳理固体火箭发动机生产制造技术和试验检测技术的发展脉络,并对各种技术未来的发展方向进行展望。

全书共 10 章,其中:第 1 章、第 4 章、第 6 章和第 8 章由田维平编写;第 2 章、第 3 章、第 5 章和第 10 章由王春光编写;第 7 章和第 9 章由王伟编写。全书由王立武校对和修改,由王春光统稿。

在编写本书的过程中,曾参阅了相关文献资料,获益良多,在此谨向其作者一并表示感谢。

由于水平有限,书中难免存在遗漏和不妥之处,请广大读者批评指正。

著　者

2021 年 9 月

目　录

第1章 绪 论

1.1 概 述

1.1.1 固体火箭发动机定义

固体火箭发动机(Solid Rocket Motor,SRM)是一种使用固体推进剂的化学火箭发动机,又称固体推进剂火箭发动机或固体发动机。固体推进剂点燃后在燃烧室中燃烧,化学能转化为热能,产生高温、高压的燃烧产物。燃烧产物流经喷管,在其中膨胀加速,热能转变为动能,以高速从喷管排出而产生推力,如图1-1所示。

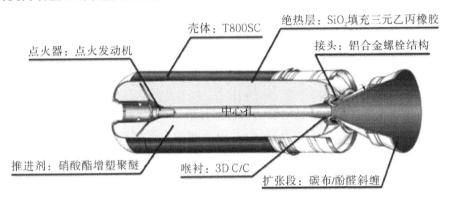

图1-1 固体发动机简图

固体火箭起源于中国,宋朝初期已出现以黑火药为能源的固体火箭发动机,最早是1161年宋金之战中的"霹雳炮"(元、明两朝出现了火箭束和两级火箭雏形,例如"火龙出水"火箭)。13世纪,中国的火药和火箭技术经中亚和阿拉伯传入欧洲,但是,在较长的时间内,低性能的黑火药限制了固体火箭的发展。1932年,人们研制出了硝化甘油和硝化棉为主要成分的双基推进剂,并可挤压成型。在第二次世界大战期间,固体火箭在姿控火箭炮和飞机推进器上得到了广泛应用。1944年,美国喷气推进实验室研制成功可浇注的复合固体推进剂和改性双基推进剂并可制成浇注式的内孔燃烧药柱,从而加速了固体火箭的发展。固体火箭在技术上取得突破,并广泛应用于弹道导弹和运载火箭,则是在20世纪50年代以后。20世纪50年代中期,人们研制成功聚硫橡胶、高氯酸铵和铝粉等组成的高能复合推进剂;20世纪60年代,人们研制出能量更高的复合改进双基推进剂;20世纪70年代,人们研制出能量和力学性能均优的端羟基聚丁二烯复合推进剂,并在药柱设计、发动机壳体材料和制造工艺上取得重大进展,使固体火箭发动机结构质量大幅度降低,从而为制造大型固体火箭发动机奠定了很好的技术基础。

从 20 世纪 60 年代起,国外为可控推力固体火箭发动机的理论和实验研究做了大量的工作,探索出了很多技术途径和设计方案,有的已经进入实际使用阶段,如美国三叉戟导弹末助推系统、苏联研究的胶状推进剂发动机方案等。

美国、俄罗斯及欧洲各国先后研制出复合推进剂或复合改进双基推进剂,高性能的固体火箭发动机,作为战略导弹和运载火箭的推进系统。目前单台固体火箭发动机的推力已超过 10 MN,如美国航天飞机巨型助推器采用的固体火箭发动机。

20 世纪 90 年代,美国为满足战区导弹防御系统(Theatre Missile Defense,TMD)的需要,开始了对微型推进剂系统的大量研究。TMD 拦截器需要完全可控的轨控、姿控系统来控制拦截器的机动飞行,通过侧向推力修正预测拦截误差并制导动能弹头直接碰撞目标,进行有效拦截,变推力室技术在姿控、轨控发动机领域具有广泛的应用。

近 20 年,美国、俄罗斯、中国、日本、印度及欧洲各国研制了一批高性能固体火箭发动机,其技术发展水平和能力得到很大提升。

1.1.2　固体火箭发动机技术内容

固体火箭发动机的技术内容主要包含设计仿真技术、生产制造技术、推进剂配方研制技术和试验验证技术。

设计仿真技术,主要是根据总体任务书指标要求开展发动机设计工作,并通过仿真技术对设计方案进行优化,从而在保证技术方案可靠性的前提下全面满足总体的指标要求。设计仿真技术又分为总体设计仿真技术、燃烧室设计仿真技术、喷管设计仿真技术和点火设计仿真技术等。

发动机生产制造技术主要是指发动机各部件的生产、制造及检测技术。发动机各部件根据其材料属性和成型工艺的不同,会采用不同的生产制造方式和检测技术,如药柱的生产制造分为自由装填工艺、壁浇注工艺和药柱的无损检测技术等。金属壳体的生产制造分为旋压工艺或卷焊、组焊工艺,非金属壳体主要为缠绕工艺。喷管包含几种非金属材料,生产制造过程更为复杂,主要包括原材料的成型工艺、喷管的组装黏结工艺及无损检测工艺等。点火的生产制造技术主要包括点火装药技术和组装黏结工艺等。

1.1.3　本书重点

本书着重介绍国内外固体火箭发动机技术的发展水平,主要包括固体火箭发动机性能与表征方法、固体火箭发动机在武器系统和宇航中的应用、战略导弹固体火箭发动机技术发展、战术导弹固体发动机技术发展、航天运载与助推固体发动机技术发展、其他领域固体发动机技术发展、固体火箭发动机试验技术、固体火箭发动机生产制造与检测技术,并对各种技术的未来发展方向进行展望。

1.2　固体火箭发动机发展现状

1.2.1　固体火箭发动机研发现状

固体火箭发动机最早是作为导弹武器的动力系统,之后随着航天技术的进步,固体火箭发动机在宇航运载和深空探测领域有了更多的应用。在运载火箭领域,固体发动机主要作为全固体运载火箭的主发动机、捆绑式运载火箭的助推发动机使用。

全固体运载火箭是实现快速进入空间的主要技术手段,世界主要航天国家均发展有成熟的全固体运载火箭,如美国的"米诺陶"系列固体运载火箭、欧洲的"织女星"火箭和日本"艾普西隆"三级固体运载火箭。固体助推器加液体芯级是国外典型运载火箭动力系统的主要组成方式,目前国外捆绑运载火箭中固体助推器占主体地位,比如美国的 Atlas Ⅴ、Delta Ⅳ Medium(见图 1-2),欧洲的 Ariane 5,印度的 GSLV-Mark 火箭及日本的 H 系列火箭等。

图 1-2 美国航空航天局的火箭发射系统助推器

(1)美国。美国基础工业比较发达,武器装备需求旺盛,大量装备美军及其盟友,动力装置研制和试验经费充足,其军用的导弹以及反坦克火箭炮等固体火箭发动机技术也处于世界顶尖水平。美国固体火箭发动机制造商经过多次兼并整合,形成两家独大的局面,分别为 Aerojet Rocketdyne 公司和诺格创新系统公司。这两家公司均制造用于战术导弹和导弹防御系统的小型和大型固体火箭发动机,诺格创新系统公司还制造战略导弹使用的固体火箭发动机。

美国著名的战斧巡航导弹助推器历经多次改型,总体性能不断提高,而生产成本却不断降低,如图 1-3 所示。改进的助推器绝热材料采用三元乙丙充填碳纤维,推进剂固体含量达到 90%,燃烧室装填体积分数达到 93%左右,燃烧室工作压力高达 18 MPa 左右,并采用全轴摆动的球窝喷管,总体技术达到了很高的水平。尤其是为潜射战斧改进的 Mk111 助推器,尺寸减小,推力和总冲增大,可使潜射导弹达到舰射型级别的 1 127 km 射程,同时满足舰射导弹和潜射导弹的需求。改进后的助推器喷管改为冷球窝可动型,喉衬改用新型高性能石墨,在 13~18 s 的工作时间里平均烧蚀率为 0.283 mm/s,比以前使用的碳/碳材料低 8%以上。

图 1-3　美国战斧巡航导弹

美国在战术导弹固体火箭发动机方面典型的先进技术有发动机总体技术、(超)高强度钢旋压成型技术、非金属材料壳体技术、小型化高性能推力矢量喷管技术、耐烧蚀材料技术、高能高力学性能推进剂技术及低易损性技术等,这些技术使得美国战术导弹固体火箭发动机总体性能处于世界领先水平。

不过最近几年美国对于军用固体动力系统的新产品研发趋缓,一来现有的产品在世界范围内依然可以保证其军事实力优势,对于更新性能的需求不大,二来由于美国军方内部的原因,要研发全新的固体导弹发动机的成本过高,因此现阶段美国对于军用固体动力技术还是以现有产品系列进行小幅度的性能升级为主,并没有进一步研发更新的型号。新研固体火箭发动机的导弹项目数量有限,导致美国固体火箭发动机领域工程师减员现象较严重,阻碍了固体火箭发动机概念设计、系统开发和生产制造等关键工程技能设计水平的进步。

(2)欧洲。欧洲航天固体火箭动力技术发展时间较晚,最早于冷战时期出现的Diamant 运载火箭技术也来源于之前的军用技术,而之后也很快被阿丽亚娜系列火箭所取代。其代表性的航天固体火箭发动机系列有 Zefiro 系列以及 P80 系列,来自其 Vega 运载火箭项目,如图 1-4 所示,而其阿丽亚娜系列运载火箭的助推器固体动力技术也十分成熟。

欧洲最新的 P120C 固体火箭发动机由阿丽亚娜集团、Avio 公司合作进行开发,将用于阿丽亚娜 6 和"织女星-C"(Vega C)火箭上。阿丽亚娜 6 火箭的最终设计采用液体芯级加大型固体火箭助推器的结构,将具有两种构型:一种是阿丽亚娜 6-2,采用两台P120C 固体助推器,起飞质量约为 500 t,主要用于政府和科学任务,能将 5 000 kg 的有效载荷送入地球同步转移轨道;另一种是阿丽亚娜 6-4,采用四台 P120C 固体助推器,起飞质量约为800 t,主要用于商业双卫星发射,能将 10 500 kg 的有效载荷送入地球同步转移轨道。每台 P120C 固体火箭助推器装有约 145 t 推进剂,能够提供 3 500 kN 的推力。P120C 固体助推器也将被用于改进的 Vega C 火箭上,以替代 P80 发动机。

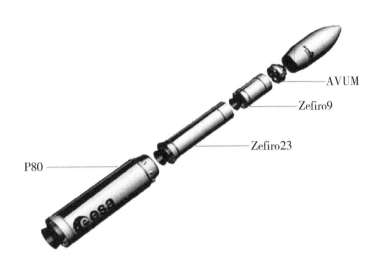

图 1-4　Vega 运载火箭动力配置

P120C 发动机是以 P80 发动机技术为基础的。P80 发动机采用整体式碳纤维缠绕复合材料壳体,裙制造工艺将由目前的手工铺叠带层改为专门定制的自动铺带机完成,以便缩短裙的制造时间,降低缺陷产生的风险。不仅如此,P80 发动机采用了新的衬层铺设方法,通过在同一台机器上完成衬层的整个生产周期(除油、预加热、敷用和预硫化),实现了制造工艺的重大改进。

目前在研的契法罗 40(Zefiro40)发动机是"织女星-C"火箭的第二级发动机,该发动机计划采用一系列创新解决方案,包括增加发动机的质量分数、密度极低的热防护橡胶、高性能的碳-环氧树脂自预浸料坯的生产、自保护柔性接头和底切浇注设计等。"织女星-C"火箭于 2022 年 7 月 13 日首飞成功。第二枚火箭于 2022 年 12 月 21 日发射,然而发射任务失败。

(3)其他国家。印度固体火箭发动机一直是处于世界领先的水平。印度早期的运载火箭从固体探空火箭发展而来,已经退役的 SLV 火箭和 ASLV 火箭都是固体运载火箭,现役的 PSLV 极地轨道运载火箭和 GSLV 静止轨道运载火箭也都广泛使用了固体火箭发动机。其中:PSLV 火箭上使用了最大推力 719 kN 的 PSOM 固体助推器;第一级发动机也采用固体发动机,型号为 PS-1;PS-3 是火箭的第三级发动机,也是固体发动机。GSLV 火箭第一级发动机采用了最大推力 4 700 kN 的 GS-1 固体发动机,正在研制的GSLV-MKⅢ(见图 1-5)火箭使用了最大推力 4 658 kN 的 S-200 固体助推器。

日本的"H-3"运载火箭是日本开发的一种中型火箭发射系统,将从日本种子岛宇宙中心发射。目前,"H-3"火箭已经被安排了 2020—2024 年的 10 次发射任务。其火箭助推器采用固体火箭发动机,推进剂为聚丁二烯。此外,日本正在进行三级先进固体运载火箭"艾普西隆"(Epsilon)的研制,旨在低成本发射中型科学有效载荷,同时满足快速发射的需求。

图 1 - 5　升空的 GSLV - MKⅢ飞船模块大气再入实验飞行

1.2.2　固体火箭推进剂技术研发现状

固体推进剂技术已经经历了数百年的发展,但真正使得固体推进剂技术产生翻天覆地变化的仅仅是第二次世界大战后的数十年的时间,在这期间,新品种固体推进剂不断涌现,如图 1 - 6 所示。其中,聚硫推进剂、端羧基聚丁二烯推进剂(Carboxyl Terminated Polybutadiene Propellant,CTPB Propellant)、端羟基聚丁二烯推进剂(Hydroxyl Terminated Polybutadiene Propellant,HTPB Propellant)和硝酸酯增塑的聚醚推进剂(Nitrate Ester Plasticized Polyether Propellant,NEPE Propellant)的开发成功,更是具有划时代的里程碑。

(1)黏结剂。黏结剂是固体推进剂体系中的研究热点。目前,广泛应用和研究的是含能黏结剂,通常是在聚合物分子链中含能的官能团,如硝基(—NO_2)、硝酸酯基(—ONO_2)和叠氮基(—N_3)等。黏结剂只占推进剂大约10%,但是其对推进剂的综合性能有着巨大的影响。含能黏结剂在改善氧化剂和燃料的燃烧环境的同时,也能燃烧并释放出能量,从而提高推进剂的性能。

(2)氧化剂。氧化剂在固体推进剂中占据的分量最大,其对推进剂的贡献主要取决于与黏结剂和燃料反应产生的热量和气体量的大小。目前,各国科学家陆续合成出 CL - 20、二硝酰胺铵(Ammonium Dinitramicle,ADN)、三硝基甲烷肼(Hydrazinium Nitroformate,HNF)等新型氧化剂。

(3)增塑剂。传统的增塑剂以降低体系黏度,改善流变性能和低温热力学性能,减少组分挥发为主要作用。而新型的含能增塑剂主要为叠氮增塑剂和硝酸酯类增塑剂,其具有高密度、高生成热、高含氮量及化学稳定性好等优点。典型代表为硝酸酯基乙基硝铵。

(4)燃料添加剂。金属添加剂主要有铝粉、铍粉等。由于铍燃烧产生剧毒,因此铝粉是目前广泛应用的主要燃料。硼与一般氧化剂燃烧效率低,燃烧性能差,科学家通过团聚造粒和表面包覆等方法试图改善其燃烧性能,取得了一定的进展。金属氢化物相比于金属粉体而言,可显著提高推进剂的比冲值,因为其燃烧释放大量的热,且燃气平均相对分子质量和火焰温度较低。同时合金氢化物不仅需要具有较高的含氢量,还要有良好的热稳定性。另外,配位氢化物如轻金属硼氢化物等研究,仍然处在起步阶段。

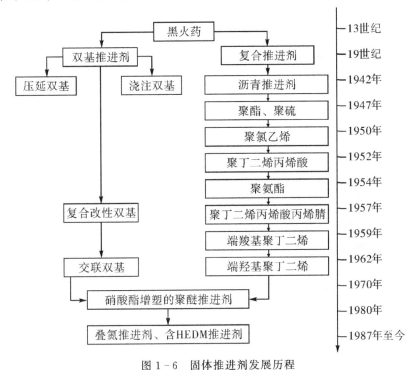

图 1-6　固体推进剂发展历程

1.2.3　固体火箭发动机材料技术发展现状

纤维缠绕复合材料由于具有比强度大、比模量高等特点,成为固体火箭发动机壳体的理想结构件。碳纤维的抗拉强度和弹性模量高,热膨胀系数小,导热系数大,密度小,比强度高及纤维强度转化率高,既可在结构中承载负荷,亦能作为功能材料,因此碳纤维复合材料制品发展迅速。

石墨/环氧树脂也被广泛用于固体火箭发动机外壳的制造。环氧树脂由于具有优异的宏观力学性能、黏结性能、抗腐蚀性能等,近年来被广泛地应用于各个领域。石墨作为最常用无机填料之一也备受广大研究者的关注,石墨特有的层状结构赋予了环氧树脂耐磨、导电等优异性能,氧化石墨不仅拥有石墨的基本性能,与环氧树脂结合还可以改善环氧树脂的阻燃性能及介电性能,氧化石墨还具有比天然石墨更好的分散性能。

国外的先进固体火箭发动机中,欧洲的 P80FW 发动机采用直径为 3 m 的碳纤维增强复合材料纤维缠绕壳体,充填有机纤维和玻璃微球的低密度三元乙丙橡胶(Ethylene - Proylene - Diene Monomer,EPDM)内绝热层,Naxeco针刺预制体热解碳基体(Naxeco - PyC)的3D C/C喉衬和RTM成型碳/酚醛(C/P)构件。欧洲Zefiro40发动机碳纤维壳体(见图1-7)采用在室温下具有更好稳定性的碳/环氧预浸料制备。为了减小复合材料壳体内热防护层的厚度,专门研究了一种性能更好的T_g环氧树脂。增强纤维则采用新一代高强/轻质碳纤维以进一步减小惰性质量,而且为了减少复合材料裙的制造缺陷,采用了纤维带自动铺放技术(Automatic Placement Technology,APL)以确保铺带和切割的高精度。日本的Epsilon的三级固体发动机的第二级M-34C采用了整体纤维缠绕碳纤维/环氧壳体,发动机绝热层使用了芳纶纤维填充EPDM橡胶,第一级SRB-A发动机则同样采用了整体碳纤维-环氧纤维缠绕壳体。

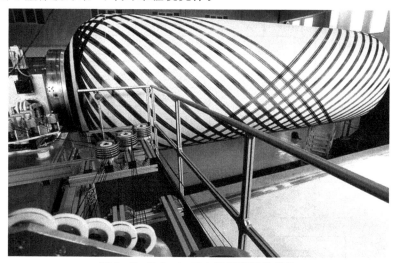

图1-7 Zefiro40正在进行碳纤维缠绕

1.2.4 固体火箭发动机装配与测试技术发展现状

固体火箭发动机试验在试验装配时不仅工装数量较多,而且涉及多种测试、加载设备的安装。目前,固体火箭发动机试验装配存在诸多问题,主要表现是:在二维设计图纸基础上编写装配工艺文件效率较低;装配工艺优化性能差,无法提前验证其合理性;二维图纸和工艺文件对现场安装的指导性差,容易造成错装、重装等现象。

虚拟装配以数字化建模技术、计算机仿真技术、分析优化技术为基础,利用产品的三维模型在计算机界面模拟现场装配情况,并允许操作人员通过各种指令控制产品的装配过程。虚拟装配过程无须实物参与,在产品设计阶段即可利用计算机辅助设计软件实现从零件到组件、从组件到整体的复杂装配过程,并通过装配顺序、路径规划和干涉分析等验证装配的合理性。虚拟装配技术在预装配阶段即可提前暴露安装问题,对于提高装配效率和质量、降低成本有显著作用,因此在工程、航天航空、军事和建筑等领域得到广泛应用。

3D打印技术是一种快速成型的加工方法,它通过对被加工物体的三维模型进行分层切片,将三维实物的立体加工方法转化为二维平面在高度方向上的堆叠,直至加工成型。相比于传统的机械加工减材制造技术,它属于增材制造方法,具有加工效率高、制造时间短、材料利用率高等特点,而且在复杂外形的零件一体化成型方面具有独特的优势,可以实现自由制造。正是由于具备上述特点,3D打印技术成为解决固体火箭发动机研制过程中零部组件加工成型的最佳技术手段。同时,在复杂零部件的设计加工过程中,在满足零部件性能的条件下,3D打印技术可以对构件结构进行合理的优化,以达到轻量化设计和应力分布更加合理化的目的,这为航天武器装备在结构性能方面的进一步提升创造了有利条件,也为固体火箭发动机的设计、制造带来了全新的发展。

测试技术方面,美国是世界上拥有最多和最庞大的火箭发动机试验机构和试验装置的国家,拥有19个用于大型固体火箭发动机的试验机构,共包括111个试验台。美国空军阿诺德工程发展中心(Arnold Engineering Development Center,AEDC)是世界上最先进、最大的飞行模拟试验装置联合体,在高性能/高面积比喷管发动机试验、高空点火和多次点火、级间分离、旋转试验领域拥有独特的试验能力。AEDC用于固体火箭发动机试验的试验台目前只有J-6试车台(见图1-8)。随着"民兵3"导弹发动机在AEDC的J-6试车台完成试验,截至2015年8月已经有2 500台固体火箭发动机在AEDC进行了试验。

图1-8 Aerojet Rocketdyne在阿肯色州南部工厂新建的测试设施

1.3 固体火箭发动机的结构及工作过程

1.3.1 固体火箭发动机结构

固体火箭发动机一般由安全点火装置、燃烧室壳体、内绝热层、衬层、装药和喷管等部件组成,如图1-9所示。

安全点火装置包含安全保险机构和点火装置。安全保险机构一般情况下处于保险状态,可阻断因机械、热、电等意外引起电爆管或发火管发火的火路,不使发动机点火。

当接到指令打开时,由保险状态转换到工作状态,使火路畅通。当起爆管或发火管通电发火时,即可点燃点火装置和发动机。安全点火装置视发动机具体结构,可位于发动机头部或尾部。有些中小型发动机可不设计安全机构,主要采用纯感火工品等措施确保点火安全。

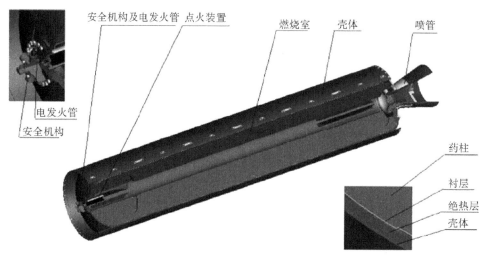

图 1-9 固体火箭发动机简图

燃烧室壳体是发动机的主要承受力部件,往往也是弹、箭体的组成部分。它要承受燃烧室内压,发动机在贮存、运输、起吊、发射和飞行中的各种外载荷和喷管向量控制,反向喷管打开对壳体及其连接区域的作用载荷。壳体一般由高强度钢、超高强度钢、铝合金、钛合金或高强纤维/树脂复合缠绕制成,要求承载能力高、质量轻、工艺性好。

内绝热层黏结于燃烧室内壁,防护燃烧室壳体在高温、高压、高速燃气作用下的过高温度和烧蚀。当前,常用的内绝热层材料以丁腈橡胶、三元乙丙橡胶和硅橡胶等为基,再加二氧化硅、纤维等填料和一些其他组分制成,还有高硅氧酚醛和碳酚醛等制品,在燃烧室不同部位,视工作条件不同,设计成不同材料或不同厚度的结构。一般要求内绝热材料导热系数低、烧蚀率低、密度低并满足一定的力学性能、黏结性能和工艺要求。

装药是固体推进剂按所设计的药型、严格的工艺在燃烧室中直接浇注成型,或在专门模具中成型。装药在发动机燃烧室中有规律燃烧,使化学能转化为热能和动能,产生的推力规律符合设计要求。其装药结构还要在固化降温、环境温度变化、贮运、发射、飞行和工作压强等条件下保持其结构完整。

衬层位于燃烧室装药与绝热层之间,主要起黏结作用。虽然其厚度一般只有 0.6~1 mm,但作用十分重要,往往影响界面的黏结可靠性和燃烧室的贮存寿命。

大多数固体发动机装药都在其前后端或一端设计有人工脱黏结构,用来降低推进剂固化降温或环境温度变化和发动机工作过程中产生的过大局部应力。

喷管是将装药在燃烧室中燃烧产生的高温、高压燃气经喷管膨胀加速排出产生推力的重要部件。它的热防护、抗烧蚀、热结构设计及采用的材料要求很高。喷管的推力矢量控制方面,目前世界各国主要采用结构轻、工作可靠性高的柔性全轴摆动方案,也有采用珠承和球窝全轴摆动喷管方案的。早期采用过的单轴四喷管摆动、液体或燃气二次喷射方案已很少应用了。

推力矢量控制机构用来驱动和控制喷管按一定角度或角速度摆动,有电动式、电液式和燃气涡轮泵增压式等几种。

有些发动机喷管受长度或结构限制,将喷管一部分潜入燃烧室中或将扩张段设计成可折叠和展开延伸式等。

有些发动机为适应导弹不同射程要求需在发动机上设计反向喷管或泄压装置,按指令打开后,使正推力为负或很低,提供较好的分离条件。

中远程导弹采用的大型发动机,为了防止导弹因飞行故障对航区落点产生重大影响和损失,往往要求固体发动机设计有自毁系统。当接到自毁指令时,自毁系统可将发动机燃烧室壳体切开或将部分壁厚切开,发动机泄压,导弹终止飞行。

1.3.2　固体火箭发动机的工作过程

固体火箭发动机的工作过程如下:

(1)电发火管通电——采用地面或弹上电源给电发火管通电,电压一般为(27 ± 3) V,单个电发火管电流大于 5 A。

(2)点火药盒或点火发动机工作——电发火管将点火药盒或点火发动机点燃,其工作时间一般小于 0.3 s,点火压强为 7～10 MPa。

(3)燃烧室药柱被点燃,其化学能转换为热能——点火药盒的火焰将燃烧室药柱的某局部表面点燃,然后火焰向药柱整个表面迅速扩散,由于火焰扩散速度可达每秒千米以上,可视为整个药柱表面被瞬时点燃;药柱点燃后,在燃烧室内形成高温($T\approx3\,500$ K)、高压($p\approx5\sim20$ MPa)燃气,使药柱中贮存的化学能转换为热能。

(4)燃气流经喷管以超声速气流喷出,使热能转换为动能,形成火箭向前运动的推力——燃烧室中的高温、高压燃气流经喷管时,在喷管收敛段燃气收缩后被加速,在喉部燃气加速至声速,然后在扩张段燃气急剧膨胀,燃气压强和温度下降而气流速度剧增,在喷管扩张段出口面的燃气速度 Ma 可高达 3～4,使热能最大限度地转换为动能,形成推力推动火箭向前运动。

1.4　固体火箭发动机的应用范围

1.4.1　各种军用火箭弹和导弹的动力装置

目前,各种无控火箭弹、反坦克导弹以及中近程地地、地空、空空、空舰、舰空和舰舰等导弹几乎全部采用固体火箭发动机作为一级或多级的动力装置。例如:对于需要两级推力导弹,可以采用两级固体火箭发动机:第一级固体火箭发动机(通常称为助推器)是大推力、短时间的起飞发动机;第二级固体火箭发动机是小推力、长时间的续航发动机。其也可以采用单室双推力的固体火箭发动机或双脉冲发动机。

对于大型的中远程的陆基或海基发射的战略导弹,也已多数采用固体火箭发动机作为动力装置。例如,1969 年美国的 1 710 枚中远程导弹中,采用固体火箭发动机作为动力装置的就有 1 656 枚,占 96.8%,只有 3.2% 的中远程导弹采用液体火箭发动机。

对于反导导弹,要求迅速做出反应,迎击对方来袭的导弹,一般都要采用可以立即发射的固体火箭发动机。

1.4.2 固体运载和助推中的应用

作为固体运载火箭的主要动力装置,大型固体火箭发动机可以满足其低成本、快速发射、长期贮存等要求。目前,国外典型的固体运载火箭主要有美国的飞马座、米诺陶、金牛座,欧盟的"织女星",日本的 J-1、M-5,中国的 CZ-11、KZ-1 和 KZ-11 等。不同于固体助推器,固体运载火箭一般采用整体式固体火箭发动机(日本的 J-1、M-5 除外)。

美国早在 20 世纪 60 年代就开始应用大型固体火箭发动机作为大型、重型运载火箭的助推器,并形成了"大力神"系列、"宇宙神"系列、航天飞机和"战神"系列,直径范围为 3.05~6.60 m,均采用分段式结构。

从 20 世纪 70 年代开始,欧洲、日本也纷纷开展大型分段式固体火箭发动机的研制,分别形成了阿里安系列固体火箭发动机和 H 系列运载火箭固体助推器,并成为大型分段固体火箭发动机应用较多的国家。印度研制的大型分段式固体发动机主要是 PSLV 芯级发动机 PS-1 和 GSLV-MKⅢ 捆绑固体助推器 S-200。

1.4.3 飞行器上面级动力装置

上面级发动机是指用于运载火箭最顶级的或与航天飞行器直接相连执行宇宙航行任务的各种火箭发动机。由于固体火箭发动机可以达到很高的质量比,有利于减轻航天飞行器质量,因此常用来作为上面级发动机的首选动力装置。

(1)远、近地点发动机。远、近地点发动机属于变轨发动机的范围。远地点发动机用于将飞行器从同步转移轨道推进到地球同步轨道;近地点发动机是将飞行器从近地轨道推进到同步转移轨道。

(2)减速和制动发动机。其指利用固体火箭发动机产生的适时反向推力使飞行器减速登陆或制动回收,如卫星的入轨级发动机和重返大气层的减速制动发动机,登月飞船用的减速制动发动机等。

(3)逃逸救生发动机。其指宇宙航行任务安全系统的应急推进装置。例如:在载人航天飞行中,倘若在飞船起飞过程中宇航员不得不离开运载飞行器,只要把飞船座舱的逃逸救生系统打开,固体火箭发动机工作产生应急动力,即可将座舱推到离开主飞行器的一个安全距离;飞机驾驶员的弹射座椅也是用固体火箭发动机产生应急推力的。

1.4.4 飞行器辅助动力装置

采用固体火箭发动机作为飞行器辅助动力装置的实例很多。

(1)固体姿、轨控发动机。其指为控制主发动机的推力方向,或是在推力作用下,为操纵飞行器所需要的姿态控制力而专门设计的小型固体火箭发动机。这些小型固体火箭发动机的喷管相对于主发动机轴线有一个可摆动的角度,改变小发动机喷管的方向,即可改变推力的方向,以达到改变飞行器姿态和方向的目的。

(2)级间分离发动机。多级火箭的级间分离或助推器与主发动机间的分离等,多采用小型固体火箭发动机。

(3)起飞助推器。为了减轻重型飞机的起飞困难、缩短起飞滑跑距离或达到短时的迅速爬高,常采用短时大推力的固体火箭发动机作为飞机起飞助推器;为了使采用冲压发动机做动力装置的飞行器进入冲压工作模态,常用固体火箭发动机作为冲压发动机的起飞助推器,使飞行器产生一定的飞行速度(亦称接力马赫数),以保证飞行器的冲压发动机能独立工作。

(4)各种燃气发生器。固体燃气发生器以瞬间产生大量燃气为目的,应用于各领域。例如:液体火箭发动机推进剂输送系统中起动涡轮的燃气发生器是固体燃气发生器;潜射导弹的发射动力源也为固体燃气发生器;推力矢量控制装置等也常用固体燃气发生器作动力源;燃气式干粉灭火器则是采用固体燃气发生器产生的燃气挤压干粉进行大面积灭火的,这种灭火器主要用于油田、油库和机场等地。

1.4.5 广阔的民用前景

固体火箭发动机不仅有广阔的军事用途,在国民经济建设中也正发挥越来越大的作用。例如:探空气象火箭是用固体火箭发动机发射的,在高空获取气象资料;由固体火箭发动机发射的各种防雹火箭在我国的农业生产上曾多次使用,可防止冰雹的形成,保护农业生产,取得了较好的效果。另外,如水下攻泥、钻地打洞、架线穿缆、海岸救生和桥梁激振等均可用固体火箭发动机作动力。

由此可见,随着发动机使用性能的提高和成本的降低,固体火箭技术在国民经济中的应用将会得到更大的发展。

第2章 固体火箭发动机性能与表征

2.1 概　　述

为了完成预定的飞行任务,总体要对固体火箭发动机提出一系列的要求,如性能参数、工作条件及外形尺寸等。固体火箭发动机的主要性能参数有推力、总冲和比冲等。工程应用中经常用比冲来评定推进剂的能量特性和发动机的设计质量。本章的主要任务就是明确地揭示出发动机性能与推进剂性质、发动机结构(尺寸和形状)、设计参数(燃烧室压强等)、工作条件(使用温度、工作高度)等之间的关系,以便发动机设计者有把握地设计发动机。但是火箭发动机的实际工作过程是十分复杂的,为了运用热力学和气体动力学的基本理论找出以上各参数间的定量关系,必须把火箭发动机复杂的实际工作过程加以抽象、简化,建立一个便于进行理论分析的物理模型(有时亦称为理想发动机)。为此,在火箭发动机性能参数分析过程中做如下的基本假设:

(1)假定燃气是完全气体。因为推进剂燃烧产物温度很高(2 000～4 000 K),而燃烧室压强不太高(一般为 3～20 MPa),所以它的性质很接近完全气体。

(2)在整个火箭发动机的燃烧室和喷管中,燃气的成分是均匀的、不变的,比热也不随温度而变。

(3)燃气在喷管中的流动为一维定常流。也就是说,所有参数只沿发动机轴向变化,而不随时间变化。

(4)燃烧室是绝热的,燃气在喷管中的流动过程是等熵的,即忽略散热损失和摩擦损失。

(5)喷管入口处气流速度为零。

在以上假设基础上,本章将给出火箭发动机各个性能参数的定义,推导出在以上理想条件下各参数的计算式,并分析影响发动机各性能参数的主要因素。

2.2 固体火箭发动机能量特性

2.2.1 比冲

固体火箭发动机的比冲量(简称"比冲")是燃烧 1 kg 推进剂所产生的冲量,比冲是推力冲量与消耗推进剂质量之比,发动机在工作阶段的平均比冲可用下式计算:

$$I_s = \frac{I}{m_p}$$

(2-1)

式中：m_p——药柱质量。

比冲是发动机的重要质量指标之一，它主要取决于推进剂本身能量的高低，也与发动机工作过程的完善程度有关，比冲对火箭性能有重要影响。若发动机总冲已给定，发动机比冲量愈大，则为了获得同样的总冲量，所需推进剂的质量就愈小，整个发动机的结构尺寸和质量都可减小。反之，若推进剂质量给定，发动机比冲量愈大，则总冲量也愈大，导弹的射程就愈远。

比冲与特征速度 C^* 及推力系数 C_F 的关系为

$$I_s = C^* C_F \tag{2-2}$$

由此可知，发动机比冲量的大小，首先取决于推进剂能量特性，其次取决于燃气在喷管内膨胀过程的完善程度。

固体火箭发动机设计时，首先应选定推进剂种类。推进剂种类主要包括丁羟三组元推进剂、丁羟四组元推进剂、N－15B 推进剂、N－15 推进剂、H－16 推进剂，其主要性能指标见表 2－1。

表 2－1　各种推进剂的几项理论性能指标

种　类	指　标				
	比热比	气体常数 $\dfrac{}{J/(kg \cdot K)}$	燃烧室温度 $\dfrac{}{K}$	特征速度 $\dfrac{}{m/s}$	比冲 $\dfrac{}{s}$
丁羟三组元推进剂	1.14	288	3 500	1 578	263
丁羟四组元推进剂	1.14	290	3 550	1 602	266
N－15B 推进剂	1.14	288	3 630	1 609	268
N－15 推进剂	1.14	289	3 763	1 637	273
H－16 推进剂	1.14	283	3 850	1 643	274

注：工作压强为 7 MPa，最佳膨胀比为 9.73，环境压强为 0.101 3 MPa。

在设计高度上，发动机比冲与压强存在以下关系：

$$I_s = \sqrt{\frac{2k}{k-1}RT_0\left[1-\left(\frac{P_e}{P_c}\right)^{\frac{k-1}{k}}\right]} \tag{2-3}$$

式中：k——比热比；

$\quad\ R$——燃烧产物气体常数；

$\quad\ T_0$——燃烧室出口处的总温；

$\quad\ P_e$——喷管出口截面处压强；

$\quad\ P_c$——燃烧室压强。

从图 2－1 可以看出，若燃烧室压强增大，则比冲增大。在总冲一定时：一方面，提高工作压强，使比冲提高，推进剂质量减轻，使发动机质量减轻；另一方面，燃烧室壳体壁厚随工作压强增加而增加，使发动机质量增加。因此，存在一个"最佳工作压强"，使发动机比冲最大。发动机质量与燃烧室压强的关系曲线如图 2-2 所示。

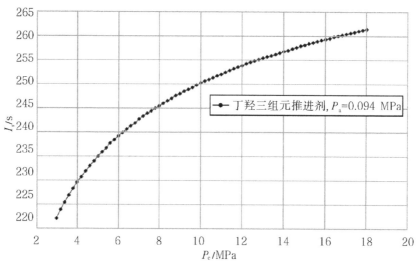

图 2-1　比冲与燃烧室压强的关系曲线

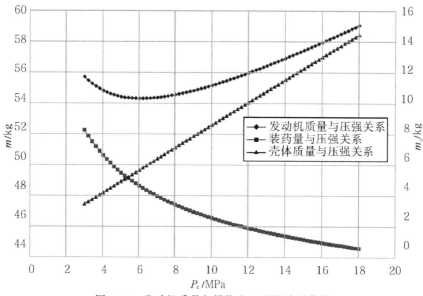

图 2-2　发动机质量与燃烧室压强的关系曲线

2.2.2　推力

推力是火箭发动机的一个主要性能参数,飞行器依靠发动机的推力起飞、加速、克服阻力,完成预定的飞行任务。

火箭发动机的推力是指发动机工作时作用于发动机全部表面(包括内外表面)上的气体压力的合力,根据气体动量变化或发动机内外表面上的压强分布推导推力公式,可得,在大气中飞行的火箭发动机的推力为(不考虑局部的附面层效应)

$$F = \dot{m}V_e + (P_e - P_a)A_e \qquad (2-4)$$

式中:F　——推力;

$\dot{m}$　——燃气质量流率;

V_e　——燃气出口截面速率;

P_e　——燃气出口截面压强;

P_a　——大气压强;

A_e　——喷管出口截面面积。

从公式(2-4)可知,作用在火箭上的推力,由以下两部分组成:

第一部分为动推力。其大小取决于燃气的质量流率和喷气速度,它是推力的主要组成部分,通常占总推力的90%以上。在发动机设计中,为了获得更高的喷气速度,要采用能量更高的推进剂,并保证推进剂的化学能在发动机内尽可能多地转换为燃气的动能,在这一基础上,再依靠改变燃气的质量流率来改变推力,以求达到设计的要求。

第二部分为静推力。它是由喷管出口处燃气压强与外界大气压强不一致所产生的,不一致的程度与喷管工作状态有关,对于喷管尺寸已定的发动机,则与工作高度有关。

由推力公式[见式(2-4)]可知,当喷管出口压强 P_e 等于外界大气压强 P_a 时,静推力这一项就消失了,只有动推力一项。发动机只有在某个特定的高度上工作才能满足 $P_e = P_a$,$P_e = P_a$ 的状态称为设计状态,此时的推力称为特征推力;当发动机在真空中工作时,$P_a = 0$,此时的推力称为真空推力。

当火箭飞行高度增加时,外界大气压强 P_a 逐渐减小,推力则逐渐增大,则喷管会出现不同的工作情况。喷管工作情况有以下三种。

第一种情况:当 $P_e > P_a$,即喷管出口面上的燃气压强高于外界压强时,气体到了喷管外面,还要继续膨胀,燃气压强继续降到外界压强值。通常把这种膨胀称为膨胀不足或欠膨胀。

第二种情况:当外界压强 P_a 恰好等于燃气出口压强 P_e 时,气流在喷管出口处没有膨胀产生,这种情况称为完全膨胀。此状态为最佳设计状态。

第三种情况:当 $P_e < P_a$,即排气压强小于大气压强时,压强推力出现负值,则发动机总推力降低。另外,这时在喷管出口处气流将发生分离现象,排气速度急趋下降,因而也使发动机推力降低。喷管出口面上的压强小于外界压强的情况,通常称为膨胀过度或过膨胀。

第一种和第三种情况是不希望产生的,理想状态是第二种情况,发动机出口压强通常设计成排气压强等于或略高于周围环境压强,即喷管工作状态一般处于欠膨胀状态或完全膨胀状态。

2.2.3　喷气速度

为了便于研究燃气在喷管中膨胀流动过程,一般假设喷管中的流动是一维定常流,流动过程为理想等熵且不考虑传热和摩擦,燃气在流动过程中组分不变且燃气的定压比热是常量。根据燃气流动能量方程等,经过推导得到喷气速度公式为

$$u_e = \sqrt{\frac{2k}{k-1} \frac{R_0}{m} T_f \left[1 - \left(\frac{P_e}{P_c}\right)^{\frac{k-1}{k}}\right]} \qquad (2-5)$$

式中: k —— 比热比;

R_0 —— 通用气体常数, 8.314 4 kJ/(kmol·K);

T_f —— 燃烧温度;

m —— 燃烧产物的平均摩尔质量;

P_e —— 喷管出口截面压强;

P_c —— 燃烧室压强。

由喷气速度公式(2-5)可以看出,影响喷气速度 u_e 的因素可以分为两个方面:一方面是推进剂的性能,反映在燃烧温度 T_f、比热比 k 和平均摩尔质量 m;另一方面是喷管的膨胀压强比 P_e/P_c。

燃烧温度越高,可以用来转换成燃气动能的热能就越多,喷气速度越大,因此,提高喷气速度的重要途径就是采用高能推进剂,以提高燃烧温度。

燃气摩尔质量越小,单位质量推进剂所产生的气体体积越大,喷气速度越高。

喷气速度随 k 值增大而略有减小, k 值的大小取决于燃烧产物的组分和燃烧温度, k 值一般在 1.1～1.3 之间,变化不大,对喷气速度的影响很小。

膨胀压强比 P_e/P_c 的大小反映了燃气在喷管中的膨胀程度,膨胀压强比越小,膨胀进行得越充分,有更多的热能转换为动能,可以达到更高的喷气速度。当 P_c 一定时,降低膨胀压强比的唯一办法是加大喷管出口截面,可显著增加喷气速度,但又要受到结构上的限制,同时出口截面增大,又会使其结构质量增加,进而影响发动机的总体性能,因此,两者应统一考虑。

2.2.4 喷管质量流率、流率系数、特征速度

喷管的质量流率是决定推力大小的一个重要因素,而且是发动机工作的主要参数。在稳态工作条件下,喷管的燃气流率也就是推进剂的消耗率。一般情况下,按照质量守恒的原则,通过喷管任意截面的流率都是一样的,但喷管临界截面处的气流速度恰好为声速,是一个特征截面,它又是扼流截面,在分析时一般作为研究流率的基准截面。

结合质量守恒方程、喷气速度公式、等熵过程方程、状态方程等可得

$$\dot{m} = P_c A_t \frac{1}{\sqrt{RT_f}} \sqrt{k\left(\frac{2}{k+1}\right)^{\frac{k+1}{k-1}}} \qquad (2-6)$$

质量守恒方程为

$$\dot{m} = \rho u A = \rho_t u_t A_t = 常量$$

式中:下角标 t 表示喷灌临界截面。

结合喷管中任一截面的流速为

$$u = \sqrt{\frac{2k}{k-1} RT_f \left[1 - \left(\frac{P}{P_c}\right)^{\frac{k-1}{k}}\right]}$$

由等熵过程方程 $\rho/\rho_c = (P/P_c)^{1/k}$ 和状态方程 $\rho RT = P$,可得

$$\dot{m} = A \sqrt{\frac{2k}{k-1} P_c \rho_c \left[\left(\frac{P}{P_c}\right)^{\frac{2}{k}} - \left(\frac{P}{P_c}\right)^{\frac{k-1}{k}}\right]}$$

令

$$\Gamma = \sqrt{k}\left(\frac{2}{k+1}\right)^{\frac{k+1}{2(k-1)}}$$

则喷管质量流率的公式为

$$\dot{m} = \Gamma\frac{P_c A_t}{\sqrt{RT_f}} \qquad (2-7)$$

式中:Γ 是燃气比热比的函数。

从公式(2-7)可以看出,流率与喷管入口滞止压强和喷管喉部面积成正比,与燃烧产物的 RT_f 的二次方根成反比,比热比的影响较弱。

为了使质量流率公式变得更简明,令流率系数 C_D 为

$$C_D = \frac{\Gamma}{\sqrt{RT_f}} \qquad (2-8)$$

则质量流率可表示为

$$\dot{m} = C_D P_c A_t \qquad (2-9)$$

流率系数 C_D 反映了燃烧产物的热力学性质,主要是由推进剂组分决定。在固体火箭发动机中,通常使用特征速度 C^* 代替流率系数,特征速度 C^* 定义为流率系数的倒数,其表达式为

$$C^* = \frac{1}{C_D} = \frac{\sqrt{RT_f}}{\Gamma} \qquad (2-10)$$

特征速度 C^* 是推进剂的性能参数,它的量纲与速度相同,但它是一个假想速度,只是用它来表示推进剂燃烧过程对质量流率的影响。C^* 的数值仅与燃烧产物的热力学性质,即燃烧温度、燃烧产物平均分子量和比热比有关,而与喷管流动过程无关,它是反映推进剂能量特性的参数。C^* 值越大,可达到更大的喷气速度,意味着推进剂能量越高。C^* 与推力之间的关系为

$$F = C_F C^* \dot{m} \qquad (2-11)$$

2.2.5 推力系数

根据热力学和气体力学的有关知识,可以推导出排气速度 μ_e 和质量流率 $\dot{m}$ 的数学表达式分别为

$$\mu_e = \sqrt{\frac{2k}{k-1}RT_f\left[1-\left(\frac{P_e}{P_c}\right)^{\frac{k-1}{k}}\right]} \qquad (2-12)$$

$$\dot{m} = \Gamma\frac{P_c A_t}{\sqrt{RT_f}} \qquad (2-13)$$

式中:k ——比热比;

Γ ——与比热比(k)有关的函数,$\Gamma = \sqrt{k}\left(\frac{2}{k+1}\right)^{\frac{k+1}{2(k-1)}}$;

A_t——喷管喉部面积；

T_f——燃气温度。

用一个系数简化推力公式的形式,得

$$F = C_F P_c A_t \qquad (2-14)$$

式中:系数 C_F 称为推力系数,表示为

$$C_F = \Gamma \sqrt{\frac{2k}{k-1}\left[1-\left(\frac{P_e}{P_c}\right)^{\frac{k-1}{k}}\right]} + \frac{A_e}{A_t}\left(\frac{P_e}{P_c}-\frac{P_a}{P_c}\right) \qquad (2-15)$$

推力系数是一个无量纲系数,它表征燃气在喷管中膨胀过程的完善程度,即表征喷管性能的参数,C_F 愈大,表示燃气在喷管中膨胀得愈充分,即燃气热能愈充分地转换为燃气的动能。由于 k 的变化范围较小,故 C_F 的取值范围在 $1\sim2$ 之间,一般在 1.5 左右。

由推力系数公式可见,推力系数主要是喷管面积比 A_e/A_t 的函数,当 k 和 P_c/P_a 一定时,随着面积比的增加,推力系数先增大,到某一最大值后逐渐减小,这也反映了喷管工作或膨胀状态的变化,即欠膨胀($P_e>P_a$)、完全膨胀($P_e=P_a$)和过度膨胀($P_e<P_a$)三种状态。

当膨胀压强比 P_c/P_a 增大时,相当于 P_c 不变 P_a 减小,推力系数增加,从而说明推力系数是随工作高度的增加而增大的。

当 $P_e=P_a$ 时,喷管在完全膨胀状态下工作,推力系数可写成

$$C_F^0 = \Gamma \sqrt{\frac{2k}{k-1}\left[1-\left(\frac{P_e}{P_c}\right)^{\frac{k-1}{k}}\right]} \qquad (2-16)$$

C_F^0 称为特征推力系数,它只是喷管面积比和比热比的函数,而与燃烧室压强和外界大气压强无关。

用 C_F^0 表示推力系数的公式为

$$C_F = C_F^0 + \frac{A_e}{A_t}\left(\frac{P_e}{P_c}-\frac{P_a}{P_c}\right) \qquad (2-17)$$

推力系数与大气压强 P_a 有关,而 P_a 随着高度的升高而减小,在真空中 $P_a=0$,所以对给定的发动机,推力系数 C_F 将随着发动机工作高度的升高而增大,在真空中达到最大值,此时推力系数叫真空推力系数,用 C_{Fn} 表示,则真空推力为

$$F_n = C_{Fn} P_c A_t \qquad (2-18)$$

2.2.6　发动机工作时间和燃烧时间

固体火箭发动机工作时间(t_a)是从初始压强 P_i 建立到有效工作终点压强 P_{fe} 之间所对应的时间间隔,即从点火起动、产生推力开始,到发动机排气过程结束、推力下降到零为止,可以根据发动机的压强-时间曲线来确定。发动机工作时间通常按下列方法确定:以发动机点火后推力上升到 10% 最大推力或其他规定推力(或压强)的一点为起点,以发动机熄火后推力下降到 10% 最大推力或其他规定推力(或压强)的一点为终点,这两点间的间隔时间作为发动机的工作时间。

也有以发动机点火后压强上升到 0.3 MPa 时的一点为起点,以发动机熄火后压强下降到 0.3 MPa 时的一点为终点,这两点间的间隔时间作为发动机的工作时间。

除发动机工作时间外,还经常用到药柱燃烧时间(t_b)。燃烧时间是指药柱表面开始点燃到肉厚燃烧结束的时间间隔。燃烧时间比发动机工作时间短。燃烧时间具体确定方法是:确定燃烧时间的起点和确定发动机工作时间的起点一样,但终点则是推进剂肉厚的燃烧结束点,此点具体确定方法是在发动机的压强-时间曲线上的工作段后部和下降段前部各作一条切线,两切线夹角的角等分线与压强-时间曲线的交点所对应的时间即为计算燃烧时间的终点。

2.2.7 总冲

固体火箭发动机的总冲量(简称"总冲")是指发动机推力的冲量,在推力不变情况下,总冲量为推力与时间的乘积,一般情况下,推力是随时间变化的,因此,发动机的总冲量定义为推力对工作时间的积分,具体如下:

$$I = \int_0^{t_a} F \, dt \qquad (2-19)$$

总冲是火箭发动机的重要性能参数,它包括发动机推力和推力持续工作时间,综合反映了发动机工作能力的大小,发动机总冲越大,则火箭射程越远或发射的载荷越重。要达到同样的总冲,可以采用不同的推力与工作时间的组合,这需要根据火箭的用途来选择。

对于不同任务的发动机,不仅有总冲量大小的要求,而且还有推力随时间变化规律的要求。因为同样的总冲量可以采用大推力、短工作时间的方案,也可采用小推力、长工作时间的方案。不同的推力-时间变化规律直接影响火箭飞行速度的变化规律,并且对发动机结构、药柱形式和燃面变化规律等也有不同的要求。这些要根据不同的战术技术要求来确定。

2.3 固体火箭发动机质量特性

2.3.1 质量比

固体火箭发动机质量比 λ 定义为

$$\lambda = \frac{m_p}{m_i} \qquad (2-20)$$

式中:m_p ——发动机装药量;

$\quad\ m_i$ ——发动机总质量。

为了避免发动机设计过于笨重,通常需要对质量比提出一定的要求。

2.3.2 质量特性

发动机设计完成后,会有各部件的质量分配,见表 2-2。

工作过程中发动机的质量和质心变化较为明显,因此,发动机设计完成后需要计算随着发动机质量变化的发动机的质心和转动惯量,如图 2－3 所示。

表 2－2　发动机的质量分配

序　号	项　目	质量/kg
1	装药	2 330
2	壳体	290
3	绝热层、人脱、衬层	80
4	喷管	50
5	点火装置	6
6	安全机构	2
7	直属件	4
8	合计	2 762

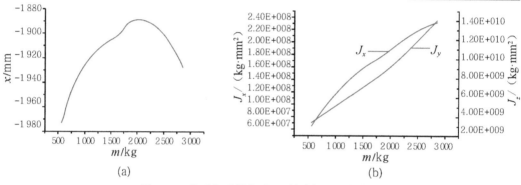

(a)　　　　　　　　　　(b)

图 2－3　发动机质量与质心、转动惯量变化曲线

(a)质心;(b)转动惯量

2.4　固体火箭发动机内弹道特性

2.4.1　参数定义

通常情况下,发动机系统设计完成后,需要提供飞行器总体发动机的推力-时间、压强-时间、流量-时间曲线,方便总体开展外弹道设计。

某单室双推力发动机工作过程推力示意及发动机性能指标定义图如图 2－4 所示。

图 2－4 中:横坐标轴为时间,单位为 s,零点为发动机点火时刻;纵坐标轴为推力,单位为 kN。

F_i:发动机理论初始推力;

F_{fb1}:助推段结束时刻发动机推力;

F_{fb2}:过渡段结束时刻发动机推力;

F_{fb3}:续航段结束时刻发动机推力;

t_i:发动机延迟时间,即从点火时刻到推力为 F_i 所用的时间;

t_1：发动机助推工作段时间；

t_2：发动机过渡工作段时间；

t_3：发动机续航工作段时间；

t_a：发动机工作时间，即从零点到燃烧室压强下降到 300 kPa 的时间间隔；

$\overline{F}_1$：助推段发动机平均推力；

$\overline{F}_2$：过渡段发动机平均推力；

$\overline{F}_3$：续航段发动机平均推力。

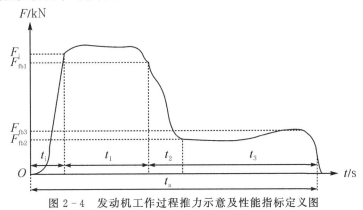

图 2-4　发动机工作过程推力示意及性能指标定义图

2.4.2　典型内弹道曲线

某单室单推力发动机地面试验曲线与理论预示曲线对比如图 2-5、图 2-6 所示，发动机性能指标理论值与实测值对比见表 2-3。

表 2-3　发动机主要性能指标

序　号	名　　称	单　位	指标（标准大气压）	指标（实测值）	指标（标准大气压换算后）
1	平均推力	kN	256	259.7	258.9
2	装药量	kg	7 180±50	7 191	7 191
3	总冲	kN·s	≥17 168	16 800	16 745
4	比冲	N·s·kg^{-1}	2 391±23	2 336	2 328.57
5	额定工作时间	s	67±3	64.71	64.71
6	燃烧时间	s	—	59.89	59.89
7	质量比	—	≥0.891	0.891	0.891
8	喷管堵片打开时间	ms	提供实测值	64.65	64.65
9	平均压强	MPa	7.6	7.82	7.82
10	最大压强	MPa	9	9.24	9.24
11	最大推力	kN	—	302.1	301.2
12	实测燃速	mm·s^{-1}	—	6.162	6.162

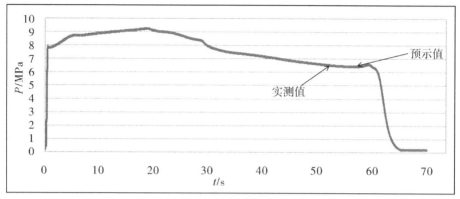

图 2-5　发动机压强-时间曲线

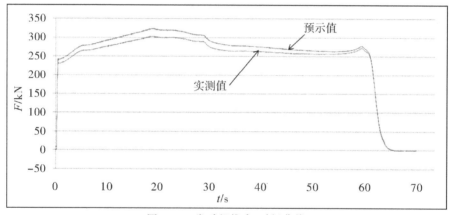

图 2-6　发动机推力-时间曲线

2.5　固体火箭发动机环境适应性

武器装备的战斗力与环境密切相关,世界军事史上无数战例都证明了这点。随着导弹武器的广泛应用和现代战争的日益复杂,面临的作战使用环境将更加恶劣,各种复杂、极端环境均有可能出现,极有可能超出技战术指标规定的环境,环境因素将严重影响导弹武器战斗力的生成、保持和提高,导弹武器必须能够适应全天候、全地域作战。固体火箭发动机是导弹武器系统的重要组成结构,其环境适应能力直接影响着整个导弹武器系统的适应能力。因此,研究和探索固体火箭发动机环境适应性具有重要意义。

2.5.1　高温

在长期贮存中,温度对固体火箭发动机材料性能的影响是诸影响因素中较重要的影响因素,同时也是具有普遍性的因素,高温会加速固体火箭发动机各部件的老化。

药柱在温度高的环境下会加速氧化剂的分解,产生活泼的分解产物,攻击推进剂中易受侵蚀的黏结剂系统的薄弱环节,引起黏结剂系统的物理和化学变化,使推进剂成分发生扩散、析出。高温使固体推进剂的降解和交联速度加大,组分迁移速度增加,组分变质加快,改变固体发动机推进剂的理化性能、燃烧性能和内弹道性能,缩短固体火箭发动机的使用寿命和降低使用安全性。

高温会引起复合材料发生老化,在较高的温度下复合材料结构中的树脂可能发生蠕变。弹体在一般贮存情况下,环境温度被严格控制,不会发生明显形变,力学性能的变化也不明显。只有在野外待机时,才有可能出现持续高温环境,对弹体性能产生较大影响。

黏结界面的老化与温度有着直接的联系。较高温度的持续作用会对黏结界面产生如下影响:衬层和推进剂体系的后固化,使衬层和推进剂的交联密度增加,引起黏结体系模量的增加和延伸率的下降;热氧化和热分解,从而降低整个黏结体系的强度;组分迁移,从而在界面处形成局部的高应力与应变,导致界面黏结减弱甚至破坏。

橡胶等密封材料受到高温的刺激时,其内部高聚物的分子链发生断裂,形成非常活跃的游离基,这些游离基进一步引起橡胶高分子链的裂解或交联,导致橡胶高分子材料老化变质。老化会造成橡胶材料中不可恢复的残余累积变形增加,也就是弹性变形降低,从而导致密封能力下降,最终造成泄漏现象的发生。

2.5.2　低温

固体火箭发动机在低温条件下贮存时,虽然非金属件老化变慢,但其贮存寿命同样变短,而且出现故障失效的概率会增加。

低温下材料变脆,当构件受到振动时,容易产生裂纹,或使有裂纹的构件发生裂纹扩展,尤其对药柱材料来说,易造成黏结层材料的分子链断裂,使脱黏面积扩展较快。复合固体推进剂的力学性能在低温下受到很大的影响,温度降低时,推进剂产生结晶,延伸率显著下降。在低温条件下,绝热层和药柱径向收缩,绝热层和其附近的药柱环向拉伸。

低温还会使动力系统橡胶密封材料脆化,使得出现微裂纹的概率增加,密封腻子变硬,降低密封能力。长期在低温下贮存,会造成密封失效。低温下各种材料的收缩率不同,可能造成配合间隙变化,甚至机件卡死等。

2.5.3　温度交变

温度的交替变化会引起固体火箭发动机构件应力集中处的应力交替变化,导致构件的疲劳损伤,当损伤积累到一定程度时,会产生疲劳裂纹直到疲劳断裂破坏。

温度交变对长期贮存的固体药柱也会造成严重的累积损伤。当温度变化时,由于药柱和壳体的热膨胀系数不同,它们的变形也是不同的。然而,两者黏结在一起,药柱的变形受到壳体的约束。于是,在药柱和壳体接触面上造成接触应力,并在药柱和壳体内引起热应力和热应变。当环境温度高时,高温层上产生热膨胀,这种热膨胀受到相邻层的限制,于是形成压应力;当环境温度低时,形成收缩拉应力。

随着温度的交替变化,药柱各层之间作用着交变载荷,导致累积疲劳损伤,这将大大缩短药柱的寿命。温度交变还会引起橡胶等高分子材料的疲劳老化,加速密封件等的老化进程。

2.5.4　辐射

一般高分子材料在空气中受日光或其他光线照射会发生氧化反应,这种现象发生在波长约为 400 nm 以下的紫外线范围内。紫外线(290～400 nm)对非金属材料老化有显著影响,紫外线的波长越短,其能量越大,越能促使非金属材料老化。

辐射对导弹的金属壳体影响不明显,但对复合材料壳体和外涂层有较为明显的影响。复合材料壳体或涂层在紫外线照射下,会加速老化。辐射还会导致局部温度升高,从而加速材料老化。

太阳辐射会产生光化学效应。在长时间阳光照射下,小于 5% 的紫外线会有害于复合材料壳体及其涂层。受紫外线和氧气共同作用,复合材料会发生光氧、光降解和交联,生成氧化物,导致分子链断裂,壳体表面涂层会出现褪色脱皮,影响壳体外观及力学性能。

壳体可以阻止辐射进入固体火箭发动机内部,因此,辐射对固体火箭发动机的影响主要表现为对壳体的影响。

2.5.5　霉菌与盐雾

武器装备在沿海地区贮存过程中常见的一种损伤是霉菌腐蚀。无论什么产品,只要发现有霉菌存在,它就会受到一定程度的腐蚀和破坏。霉菌对导弹装备的破坏归纳起来有下述几方面。

(1)霉菌在新陈代谢中能产生大量的酵素和有机酸,使材料发生分解反应而老化,影响固体火箭发动机密封圈的机械性能和外观,破坏其气密性。

(2)霉菌会破坏金属、非金属材料(固体火箭发动机壳体)的涂层和保护漆,从而使金属、非金属被锈蚀损坏。

(3)霉菌会使点火装置受潮而损坏。

(4)霉菌会影响电子产品及材料的电气性能,破坏电路,可能给某些电子设备造成严重故障。

例如,在南方的一个空调比较完备的导弹贮存综合坑道内,经 6 年空弹贮存试验后,仅从外观就发现:弹上的防护漆多处长霉,弹衣拉链有发霉、发黑、发黏现象,同空弹一起贮存的电器元件也多处发现长霉。由此可见,霉菌对固体火箭发动机的金属和非金属构件都有较大的破坏作用。

盐雾大气是电子设备加速腐蚀的另一重要因素,特别是在沿海地区,大气中盐的含量会达到 200 mg/m²。盐雾大气环境效应分为 3 类。

(1)腐蚀效应:加剧电化学腐蚀,造成金属壳体腐蚀,非金属壳体和密封件破坏。

(2)电效应:盐酸沉积使电子设备破坏,密封材料和金属被腐蚀。

(3)物理效应:造成机械部件及组合活动部分阻塞或卡死,因电解作用导致壳体漆层起泡、脱落。

2.5.6　湿热环境

试验研究表明,湿热环境对固体火箭发动机各部件性能的影响比单纯的高温或高湿环境更加严重。

湿热环境中,复合材料的性能主要取决于环境的相对湿度,温度的影响不是主要因素。复合材料在湿热老化过程中可能发生的变化有后固化、水解、增塑和自由体积收缩等现象。复合材料大量吸收水分,会出现分层、空隙和裂纹现象,高分子材料基体出现膨胀或开裂,从而导致力学性能下降。药柱在湿热环境下物理和化学老化更加严重,力学性能、内弹道性能下降更加明显,甚至会出现气泡、裂纹。由于高温的存在,湿气对发动机黏结界面的浸透率将比普通高湿环境时更大,水解和弱边界层作用也会更加明显,药柱脱黏更加严重。

2.6 固体火箭发动机飞行过载适应性

随着载机机动性能的提高,要求导弹具有高的机动性及较好的抗大过载能力,以满足现代战争的需要。导弹在高速机动过程中要承受很高的过载,其侧向过载非常高。较高的侧向过载会严重影响固体火箭发动机中凝相粒子的运动规律,导致凝相粒子局部浓度过高,恶化发动机绝热层的工作环境,严重时可导致绝热防护失效,甚至发动机被烧穿而解体。

另外,较高的过载使发动机燃烧室中的颗粒浓度分布改变,减弱了颗粒的阻尼特性,也可能诱发不稳定燃烧现象产生,从而影响固体火箭发动机的使用安全性。

因此,掌握过载对发动机工作的影响规律,对新型高机动战术导弹发动机的研制具有重要意义。

2.6.1 过载对发动机绝热层烧蚀的影响

对横向过载飞行试验后发动机绝热层烧蚀率数据进行汇总,获得绝热层烧蚀率与横向过载大小之间的关系,如图 2-7 所示。

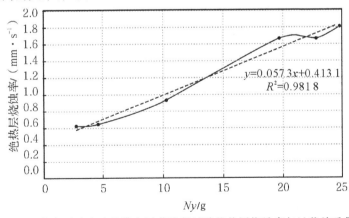

图 2-7 某全尺寸发动机横向过载飞行试验绝热层烧蚀率与过载关系曲线

由于发动机内两相流动通过实验测试难度极大,所以数值模拟成为较好的分析手段。计算结果分析中应给出凝相颗粒的浓度分布云图,颗粒轨迹云图,不同绝热层壁面上的颗粒速度、角度、浓度、粒径和沉积率等参数,通过烧蚀率拟合公式得到不同部位绝热层的烧蚀率,见公式(2-21)。另外,通过颗粒的壁面沉积率积分得到发动机的 Al_2O_3 沉积量,特别是潜入喷管的粒子沉积量预示。

$$r_{\max} = r_0 + \alpha \rho_p^{n_1} v_p^{n_2} (\sin\alpha)^{n_3} \qquad (2-21)$$

式中：$r_{\max}$——试验条件下绝热层的最大炭化烧蚀率；

$\quad r_0$ ——绝热层常规化学烧蚀率，通常取 0.1 mm/s；

$\quad \rho_p$ ——颗粒聚集冲刷浓度；

$\quad v_p$ ——颗粒冲刷速度；

$\quad \alpha$ ——颗粒冲刷系数。

系数 α 与 n_1，n_2，n_3，为待确定的未知数，确定过程如下：

（1）通过地面试验或弯管试验获得相应条件下的绝热层烧蚀数据，即相应条件下的 $r_{\max}$；

（2）根据内流场计算结果获得相应条件下流场参数，确定关心部位的 r_0、ρ_p、v_p；

（3）多元回归式（2-21）即可以确定系数 α 与 n_1，n_2，n_3。某发动机过载条件下回归得到的烧蚀率公式为

$$r_{\max} = r_0 + 2.968 \times 10^{-3} \rho_p^{0.717} v_p^{0.717} (\sin\alpha)^{0.247} \qquad (2-22)$$

（4）计算飞行过载条件下发动机内流场，提取关心部位的内流场参数，同（2）；

（5）将获得的流场参数代入确定系数后的式（2-22），即可以计算关心部位绝热层炭化烧蚀率，从而可以根据烧蚀率设计绝热层的厚度。如果单纯的丁腈橡胶和三元乙丙橡胶绝热层已经很难实现可靠的热防护，则需要考虑增加一定厚度的硬质绝热材料，将绝热层设计为"多层夹心"结构。

另外，如有需要，计算结果分析中可以给出气相的压强、速度、温度分布云图，尤其是对称面的流线图，对分析如喷管潜入区、分段发动机对接部位的粒子运动轨迹和绝热层烧蚀规律很有必要。

2.6.2　过载对发动机燃烧稳定性影响

（1）国外研究现状分析。国外对固体火箭发动机燃烧稳定性分析采用了理论分析、试验研究和数值计算相结合的方法，每种方法都取得了较大成果。在理论分析方面，线性理论已经运用到工程实践中，例如美国的标准稳定性预测程序（Standard Stubility Prediction Program，SSP），但对于其中包含的增益/阻尼项仍有争论。非线性理论中气体动力学需要求解很多复杂的微分方程，而能量平衡法则缺少必要的数据，两者在工程运用中并没有发展成熟。在试验研究方面，主要采用冷流试验和缩比模型试验，得到了平均压强、流速等时间分布及有限空间分布信息，无法获得整个发动机各参数详细的时间和空间分布信息。在数值计算方面，随着计算机水平的提高，数值计算得到了很大发展，成为了了解细节和机理的有效途径。

（2）国内研究现状分析。国内在固体火箭发动机燃烧不稳定方面起步较晚，通过几十年的研究，取得了一定成果，但各方面仍与国外有较大差距。理论分析方面，仍采用早期的线性理论进行稳定性预估，而且并没有广泛地应用到工程实践中。非线性理论由于其复杂性，理论研究尚不成熟。试验和数值模拟方面的研究较少，主要由发动机型号设计和地面试验中遇到的问题牵引。国内此方面的研究应借鉴国外的研究思路，首先深入研究线性理论，并将其应用到工程实践中。因此，研究适合于工程实践的不稳定燃烧线

性分析理论具有重要意义。

通过数值模拟的方法,对比分析了不同燃烧室内凝相颗粒直径大小、推进剂含铝量多少和过载大小下的颗粒聚集浓度分布情况,并计算了这些工况下的颗粒阻尼值和气流转弯损失,主要结论有:

(1)其他因素不变,燃烧室内凝相颗粒直径在小于最佳直径的范围内时,随着颗粒直径增加,颗粒阻尼增加,发动机燃烧稳定性提高;

(2)其他因素不变,随着推进剂含铝量增加,颗粒阻尼增加,发动机燃烧稳定性提高;

(3)其他因素不变,随着横向过载和轴向过载增加,颗粒阻尼减小,发动机燃烧稳定性变差,并且横向载荷对颗粒阻尼的影响比轴向载荷大;

(4)凝相颗粒粒径大小,推进剂含铝量多少及过载大小对发动机燃烧室的气流转弯损失影响不大,因此对燃烧稳定性影响不大;

(5)根据数值模拟和理论计算结果,适量增加燃烧室凝相颗粒直径和推进剂中铝粉含量,可提高发动机飞行过载时的燃烧稳定性。

2.6.3 温度对内弹道的性能的影响

温度对发动机的内弹道影响过程较为复杂,通常人们认为温度通过燃速温度敏感系数只对燃速造成影响,从而影响发动机的平衡压强,这种想法是不严谨的。因为在发动机中,温度敏感系数分为四类,人们常说的燃速温度敏感系数只是其中的一种,且该系数为压强不变条件下测得的,其适用范围是受限的。本节只对四类温度敏感系数进行介绍,具体的应用场景不赘述。

(1)燃速温度敏感系数 α_T。在压强 P_c 一定时,药柱初温变化 $1℃$,所引起的燃速相对变化,即人们常说的燃速温度敏感系数,通常取值范围为 $1.5‰\sim2.0‰$。

(2)燃速温度敏感系数 α_{TK}:燃通比 k 一定时,药柱初温变化 $1℃$,所引起的燃速相对变化。其计算方法如下式:

$$\alpha_{TK} = \alpha_T + n\alpha_p$$

(3)压强温度敏感系数 α_p:燃通比 k 一定时,药柱初温变化 $1℃$,所引起的压强相对变化。其计算方法如下式:

$$\alpha_p = \frac{1}{1-n}\left[\alpha_T + \frac{1}{T_2 - T_1}\ln\left(\frac{c_2^*}{c_1^*}\right)\right]$$

(4)压强温度敏感系数 α_{pp}:压强与燃速比值 P/r 一定时,药柱初温变化 $1℃$,所引起的压强相对变化。其计算方法如下式:

$$\alpha_{pp} = \frac{\alpha_T}{1-n}$$

2.7 固体火箭发动机使用特性与安全性

2.7.1 固体火箭发动机使用安全特性

固体发动机一般由安全发火机构(安全机构和电发火管)、燃烧室、喷管和点火装置等部(组)件及发动机直属件组成。其中:燃烧室内装有固体推进剂;点火装置内装有引燃药和点火药;安全发火机构由发火元件和安全机构组成。固体推进剂、引燃药和点火药、电发火管是决定固体发动机安全性的主观因素。静电感应、射频、杂散电流、环境温度、热源烘烤、外力撞击和人为操作等是决定固体发动机安全性的客观因素。

1.固体发动机安全性故障的种类

(1)静电感应、射频、杂散电流作用,导致电发火管或点火器误发火;

(2)在外力撞击、热源烘烤等外在条件作用下推进剂自燃或爆炸;

(3)人为操作失误导致误点火;

(4)固体发动机贮存、使用环境的温度超出规定的条件,引起发动机药柱异常变形、损伤,进而在工作时出现异常甚至爆炸;

(5)固体发动机在搬运、吊装、运输等过程中,由于超出规定使用条件,或人为操作失误导致发动机局部损伤,进而在工作时出现异常甚至爆炸。

2.固体发动机安全使用的一般要求

以某型发动机使用安全要求为例,具体介绍如下。

(1)发动机使用环境要求。

1)机动发射环境条件。

环境温度: $-20 \sim +55℃$;

发射箱内温度: $5 \sim 35℃$ (允许空调单次故障时间不大于 4 h);

起竖过载:不大于 $1.5g$;

装药温度: $5 \sim 35℃$;

出筒最大轴向过载: $11g$ 。

2)自然环境条件。

温度: $-20 \sim +55℃$;

地面风速:平均风速不大于 15 m/s,最大瞬时风速不大于 22.5 m/s;

发射点海拔高度:不大于 3 000 m;

雨、雪、雾:中雨(雨量 2.6~8.0 mm/h),中雪(雪量 2.5~5.0 mm/d),重雾(能见度 50 m);

夜间:无月光。

(2)发动机贮存。

1)发动机贮存库房必须具备防爆、防火、防静电、防雷击、防污染、防腐蚀、防酸、防雨、防潮及防阳光直射等一般条件。

2)发动机遮盖时,遮盖物应用棉织物,在进行遮盖或取下时,不应快速拖拉,以免损坏表面漆层和外部零件。

3)贮存期间必须保持发动机可靠接地,接地线电阻 $\leqslant 4 \Omega$ 。

4)必须确保点火电路处于短路保护状态。

5)必须确保安全机构处于安全状态。

6)库房贮存期为 10 年(从出厂评审之日起)。

7)库房贮存条件:

总装厂房:温度 5～35℃,相对湿度不大于 75%[(25±5)℃];

中心库:长期贮存温度 5～35℃,相对湿度不大于 75%[(25±5)℃];

待机阵地:环境温度-20～+55℃,相对湿度不大于 93%[(25±5)℃];

发射箱内温度:5～35℃;

相对湿度:不大于 75%[(25±5)℃]。

（3）发动机吊装、搬运。

1）起吊和搬运发动机时,应使用专用吊具,升降速度不得大于 3 m/min,平移速度不得大于 8 m/min,起吊放置时的加速度不大于 2g,在操作中采取措施防止产品翻转。

2）吊装发动机时应首先进行试吊,即将发动机吊离支承面 20～30 mm 高,检查吊具安装、固定情况,确认安全后方可继续吊装。

3）发动机起吊、搬运中,不得敲打、划伤、碰撞产品,避免发动机局部受较大外力的挤压等。

4）发动机吊装包带宽度应不小于 100 mm,停放的支撑弧形座宽度应不小于 200 mm,且支撑弧形座表面有毛毡,必要时加垫用棉绒布包裹的海绵(自然状态下厚度 5～10 mm),前后弧形架保持平行、共轴线。

5）吊具、发动机地面停放托架和发动机接触必须衬有保护垫,不允许金属件直接接触发动机,不允许产生滑动和损坏外部零件。

（4）发动机运输。

1）发动机运输前需用白蜡光纸包裹,包装作业的工作环境应清洁、干燥,无有害介质,具有良好的光线和通风条件;捆束发动机的绳带不能采用易产生静电的材料,捆束方式应保证在运输期间不断裂、不霉变、不自行解开、不磨损发动机。

2）发动机在运输过程中,应可靠固定在运输工装上,并且车上有接地链条消除静电。

3）铁路运输时,车厢不得溜放,不允许和油车、化学物品及其他易燃易爆物品混合编组,火车最大车速不大于 80 km/h。

4）汽车运输时,高速公路运行速度不大于 80 km/h;普通公路运行速度不大于 40 km/h;急造土路运行速度不大于 25 km/h,且不得急刹车。

3.火工品安全性要求

电发火管是发动机的发火元件,可能导致电发火管安全性故障,主要是静电感应、射频、杂散电流作用,或者人为操作失误导致电发火管误发火。

（1）防静电要求。要求发火管防静电能力超过 25 kV,按照标准,此类火工品在 3 750 V 以下的静电环境是安全的,它具有良好的安全裕度。抗射频能力为:1 A/1 W/5 min 不发火,达到国际标准的防射频要求。其壳体耐压强度应远远大于发动机最大工作压强。

雷击是威胁火工品安全性的重要因素,研制中需要对发火管进行模拟雷击放电电压试验(30 万～220 万伏,距发火管 2～2.7 m)和放电电流试验(1.5 万～35 万安,距发火管 0.3～1 m),验证发火管的安全性。

电发火管在出厂时带有短路插针,测试后装于发动机上,并带有短路插座,以保证点火电路的安全;在全弹对接前取下短路插座,与弹总体电路插座对接。此后的点火电路的短路保护由全弹系统保证。

（2）测试过程的安全性要求。

1）测试人员应受过专门训练，并通过考核，测试人员必须穿防静电工作服、胶底防静电工作鞋，佩戴防静电手镯；

2）限制操作和现场人员，与测试无关人员，要远离测试现场；

3）必须将被测电发火管装到电发火管专用测试盒上进行测试；

4）必须卸下电发火管插头的短路插座或短路插针，安装专用测试插座进行测试；

5）桥带电阻的测量电流必须小于或等于 50 mA；

6）绝缘电阻的持续测试时间不准超过 1 min；

7）测试应逐一进行，防止殉爆；

8）测试不准与其他的安装、测试工作同时进行；

9）预防和消除测试电路与其他电路之间的短路或干扰；

10）测试时，不要把电发火管的发火端面面对自己和他人；

11）测试前应发出预警信号；

12）测试后立即安装短路插座；

13）电发火管安装后严禁对发动机进行敲打、切割以及打孔等作业。

（3）火工品在安全机构上的安装。在电发火管测试合格后，方可将电发火管安装在安全机构上组成安全发火机构，装配完成后，需要对整体气密性进行检查。

（4）火工品在发动机上的检测。

1）火工品安装在发动机上后，一般不再进行点火电路测试；若需进行点火电路测试，则需确认安全机构处于安全状态，确认后方可进行通路电阻测试，不得进行绝缘电阻测试。

2）地面试车发动机点火电路的测试必须在试车台上进行；设备必须功能完整、安全可靠，测试设备和发动机必须可靠接地。

3）安全发火机构安装在发动机上后不能进行绝缘电阻测试；安全机构装配电发火管后应在电发火管短路的条件下方可进行电性能测试和安全机构的状态转换与状态验证（发射状态除外）。安全机构除发动机点火或导弹发射外，均应置于安全状态（测试瞬间除外）。

4）导弹发射或发动机地面试车时若出现瞎火，应在切断电源 30 min 后再到现场检查。

2.7.2　发动机易损性评估判定方法

随着武器装备的快速发展，弹药的安全性要求越来越高。国外从 20 世纪 70 年代起就开始了不敏感弹药的研究工作，旨在提高武器弹药在战场和战备条件下，在遇到特殊的环境条件刺激时，能将偶然引发的反应可能性和随之产生的对武器平台和人员的危害程度降低到最低。目前美国形成了美军标《非核弹药危险性评估试验》（MIL—STD—2105D），北约成立了弹药安全性信息分析中心，形成了《北约不敏感弹药引入与评价政策》（STANG4439），对所有服役的弹药进行易损性评估和测试。相比之下，国内在不敏感弹药方面的研究进展较为缓慢。固体发动机是导弹的重要组成部分,设计低易损发动机、进行固体发动机易损性研究也是固体发动机安全性研究的一个重要方向,在发动机舰用化等方面具有重要意义。目前,国内的研究人员主要针对低易损推进剂进行了小尺寸发动机试验及仿真研究,建立了试验方法和评估准则。研究发现,推进剂的尺寸、约束条件、壳体材料、试验方法对于试验结果均会产生影响。而对于固体发动机的易损性评估,应在小尺寸推进剂试验的基础上,结合计算仿真对全尺寸发动机进行易损性评估才具有更大的实际意义。

根据美军标《非核弹药危险性评估试验》(MIL—STD—2105D)的规定,响应结果类型共分为 6 种,即爆轰、部分爆轰、爆炸、爆燃、燃烧、无响应。结合试验结果,根据装药、壳体、见证板以及冲击波超压等数据进行响应类型判定。判定准则见表 2 - 4。

表 2 - 4　响应类型判定表

响应类型	判定依据			
	壳　体	装　药	冲击波	其　他
Ⅰ.爆轰	壳体发生快速塑性变形,产生大量大剪切角碎片	装药一次性迅速全部消耗	冲击波强度和时间与校准试验或计算值相当	见证板穿孔、破碎或发生塑性变形,地面有明显弹坑
Ⅱ.部分爆轰	壳体部分、非全部发生有大剪切角碎片的塑性变形	可能存在未消耗的装药抛射	测量的冲击波强度和时间略低于爆轰校准试验或计算值	见证板穿孔、破碎或塑性变形,地面有弹坑
Ⅲ.爆炸	壳体发生破裂,产生大量无大剪切角碎片	装药全部或部分迅速燃烧。有装药碎块发生远距离抛射	测量的冲击波强度和时间远低于爆轰校准试验或计算值	见证板发生塑性变形
Ⅳ.爆燃	壳体发生破裂,产生较大的碎片,至少有一块碎片抛射超过 15 m	部分或全部装药的燃烧导致低等级的压力释放,伴有装药碎块抛射	可能测得较小的冲击波数值	见证板无塑性变形,表面可能有痕迹
Ⅴ.燃烧	壳体可能破裂形成几个大碎片,抛射距离未超过15 m	部分或全部装药发生低压燃烧。只有少量燃烧或未燃烧的装药碎块抛射,距离不超过 30 m	无	见证板无塑性变形
Ⅵ.无响应	壳体无破碎,除弹孔外基本保持完整	装药无持续性点火迹象,大部分未响应装药位于壳体内	无	见证板无塑性变形

《北约不敏感弹药引入与评价政策》(STANG4439)规定了弹药在经历各项易损性试验考核时的通过标准,给出了弹药易损性评价的通过要求,见表2-5。发动机易损性评估试验如图2-8所示。

表2-5　弹药易损性评价通过要求

评估试验项目	通过要求
快速烤燃	反应严重性不大于第Ⅴ类(燃烧)
慢速烤燃	反应严重性不大于第Ⅴ类(燃烧)
子弹撞击	反应严重性不大于第Ⅴ类(燃烧)
破片撞击	反应严重性不大于第Ⅴ类(燃烧)
射流撞击	反应严重性不大于第Ⅲ类(爆炸)
殉爆试验	反应严重性不大于第Ⅲ类(爆炸)

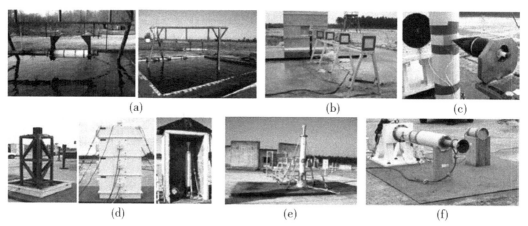

图2-8　发动机易损性评估试验
(a)快速烤燃;(b)子弹撞击;(c)射流撞击;(d)慢速烤燃;(e)破片撞击;(f)殉爆试验

2.8　固体火箭发动机贮存寿命

寿命预估对于固体火箭发动机有着特殊的意义,因此,对固体火箭发动机寿命的研究越来越受到人们重视。如果预估的寿命长于真实寿命,已经失效的发动机在飞行器发射过程中会导致发射的失败,甚至发生灾难性的爆炸,危及发射平台和己方人员的安全;如果预估的时间过短,会使大批可用发动机报废销毁,不但造成经济损失,而且污染生态环境。

本节简要地介绍近30年来固体火箭发动机寿命预估技术的发展,并讨论固体火箭发动机"延寿"和修复过程的一些做法。在此基础上,展望固体火箭发动机寿命研究工作的发展方向。

2.8.1　寿命预估技术的发展

(1)标志发动机寿命的性能参数的选择。固体火箭发动机的寿命主要取决于推进剂药柱,包括化学和物理的性能、内弹道性能以及结构完整性。当发动机装药的化学特性和物理特性不能保证发动机的性能指标时,则认为发动机寿命已经终结。为使发动机有足够长的寿命,其装药必须具有良好的化学稳定性。如果装药在贮存和运输过程中自燃,则发动机寿命立刻终结。这个问题在发动机设计阶段选择推进剂时已解决,一般不会影响发动机的寿命。但是,在漫长的贮存过程中,一些化学成分的迁移和分解反应引起的能量却可能导致内弹道特性的变化和装药力学性能的下降。贮存固体火箭发动机的长期实践证明:其内弹道稳定性一般比化学稳定性短得多,故多把药柱结构完整性作为评价发动机寿命的主要指标。

在贮存过程中和发射过程中,影响内弹道稳定性及药柱结构完整性的因素很多,如装药老化引起的能量损失、发射场温度变化导致的燃烧室内燃气压力的变化、装药力学性能的变化导致的结构破坏等。但几十年来的研究结果表明,推进剂力学性能是影响内弹道特性变化最敏感的因素。因此,近年来的研究工作都把推进剂力学性能的临界值作为标志固体火箭发动机寿命的关键参数。

(2)加速老化法。由于推进剂自然老化时间太长,在发动机设计阶段通常采用高温加速老化试验预估推进剂的贮存寿命。国外在 20 世纪 60 年代就开展了这方面的工作。最早的方法是将推进剂置于高温环境下一段时间后,测量其质量损失。有些实验是在高温下测量组分分解产生的热量或推进剂平均分子量的变化,以判定推进剂的稳定程度。但是这些试验都不能给出其化学特性和贮存寿命的足够信息;此外,在这些试验中由于试验温度太高以至于无法向贮存温度折算,因为这两者之间没有很好的相关性。

我国在 20 世纪 80 年代开始用加速老化法来预示推进剂的贮存寿命。其方法是在 100℃左右的温度下,测量某一性能参数随贮存时间变化的曲线,然后按已建立的老化过程中的性能参数与贮存温度和贮存时间关系式,来推算在贮存温度下的贮存时间。

由加速老化试验所预估的贮存寿命,应经过自然环境下长期贮存试验加以验证。但由于自然老化时间太长,很多加速老化试验预示的结果并没有进行验证,而加速老化的环境条件也有别于真实发动机的贮存条件,所以用这种方法预示的结果一直受到怀疑,目前只作为预示发动机寿命的一种辅助方法,而且某些化学反应在高温下会激烈反应,但在低温下几乎无反应,因此对常温贮存有指导意义。

(3)长期使用寿命分析法。美国空军在 20 世纪 70 年代实施长期使用寿命分析法,其主要包括四个方面的内容:失效模型分析、超载试验、失效概率分布和加速老化试验。

美国运用该方法成功得到了发动机使用寿命的预估值。在置信度为 0.90、可靠性为 99% 的条件下,预估美国"民兵 2"导弹第一级发动机的使用寿命为 11 a,第三级发动机的使用寿命为 19 a。

由于该方法以试验为主,结果可靠,能够解决实际预测问题,近 30 年来得到了广泛的应用,并在有些细节上有所发展。我国有些单位也按照这个思路开展了一些工作,取得了一定的成果。

长期使用寿命分析法的主要缺点是其试验工作都是针对某一型号进行的,其预估结果通用性较差。另外,其最后比较标准乃是全尺寸发动机自然存放的性能数据,因此花费的时间长,试验工作量大,所需费用比较大。

(4)模型法。模型法是针对影响发动机贮存性能的主要因素,建立相适应的模型进行研究计算。早期的模型有 Montecarlo 模型、力学-化学模型和环境模型等。与长期使用寿命分析法相比,由于时间和经费要省得多,因此,模型法近 30 年得到了长足的发展,而且日趋完善。

在最简单的模型分析法中,首先要确定失效模式,然后在最恶劣的载荷条件下进行推进剂的失效分析,当推进剂的特性由于老化过程不断下降到预报的失效点时,则发动机的贮存寿命即终止了。图 2-9 给出了失效模式为药柱内孔裂纹时,发动机贮存寿命的预示方法。

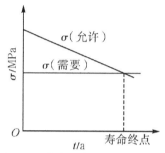

图 2-9　确定贮存寿命的预示方法

北约航天研究与发展专家组 1996 年在雅典举行的"固体推进系统使用寿命"专题会议,共收到 40 多篇论文,其中有一半左右是用模型法研究发动机使用寿命。从这些文章可以看出,所采用的模型日益准确,计算精度可用实验来验证,发动机的使用寿命可用概率统计法进行准确预估。

(5)综合特性分析法。有些文献认为,发动机使用寿命的长短不仅依赖于推进剂的性能,还依赖于推进剂与发动机之间的相互影响。因此,只用贮存期间推进剂某一力学性能的变化来预估发动机的使用寿命,有时并不准确。于是,有的国家开始用综合特性分析法来确定固体火箭发动机的使用寿命。

为了确定欧洲两家公司 1975—1979 年生产的防空导弹固体火箭发动机的使用寿命,德国制订了两个阶段的综合特性试验计划,从 1982 年开始到 1987 年结束。在第一阶段对 26 台发动机进行了试验,在第二阶段又增加了 10 台发动机。试验人员首先对这些发动机进行了外观检查和无损检测,目的是发现发动机的内外缺陷和密封情况;然后施加了从 -60~60℃ 的四个周期循环温度载荷;最后对所有发动机进行了解剖,制成各种试件,分别进行了拉伸、松弛、蠕变、剪切、裂纹扩展、扭转和硬度等方面的力学试验及燃速和有关的化学试验。

对各种试验结果的综合分析表明,这些发动机的使用寿命并不是由推进剂本身决定,而是由衬层和绝热层的失效决定。

2.8.2 "延寿"与修复

发动机"延寿"分为两个方面:一是在设计发动机时的"延寿";二是发动机使用过程中的"延寿"。发动机设计过程中的"延寿"措施一般包括改进推进剂配方的研究、改进药柱设计和加强人工脱黏层材料配方的研究等方面。发动机使用过程中的"延寿"包括两个方面:一是发动机已经达到厂家提供的使用期限,但使用单位觉得发动机还未失效,而不想使其退役所提出的"延寿";二是发动机真的已经失效,但通过修复等措施而形成的"延寿"。

厂家在对发动机进行寿命预估时,一般都是以比较恶劣的贮存环境和运输环境为依据计算的。实际上大部分发动机并未经受如此恶劣的环境,故达到厂家规定的服役期限时,仍可继续使用。如果将这些发动机销毁,无疑是个错误。进行这类发动机的"延寿"工作,将有很大的经济效益。我国在这方面工作开展得比较早,并取得了一定的成果。

为了使发动机有较长的使用寿命,还可以采取技术措施,进行积极"延寿"。研究人员进行了端羟基聚丁二烯推进剂在不同环境下的加速老化试验,其结果见表 2 - 6。

表 2 - 6　端羟基聚丁二烯推进剂在 80℃ 时的老化结果

贮存环境	时间/d	Sol/(%)	Aon/(%)	ε_m/(%)	σ_m/MPa
空气	0	5.76	0.19	13.9	20.9
空气	31	3.83	0.17	12.6	31.5
空气	59	1.80	0.13	9.8	35.6
空气	99	1.14	0.09	8.0	36.5
真空	113	5.30	0.20	13.5	24.4

表 2 - 6 中的数值表明推进剂的贮存环境对其老化过程有着重大影响。因此相关学者提出贮存期间"延寿"的两个措施是降低发动机贮存温度和减少与氧气的接触。

在发动机失效后,有些通过修复可以使其"延寿",有些则无修复价值。在过去的修复工作中,一般只限于更换失效部件(如垫圈、螺栓、安全系统、点火系统)和自由装填发动机的药柱或壳体。对于浇注式发动机,如果推进剂药柱结构失效(裂纹或脱黏),则无好的修复方法。

美国研究人员采用特制的封装化合物取代药柱破坏部分的方法对"大力神"4 号固体火箭发动机进行了修复,收到了较好的效果。我国的技术人员也在 20 世纪 90 年代中期采用灌注料浆的方法对某大型浇注式的固体火箭发动机侧面脱黏进行过修复,延长了该发动机的使用寿命。

2.8.3 寿命预估研究的趋势和展望

尽管世界各国在固体火箭发动机寿命预估的研究方面做了大量工作,但发动机自身和贮存环境的不确定因素太多,致使很多研究成果受到怀疑。根据掌握的动态,今后这一领域的发展趋势有以下几方面。

(1)单台发动机寿命的预估。目前,寿命预估都是针对某一型号发动机进行的。其实对同一型号的发动机,服役的环境不同,其使用寿命差别很大。在海湾战争期间,英国军队的武器由于承受高温而导致其老化速率达到欧洲驻防时的 20 倍。因此对于用户而言,只知道该型号发动机服役寿命是没有意义的,还必须根据具体的贮存环境进行单台发动机的寿命预估。今后发展的趋势是每台发动机都建立"保健"档案,记录出厂时的检测资料、贮存和运输过程中承受的各种载荷、定期检测的状态等内容,为准确预估其寿命提供原始资料。

(2)状态监控技术不断发展。第三代微型黏结面应力传感器不但可以用来校核发动机结构完整性分析的结果,而且用于战术导弹的"健康"监控;超声成像技术正用来监测推进剂内的微小损坏。这是北约国家在 20 世纪 90 年代中期开始推出的发动机状态监控新技术。可以预料,随着高新技术的发展,固体火箭发动机状态监控技术将日臻完善。

(3)贮存环境谱和载荷谱的编制将受到重视。为了预估发动机的使用寿命,必须知道其贮存环境(温度、湿度)谱和载荷(运输中的振动载荷和勤务处理时的撞击载荷等)谱。对于发动机设计部门来说,载荷谱是无法预估的,但其发动机主要用户的贮存环境谱,则是可以根据气象资料编制的。我国在这一领域的工作很不到位,因而预估的使用寿命也欠准确。对于用户,从导弹购入起,开始编制发动机的贮存环境谱和载荷谱并无困难。

(4)分析模型不断完善,计算精度日益提高。随着其他学科(非线性黏弹理论、断裂力学、有限元法)的发展和新的测试手段的采用,分析模型考虑的因素将更加广泛,如推进剂的各向异性、各种微小缺陷等。而且由于测试技术的发展,计算结果亦可通过试验验证,故今后的理论分析工作将会有新的发展。

(5)可修复性研究和修复技术的研究将有较大的发展。

第3章　固体火箭发动机在武器系统和宇航中的应用

3.1　概　　述

固体火箭发动机能在武器系统和宇航中得到广泛的应用与其本身特点有关,其主要特点是:

(1)结构简单,工作可靠。固体火箭发动机的运转部件少,工作可靠性高。实践表明,固体火箭发动机的可靠度能达到98%以上。

(2)维护简单,使用方便。固体火箭发动机无须复杂的日常维护,发射前的准备工作也很简单,对于战术武器适合装机、装舰,对于战略武器也适用于机动或水下发射。

(3)长期待命,立即发射。固体火箭发动机适于长期保持发射状态,并能在接到指令后立即发射,因此无论对于战略武器在核打击的情况下,保持还手能力,还是对于战术武器在瞬息万变的作战环境中捕捉战机,这一特点是非常宝贵的。

(4)启动迅速,利于作战。固体火箭发动机能够在极短的时间内,达到最大推力,使全弹能够获得足够的加速度,这一点对于地空导弹尤其重要。这样可以简化发射装置,有利于弹体姿态稳定,迅速达到较大速度,机动迎敌。早期的地空导弹多采用两级发动机,而今多采用单室双推力发动机、双脉冲发动机,从而大大简化了全弹结构。

(5)结构紧凑,便于装载。固体推进剂密度较大,适用于体积受限场合,便于装车、装机或装舰。

此外,固定火箭发动机之所以能广泛用于各类武器系统,还由于20多年来,它的性能不断提高,功能日臻完善。当前固体推进技术正在向提高发动机比冲、扩大燃速范围、减轻结构质量、减少排气中的烟雾等方面发展,以满足导弹武器的多方面要求。同时,还要提高制造精度和工作可靠性,降低生产成本,到目前为止,从发动机的综合性能来看,固体推进技术已经能够满足从野战火箭弹到机动远程地地导弹的要求,成为导弹武器的主要动力装置。

伴随民营卫星发射数量持续增长,卫星发射与应用领域可长期看好。商业航天行业迎来了一个非常好的发展机遇期,商用火箭发展的前景非常好,现在很多项目都受到了资本市场的关注。而由于固体运载火箭的经济性,因此其必将在商业发射领域得到良好的发展。美国、俄罗斯、欧洲、日本、印度等航天大国或地区均已拥有或即将拥有成熟的固体运载工具。从发展现状和趋势看,世界各航天大国或地区,均呈现固体运载火箭与液体运载火箭并存,共同组成完善、系统、科学、合理的运载火箭体系的局面。

另外,固体火箭发动机已广泛应用于航天飞行器入轨时的加速发动机、地球同步卫星的远地点发动机、变轨发动机或再入体返回降落的制动发动机等，还被广泛用作卫星上的动力装置。

3.2　战略导弹领域

国外的战略导弹广泛采用先进的固体火箭发动机技术，如美国 20 世纪 80 年代研制的和平卫士、侏儒和三叉戟系列导弹，俄罗斯 20 世纪 90 年代研制的白杨-M 洲际导弹，法国的 M51 导弹等。

3.2.1　美国"民兵"系列洲际导弹

（1）M55A-1。M55A-1 固体火箭发动机是美国"民兵 3"（见图 3-1）地对地洲际弹道导弹的第一级发动机，也是美国 HPTEM 和 HOE 探空火箭的第一级发动机。该发动机由美国锡奥科尔公司研制和生产，1966 年开始研制，1968 年 8 月进行首次飞行试验，1970 年 7 月研制性飞行试验结束。1970 年 6 月装有 M55A-1 发动机的"民兵 3"导弹开始服役，到 1975 年 6 月完成部署，共装备 550 枚。

（2）SR19-AJ-1。SR19-AJ-1 固体火箭发动机是美国"民兵 2""民兵 3"地对地洲际弹道导弹的第二级发动机，由美国航空喷气公司的固体推进分公司研制和生产，从 1962 年开始研制，1962 年 10 月进行了第一次静态点火试验。该发动机曾装在"民兵 1"导弹上，于 1963 年 11 月 13 日，12 月 18 日和 1964 年 1 月 28 日成功地进行了三次飞行试验。1964 年 9 月进行鉴定试验，同年年底开始生产装备于"民兵 2"导弹第二级上的 SR19-AJ-1 发动机。到 1972 年 2 月共进行了 14 次产品性能质量评定的高空模拟试验。

（3）SR73-AJ-1。SR73-AJ-1 固体火箭发动机是美国"民兵 3"地对地洲际弹道导弹（见图 3-1）的第三级发动机，由美国航空喷气（Aernjet）公司与锡奥科尔公司分别进行研制。SR73-AJ-1 发动机与用于"民兵 1""民兵 2"导弹的 M57 系列的发动机不同，是重新研制的综合性能优越的发动机。

图 3-1　"民兵 3"导弹发射现场

3.2.2　美国三叉戟系列导弹

三叉戟导弹是一种潜射弹道导弹(Submarine‐Launched Balhshc Missile,SLBM)，配备了多弹头分导再入飞行器(Multiple Independent Reentry Vehite,MIRV)。该导弹最初由洛克希德·马丁导弹和太空公司开发,装备有热核弹头,由核动力弹道导弹潜艇发射(见图3‐2)。三叉戟导弹由美国海军的14艘俄亥俄级潜艇携带,为美国弹头,此外还有4艘英国皇家海军先锋级潜艇搭载,带有英国弹头。导弹以海王星的神话三叉戟命名。

图 3‐2　三叉戟导弹发射瞬间

三叉戟Ⅰ(指定为C4)导弹于1979年部署并于2005年退役。其目标是实现与波塞冬(C3)类似的性能,但扩展范围受限。三叉戟Ⅱ(指定为D5)导弹的目标是改进可能的圆形误差或准确度,于1990年首次部署,并计划在2027年之前退役,服役时间为30年。

三叉戟Ⅱ‐D5导弹发动机集成了高压强高装填燃烧室和全高能推进剂等技术,实现了高质量比和高比冲,并创下了连续150多次飞行成功的纪录。

3.2.3　法国 M 系列潜射洲际弹道导弹

(1)904固体火箭发动机。904固体火箭发动机是法国M‐1、M‐2和M‐20潜对地弹道导弹的第一级发动机,由欧洲动力装置公司和国营火炸药公司于1965年开始研制,

1971年开始使用。

(2)里塔2(Rita2)。里塔2(Rita2)固体火箭发动机是法国S-3地对地战略弹道导弹和M-2、M-20潜对地战略弹道导弹的第二级发动机,由欧洲动力装置公司和国营火药炸药公司于1967年底开始研制,1974年开始使用。

(3)403固体火箭发动机。403固体火箭发机是法国M-4潜对地战略弹道导弹的第三级发动机,由欧洲动力公司和国营火炸药公司研制生产。和401发动机一样,403发动机于1972年开始研制,1978年首次点火成功,1979年进行发动机高空模拟试验,1985年开始使用。

(4)M-51导弹的发动机。M-51导弹是法国于1992年启动的新一代MSBS(Modulouy Systema Broni Strzeleckicj)系列计划,该计划全面实施始于1995年。M-51导弹采用三级固体推进剂,其射程为11 000 km,配有现代化的助推器。M-51导弹所使用的三级固体推进火箭是从"阿丽亚娜"-5运载火箭上直接照搬下来的。"阿丽亚娜"-5火箭固体助推器(Motor Pulsion Solid bosster,MPS),其尺寸和性能与"大力神"4助推器相似,直径约为3.05 m,长为31.16 m,装药量达237 t,分为3段。M系列潜射洲际弹道导弹发射如图3-3所示。

图3-3 M系列潜射洲际弹道导弹发射

3.2.4 俄罗斯布拉瓦(圆锤)导弹

布拉瓦(SS-N-30/R-30)导弹是俄罗斯新一代的固体潜射战略导弹,由莫斯科热力技术研究所负责研发,在白杨-M洲际导弹基础上改进而成。其于1998年开始研制,2003年进行了首次水面弹射试验,2004年进行了全尺寸导弹的模型水下发射试验,2005年进行了首次飞行试验。2005—2017年6月,布拉瓦导弹共试射27次,其中14次发射成功。2018年5月,该导弹四枚连射飞行试验取得成功,2018年6月开始服役。

布拉瓦导弹是俄罗斯主力潜射导弹,选用了3台(2台固体+1台液体燃料)发动机。该导弹主要用于装备俄941型鲨鱼级核潜艇和最先进的955型北风级核潜艇,预计总生产数量(包括测试训练在内)不少于200枚。布拉瓦导弹及核潜艇如图3-4所示。

图 3 - 4　布拉瓦导弹及核潜艇

3.2.5　俄罗斯白杨-M 洲际导弹

白杨-M 洲际导弹(北约代号 SS - 27"镰刀 B",又称 RS - 12M1、RS - 12M2、RT - 2PM2,见图 3 - 5),该导弹是 20 世纪 80 年代末期 90 年代初在白杨(SS - 25)导弹的基础上研发出来的。

该导弹采用三级固体推进剂发动机,使用铝作为燃料,高氯酸铵作为氧化剂,各个级别的发动机壳体都由复合材料制成,三个级别的发动机都配有推力矢量偏转旋转喷嘴(没有光栅空气动力控制),射程为 11 000 km,并载有一枚 550 kt 的热核弹头。

白杨-M 洲际导弹的一子级、二子级、三子级发动机的直径分别为 1.86 m、1.61 m、1.58 m,增加了推进剂的装药空间。其中三子级发动机直径增大 15% 以上,推进剂装药空间增加 30%。由于发动机燃烧室推进剂装药空间增大,各级发动机的装药量均比 SS - 25 导弹发动机要大。

图 3 - 5　白杨-M 洲际导弹

3.2.6 俄罗斯"亚尔斯"陆基战略导弹

"亚尔斯"导弹(RS-24)是一种多弹头洲际弹道导弹,采用与陆基白杨-M洲际导弹基本相同的三级固体助推和惯性制导的总体设计,具有特殊弹道的弹头、命中精度更高的制导系统以及快速发射等新技术成果,使用寿命从10年延长到15年。RS-24采用更多弹头,可携带3~4个15万~30万吨核弹头,未来可能增加到6个15万吨核弹头,最多可携带10个核弹头。

"亚尔斯"导弹以白杨-M洲际导弹为基础研制,外形结构与白杨-M洲际导弹非常相似,弹长21.9~22.55 m,直径为1.81~1.86m,发射质量为46.5~47.2 t,有效载荷为1 180~1 250 kg,最大射程为11 000~12 000 km。"亚尔斯"导弹三级发动机的直径分别为1.86 m、1.61 m、1.55 m,其固体发动机使用高强有机纤维复合材料壳体、速燃发动机技术,包含ADN、AlH$_3$的高能推进剂、柔性摆动喷管等先进材料和技术,因此三级固体推进系统能量比SS-24、SS-25洲际导弹有明显提高,投掷质量可增加20%。

3.3 战术导弹领域

以美国、俄罗斯为代表,战术导弹广泛使用先进的固体火箭发动机作为主动力系统,全面提升导弹的实战能力和环境适应能力。

3.3.1 美国陆军战术导弹系统

美国的陆军战术导弹系统(Army Tactical Missile System,ATACMS)是20世纪末和21世纪初的重要陆军武器系统,它具有多种终点效应、较高的命中精度、灵活的战场机动性和良好的生存能力,因而也是21世纪北约多国部队以及其他国家和地区陆军武器的重要装备。ATACMS是一种超声速远程战术导弹系统,可从陆军多管火箭系统中发射,也可以从空军的B-52轰炸机上投掷,还可以从海军的潜艇和舰艇上发射,目前已研制出多种型号的产品,如图3-6所示。

图3-6 ATACMS

ATACMS 的推进器采用由大西洋研究公司研制生产的固体火箭发动机。萨吉特工业公司提供火箭发动机壳体。由于采用了增强型火箭发动机,因此装有 6 枚智能反坦克子弹药或 275 枚子弹药的 ATACMS 射程可达 490 km。

3.3.2　美国 PAC‐3 陆基末段低层防御导弹

PAC‐3(也称为 ALHTK 或 MIM‐104F)导弹是美国陆军所采用的低空防御系统,如图 3‐7 所示,拦截高度为 15 km,拦截距离为 20 km,可拦截射程 1 500 km 的中近程导弹。其固体火箭发动机由 Aerojet 公司负责生产,1989 年 4 月开始研制,1997 年 10 月开始生产,于 2003 年具备初始作战能力。其动力系统采用单室双推力固体火箭发动机;其姿态发动机组也采用固体发动机。

图 3‐7　PAC‐3 导弹

3.3.3　美国 SM‐3 海基中段反导导弹

标准 SM‐3 导弹从标准 SM‐2 Block Ⅳ 发展而来,已发展了 Block Ⅰ、ⅠA、ⅠB、ⅡA、ⅡB 等多个版本。标准 SM‐3 Block ⅠA 从 1996 年开始研制,于 2002 年 1 月、6 月和 11 月成功进行了三次弹道导弹拦截试验。SM‐3 海基中段反导导弹如图 3‐8 所示。

图 3‐8　SM‐3 海基中段反导导弹

SM-3导弹采用三级固体发动机,第三级采用双脉冲发动机,使用复合材料壳体、低易损推进剂等先进技术,大气层外轻型动能拦截弹头采用了固体动能拦截器(Kinetic Kill Vehicle,KKV)发动机,并向推力可调式固体姿轨控系统方向发展。

3.3.4　美国陆基末段高层反导导弹

萨德(Terminal High Altitud Area Defense,THAAD)是美国陆军的高层战区防御系统(见图3-9)。其研制历程较为曲折,1987年提出概念,1992年正式启动研发工作,1995年4月进行首枚THAAD导弹的飞行试验;1995年底到1999年春天的6次拦截来袭目标的试验皆以失败告终,研究计划面临搁浅;2005年改型复活,重启拦截试验,2005年11月进行首次试验(2005年11月到2012年10月份的15次试验中,除因目标靶弹发射失败和临时取消试验等原因导致的4次试验没能顺利进行,其他11次拦截试验全部成功);2007年进入生产阶段,2008年5月装备美国陆军,2011年10月初步形成战斗力。截至2018年6月,美国共部署7套萨德系统,共计210枚THAAD拦截弹。

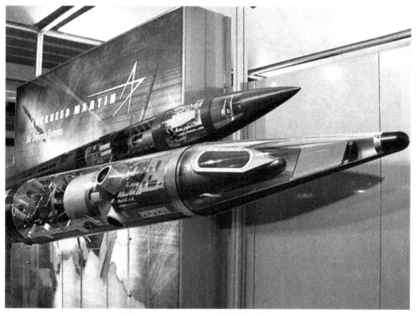

图3-9　THAAD导弹拦截系统

其动力系统采用单级固体发动机,发动机采用了高长径比石墨/环氧复合材料壳体(具有全开喷管连接后开口),外壳防热材料为软木绝缘体;HTPB推进剂固体含量高达87%;采用球窝可动喷管和高功率机电式作动系统。

3.3.5　俄罗斯S-300/400/500防空导弹

俄罗斯在S-300/400/500防空导弹及安泰-2500防空导弹等基础上,积极构建防空导弹防御网络。为提升导弹性能,其固体动力系统由中压强金属壳体到高压强复合材料壳体、常规发动机向多脉冲发动机发展,使用低易损推进剂、直接力及直气复合控制等新技术。S-300防空导弹如图3-10所示。

图 3 - 10 S - 300 防空导弹

3.3.6 俄罗斯伊斯坎德尔导弹

伊斯坎德尔导弹是俄罗斯的新型战术导弹(见图 3 - 11),以马其顿王国亚历山大大帝的波斯语名字命名。伊斯坎德尔导弹为单级固体导弹,全长为 7.2 m,弹体最大直径为 0.95 m,起飞质量为 3 800 kg,可携带核弹头或 480 kg 的常规弹头,每个发射装置可同时安装两枚导弹。

图 3 - 11 俄罗斯伊斯坎德尔导弹

3.3.7 法国"紫苑"(Aster)导弹

"紫苑"导弹(见图 3 - 12)长约 4 m、弹径 0.18 m,弹重 300 kg,拦截范围 100 km,动力系统采用固体发动机,使用弹尾推力矢量控制技术,导弹最大过载超过 50g,具有高过载转向攻击能力。

3.3.8 以色列 Tamir 导弹

以色列 Tamir 导弹(见图 3 - 13),也称作"铁穹"导弹,是由拉斐尔先进防御系统公司和以色列航空航天工业公司开发的一种移动式全天候防空系统,旨在拦截和摧毁从 4 km 至 70 km 外发射的短程火箭和炮弹。该弹于 2011 年具备初始作战能力,以色列希望将"铁穹"导弹的拦截范围从目前最大的 70 km 增加到 250 km,并使其更加通用。

图 3 - 12 "紫苑"(Aster)导弹

图 3 - 13 Tamir 导弹

3.4 航天运载与助推领域

3.4.1 运载火箭领域

伴随民营卫星发射数量持续增长,卫星发射与应用领域可长期看好。商业航天行业迎来了一个非常好的发展机遇,商用火箭发展的前景非常好,现在很多项目都受到了资本市场的关注。而由于固体运载火箭的经济性,因此其必将在商业发射领域得到良好的发展。美国、俄罗斯、欧洲、日本和印度等航天大国或地区均已拥有或即将拥有成熟的固体运载工具。从发展现状和趋势看,世界各航天大国或地区均呈现固体运载火箭与液体运载火箭并存,共同组成完善、系统、科学、合理的运载火箭体系的局面。

(1)美国。美国在 20 世纪 50 年代末开始研制侦察兵系列固体小型运载火箭,旨在利用已有的成熟导弹技术,发展一种价廉可靠的小型运载火箭。该系列火箭 1960 年首飞,1994 年退役。20 世纪 90 年代,美国一些私营公司相继推出了"雅典娜"、飞马座和金牛座等固体小型运载火箭(见图 3-14),竞争中小型有效载荷发射市场。其中,飞马座和金牛座运载火箭充分利用了美国已有的弹道导弹技术。

 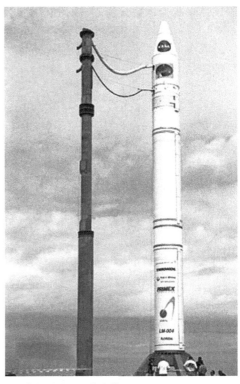

图 3-14　"米诺陶"(左)和"雅典娜"(右)运载火箭

美国在签订《削减战略武器条约》后,也利用退役的洲际弹道导弹技术和产品研制出"米诺陶"固体小型运载火箭,专门用于政府有效载荷的发射。进入 21 世纪,随着新军事变革的迅猛发展,快速进入空间成为实现快速空间作业、快速远程精确打击和空间攻防对抗的基础。在此背景下,美国空军开始实施"作战快速响应空间"计划,发展快速响应、低成本的小型固体运载火箭成为该计划的重要组成部分。美空军专门订购了具有低成本、快速响应能力的"米诺陶"固体运载火箭作为小型有效载荷的主要运载工具。

"米诺陶"系列是四级固体运载火箭,第一、二级采用"民兵 2"洲际弹道导弹 M55-A 和 SR-19 发动机,第三、四级采用来自飞马座 XL 火箭的猎户座 50XL 和猎户座 38 发动机。该系列火箭设计结构采用了有效载荷适配器,以适应多种有效载荷。

(2)欧洲。欧洲于 1998 年批准研制以固体推进技术为基础的"织女星"固体运载火箭。

"织女星"火箭作为阿丽亚娜系列大型火箭和联盟号中型火箭的补充,用于发射小型有效载荷,目的是降低发射成本。其第一级大型固体火箭发动机经改进后作为阿丽亚娜

5 改进型火箭的固体助推器。该火箭于 2012 年 2 月 13 日首飞并获得圆满成功,标志着欧洲拥有了满足中小型有效载荷发射需求的理想运载火箭,弥补了中型火箭的不足。

"织女星"火箭第一级 P80 发动机具有较高的性能。发动机高约 11.2 m,直径为 3 m,装有 88 t 固体推进剂,质量比大于 0.92,是欧洲新研制的、迄今为止最大的整体式纤维缠绕壳体固体火箭发动机,代表了整体式大推力固体火箭发动机的发展方向。

(3)俄罗斯。俄罗斯在 20 世纪 90 年代初签订《削减战略武器条约》,之后,将削减的弹道导弹改造为运载火箭,成功研制出"起跑号"固体小型运载火箭(见图 3-15)。

图 3-15 "起跑号"固体小型运载火箭

"起跑号"固体小型运载火箭是以白杨洲际弹道导弹技术为基础研制的四级固体运载火箭,重约 60 000 kg,直径为 1.8 m,长为 28.9 m,其目的是将小型卫星送入近地轨道,该火箭具有可机动、整箭贮存,以及经济性好等特点。

(4)日本。艾普西隆(Epsilon)运载火箭(见图 3-16)是日本研发的新型火箭,是取代退役火箭 M5 的后续型号。火箭采用三级全固体发动机,第一级使用的是日本的主力火箭 H2A 号的固体燃料助推器,第二级和第三级则使用 M5 火箭的技术,2013 年 9 月 14 日首次发射。

首飞之后,日本开始了增强型艾普西隆(Epsilon-2)运载火箭的研发,并分别于 2016 年 12 月、2018 年 1 月和 2019 年 1 月进行了三次飞行。2022 年 10 月 12 日,其首次商业卫星发射任务失败,失败具体原因不详。

图 3 - 16　艾普西隆运载火箭

3.4.2　固体助推领域

固体火箭发动机结构简单、可靠性高、机动性好、易实现大推力,是满足大型、重型运载火箭大起飞推力的重要途径之一。纵观世界航天强国运载火箭技术的发展历程,固体火箭发动机一直在航天运载领域占有相当的比例和独特优势,特别在运载火箭助推器方面获得成功的应用和发展,目前国外捆绑运载火箭中固体助推器约占 81%。特别是大型、重型运载火箭的发展几乎都将固体火箭发动机作为助推级的首选动力。

(1)美国航天飞机助推器。美国"航天飞机固体火箭助推发动机"(Space Shuttle SRB),由美国锡奥科尔(Thiokol)公司于 1974 年开始研制,是首次用于载人航天的大型分段式固体火箭发动机,也是世界上第一个可重复使用的固体发动机。

航天飞机结构示意图如图 3 - 17 所示。航天飞机固体火箭助推发动机于 1978 年首次地面试车,1981 年进行第一次飞行,它的研制情况可分为三个阶段,第一阶段称为标准型固体火箭发动机(Solid Rocket Motor,SRM),共生产发动机 21 台,7 台用于地面研制试车,3 台鉴定试车,其余 14 台用于"航天飞机"前 7 次飞行。第二阶段称为"高性能发动机"(High Performance Motor,HPM),共进行 2 次地面鉴定试车,于 1983 年开始直到"挑战者"号事故,共飞行了 18 次,使用 38 台发动机。第三阶段在"挑战者"号失事后对助推器进行重新设计,称为"重新设计的固体发动机"(Redesign Solid Rocket Motor,RSRM),1989 年首次飞行,至 2010 年共飞行 135 次,使用 270 台助推器,其中 266 台成功回收。2010 年,由于航天飞机过高的运营成本和过低的安全系数,美国国家航空航天局(National Aeronaticsand Space Administration,NASA)选择终止航天飞机项目。

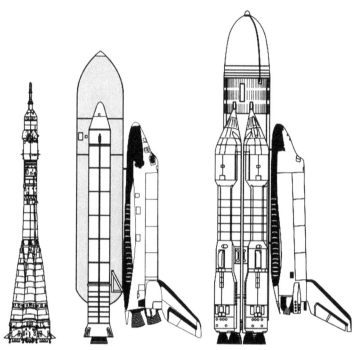

图 3-17 航天飞机结构示意图

(2)美国太空发射系统(Space Ladnch System,SLS)助推器。RSRMV 助推器由诺格创新系统公司研制,目前用作 NASA 新一代太空发射系统助推器。这种 5 段式发动机是以航天飞机 4 段式可重复使用固体火箭发动机(Reusable Solid Rocket Motor,RSRM)为基础,继承了航天飞机固体助推器的很多硬件和设计,如前裙、金属外壳、尾裙和推力矢量控制系统。改进之处在于,采用新的喷管设计、新型无石棉绝热层和衬层结构、新的航空电子设备、改进的无损检测工艺和推进剂药柱等。相比于航天飞机可重复使用 4 段式固体助推器,该 5 段式助推器为一次性使用,推力提高了 20%,比冲提高了 24%。

RSRMV 助推器最初是 ATK 公司在星座计划中为战神(Ares)I/V 运载火箭研制的。2003 年,ATK 公司开始对航天飞机的 RSRM 发动机进行预先改进设计研究活动,设计了 ETM-3 静态试验发动机(也就是后来的 RSRMV)。

2009—2011 年,ATK 公司完成了 RSRMV 发动机的全温域静态点火试验(见图 3-18),成功进行了三台演示验证发动机(DM-1~DM-3)点火试验。其中,DM-1 验证基准设计和工艺,DM-2 发动机冷却至 4℃,DM-3 发动机加热至超过 32℃,以验证发动机在极端温度条件下的性能。2015 年 3 月 10 日进行鉴定发动机 1(QM-1)试验,2016 年 6 月 28 日成功进行鉴定发动机 2(QM-2)试验,完成试飞任务 1(EM-1)之前的最后地面考核试验。2020 年 6 月,诺斯罗普·格鲁曼公司已经将首批 RSRMV 固体火箭助推器分段运送到美国宇航局肯尼迪航天中心。北京时间 2022 年 11 月 16 日,新一代SLS 从肯尼迪航天中心 LC-39B 发射台首次成功发射,将猎户座载人飞船及 10 颗立方星送往月球轨道,正式开始执行"阿尔忒弥斯-1"任务。

图 3 - 18　5 段式固体助推器 RSRMV 静态点火试验

（3）OmegA 火箭助推器。这三种发动机都是基于轨道 ATK 研发的"通用助推分段"（Comprehensive Boost Segment，CBS），Castor300 为单分段 CBS，Castor600 为两分段 CBS，Castor1200 为四分段 CBS。CBS 基于航天飞机固体火箭助推器（Solid Rocket Booster，SRB），与 SLS 助推器技术协同发展。与使用 D6AC 钢制外壳和 PBAN 黏结剂的航天飞机 SRB 不同的是，CBS 采用碳纤维复合材料壳体和 HTPB 黏结剂。单个 OmegA CBS 比航天飞机或 SLS 助推段长 12 ft（1 ft＝0.304 8 m），直径相同。

Castor300 发动机拟用于 OmegA 火箭第二级发动机，Castor600 发动机拟用于 OmegA 火箭（中型配置）第一级发动机，Castor1200 拟用于 OmegA 火箭（重型配置）第一级发动机。

诺格创新系统公司正在生产的"通用助推分段"（CBS）如图 3 - 19 所示。

图 3 - 19　诺格创新系统公司正在生产的"通用助推分段"

（4）阿里安 5 运载火箭助推器。P230 发动机是欧洲航天局阿里安 5 运载火箭的捆绑助推发动机，1988 年开始研制，1993 年 2 月 16 日，P230 发动机进行了第一次厚壁全尺寸发动机静态点火试车，1995 年完成鉴定评审。发动机总体设计与研制由意大利 BPD 公司和法国 SEP 公司合作组建的欧洲推进公司（Europropulsion）完成，法国 SNPE 公司为子承包商进行药柱设计和制造,德国 MAN 公司进行发动机壳体设计,SEP 公司则进行绝热层及喷管的设计和制造,BPD 公司负责点火器设计制造。每年生产 12 台发动机。

发动机壳体采用三分段 48CD4 - 10 钢壳体,推进剂为 HTPB 推进剂,喷管采用具有后摆心柔性密封的、经典潜入式喷管设计。所采用的技术和材料与法国 M51 弹道导弹发动机技术和材料大致相同。

在 P230 发动机生产期间,欧洲航天局(European Space Agency,ESA)对发动机进行了一系列改进,以进一步降低成本并提高性能。P230 发动机结构示意图如图 3 - 20 所示。改进主要包括三个方面:前分段(S1)的满装填、来自焊接工厂接头的壳体改进、喷管重新按成本设计,以进一步降低成本并提高性能。通过这些改进,阿里安 5ECA 运载火箭的性能提高了约 5%,发动机的总成本大幅下降,其第一批和第三批订单之间,实现了成本降低 50%。

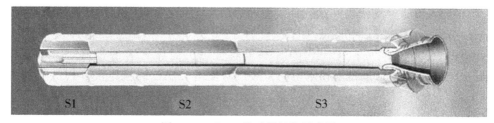

图 3 - 20 P230 发动机结构示意图

(4)印度 GSLV - MKⅢ型运载火箭助推器。S200 发动机是印度 GSLV - MKⅢ型运载火箭固体助推器,是世界上第三大的固体火箭发动机,仅次于美国航天飞机 RSRM 固体助推器与阿里安公司的 P230 固体助推器,2010 年 1 月完成静态测试。

S200 发动机由三段组成,包括四个主要部件:壳体、推进剂、点火器和带推力矢量控制系统的柔性喷管,其地面试验图如图 3 - 21 所示。壳体材料为 M250 钢。固体推进剂为 HTPB 基,固体含量为 86%。发动机头端、中段和后段分别装填 27.1 t、97.38 t 和 82.21 t 推进剂。三个分段都是在固体推进剂工厂制造的。

图 3 - 21 S200 发动机地面试验图

(5)日本 H 系列运载火箭。SRB - A 发动机是 H - 2A 与 H - 2B 型运载火箭所采用的固体助推器以及 Epsilon 火箭采用的第一级发动机。SRB‑A 固体助推器是日本现役火箭中采用的最大的整体式固体助推器,助推器长为 15 m,直径为 2.5 m,装药量为 66 t,推力为 1.8 MN,可提供整箭起飞推力的 80%。SRB‑A 固体火箭助推器采用了从美国引进的整体制造技术,不再分段制造,减轻了质量,提高了结构完整性。

SRB‑3 发动机是 H3 运载火箭采用的新型固体助推器。与 SRB‑A 固体助推火箭相比,SRB‑3 固体火箭发动机将喷管改为不可动的设计,在减轻质量的同时提高了装药量。SRB‑3 固体火箭发动机已经于 2019 年 8 月 26 日以及 2020 年 2 月 26 日完成两次鉴定发动机地面点火试验。

H‑3 为三级火箭,将取代现役两级火箭 H‑2A 和 H‑2B。其地球同步轨道运载能力为 4 t,在使用固体燃料助推器的情况下可达 6 t,将有助于日本发射大型商业卫星、载人航天器和深空探测器,其发射费用将比 H‑2A 降低 20%～30%。

SRB‑A 发动机如图 3‑22 所示。

图 3‑22　SRB‑A 发动机

3.5　其他领域

3.5.1　固体冲压发动机

现代战争对导弹研制的要求不断提高,导弹具有远程攻击能力和超声速巡航能力逐渐成为一种新趋势,新一代战术导弹一般都具有超声速或者高超声速、远程、机动性能高等特点。在世界各主要军事强国的导弹装备中,有许多采用固体冲压发动机的先进型号。

20 世纪 90 年代,欧洲各国,以英国为主,包括瑞典、法国和德国开展了 BVRAAM/Meteor"流星"超视距空空导弹研制。据公开资料,欧洲"流星"空对空导弹外径 178 mm,长 3 650 mm,质量为 185 kg,巡航速度 Ma 可高达 3.5,动力射程达 100 km。其中德国负责固冲发动机(Ducted Rocket)的研究工作,"流星"导弹采用了固体助推器及当年美、德合作研制的 Variable Flow Ducted Rocket(VFDR)可调流量的整体式固体火箭冲压发动机技术,该发动机研发历时 40 余年,使用了高能含硼贫氧推进剂,最终将流量可调燃气发生器的流量调节比提高到了 12∶1,压力调节范围仍控制在 0.1～10 MPa,推进剂压力指数提高到了 0.55 左右。与此同时,它采用的双下侧二元进气道布局,提高了导弹的气动特性,极大地扩大了空空导弹的攻击包络线。

2000 年开始,由 MBDA 牵头,"流星"导弹(见图 3 - 23)的各项工程化研制工作也相继展开,具体包括壳体材料、热防护材料、喷管材料的优化改进,设计、加工工艺的优化,推进剂性能的优化及批量化生产工艺探索等。同期还进行了大量的助推器单项试验、固冲发动机直连式试验、自由射流试验,并于 2005 年进行了推进系统的飞行演示验证试。2006 年 7 月,"鹰狮"战机首次发射"流星"导弹,试验非常成功。

图 3 - 23 "流星"导弹

随着周边局势的改变,美军对高速、远射程导弹的需求越来越迫切,美国航空喷气公司(Aerojet)在固冲飞行器方面做了深入的研究工作,20 世纪 90 年代末,美国海军选择了轨道科学公司(Orbital Science Corporation,OSC)研制的 GQM - 163ACoyote 超声速掠海飞行靶弹(Supersoince Sea Skimmrg Flying Target,SSST)的研究方案(见图 3 - 24)。超声速掠海飞行靶弹要求导弹具备超声速、低海拔、远射程等特点,这些要求只有吸气式发动机能很好满足。按照这个方案,Aerojet 的 MARC - R - 282VFDR 变流量冲压发动机被用作主级,同时串联了一台固体助推器 MK - 70。该冲压发动机主要由燃气发生器,四个二元进气道,一个包含仪器、调节阀以及燃料喷嘴的过渡舱,一个燃烧室和一个冲压发动机喷管组成,发动机直径约为 350 mm,全长约 3 400 mm,总装药量约为 227 kg,通过阀门组件实现了燃气发生器到燃烧室之间的燃料流量调节。由 Goodrich 公司提供的一个机电直线驱动单元驱动一个圆柱阀芯进入(或退出)喉道,控制喉道面积。该弹在接近目标时距离海平面仅为 4 m,Ma 为 2.3。2005 年 4 月 22 日,在加州南部穆古角海军空战中心海上成功试验此弹,并于 2008 年开始了批量生产。

图 3 - 24　GQM - 163SSST 超声速反舰导弹

Aerojet 负责 HSAD 导弹演示项目的机身、推进系统和舵机系统(三项合称 APS)的开发工作。其主要工作内容有固体燃料流量可调燃气发生器设计、进气道设计、整体式无喷管助推器设计及风洞试验。用于 HSAD 项目的 MARC - R290 冲压发动机组成如下:一台无喷管固体火箭助推器,助推器前端集成一台流量可调燃气发生器,燃气发生器生成的富燃料气体在整体式助推器(同时也是冲压燃烧室)内与来流空气二次掺混燃烧。进气系统包括两个矩形进气道,进气道间隔 90°,固定在燃气发生器下半部分,进气道与燃烧室前端相连的接口处有两个铰接的进气道堵盖,如图 3 - 25 所示。MARC - R290 冲压发动机借鉴了 MARC - R282 发动机的成熟经验,降低了设计和鉴定试验的风险,缩短了研发时间。

图 3 - 25　美国海军 HSAD 高速反辐射导弹

变流量固冲发动机概念试飞器(VFDR - FVC)项目由 Aerojet 与雷锡恩公司联合为美国空军进行研发。VFDR - FVC 项目的根本目的是对已经成功的空军 VFDR 项目进行进一步的研究,使其能够与 F‑22 战斗机的内埋式弹舱兼容,并定义一种合适的试飞器和试飞方案。VFDR 采用双下侧进气道布局,内埋式弹舱对导弹外形结构提出了新的要求,不利于原有 VFDR 结构形式导弹的装填。另外,VFDR‑FVC 项目寻求一种新的进气道和舵机控制系统设计方案,使得导弹试飞器结构既适合内埋式弹舱,也兼容其他战机的传统的发射舱。发动机的设计要求能与 AIM‑120AMRAAM 现有发动机互换,并能够适用于任何发射舱和装填形式,包括 F/A‑22 战斗机内埋式弹仓。除此之外,导弹还须能够用于 F‑15 战斗机、F‑16 战斗机、F‑35 战斗机和无人作战飞行器,以及海军航空兵特有的 F/A‑18 战斗机。在筛选了多种进气道方案后,最终选择的是一种尾部固定的下悬式进气道,也称"野马式"布局进气道,如图 3‑26 所示。这是一种兼顾推进系统性能、试飞器集成和外弹道空气动力性能的综合解决方案。

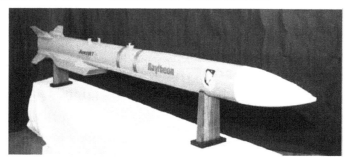

图 3‑26　变流量固冲发动机概念试飞器 VFDR‑FVC

　　日本对固冲试飞器的研制已取得较大突破,并发表了全面介绍该技术的相关论文。完成了配备外径为 203 mm 固冲发动机的试飞器的两次飞行演示验证试验,试验在日本新岛的导弹试验场进行,采用陆基发射,如图 3‑27 所示。与空射型试飞器相比,试飞器末端串接了一个助推器,以确保试飞器能达到转级速度。燃气发生器的推进剂主要成分是聚叠氮缩水甘油醚(Glycidyl Azide Polymer,GAP),其分解过程由 3N 分子的分解产生的热量维持的,不需要额外的氧。试验飞行过程中,固冲发动机大约工作 13 s,燃气流量调节比约为 5∶1,验证了冲压发动机的成功点火,以及在攻角、侧滑角、滚转角变化情况下的稳定燃烧。固冲发动机的推力可调特性也得到了验证。

图 3‑27　日本固冲发动机试飞器飞行演示试验(助推段)

3.5.2　水冲压发动机

俄罗斯、美国及欧洲多个国家自 20 世纪中期,开展水冲压发动机技术的研究,多个型号成功研制并装备。

俄罗斯"暴风雪"超空泡鱼雷(见图 3 – 28)就使用了水冲压发动机作为动力系统;德国"梭鱼"超空泡鱼雷(见图 3 – 29)2002 年完成了多次超空泡航行验证试验,航速达到 240 kn(1 kn＝0.514 m/s);法国采购了"暴风雪"超空泡鱼雷,对空中发射的反水雷超空泡射弹进行了测试;伊朗于 2006 年军演中发射了一枚"鲸"超空泡鱼雷,成功命中目标。

图 3 – 28　俄罗斯"暴风雪"超空泡鱼雷

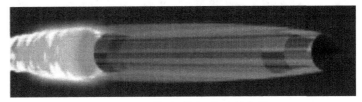

图 3 – 29　德国"梭鱼"超空泡鱼雷

3.5.3　固体超燃冲压发动机

俄罗斯的锆石、印度的布拉莫斯 2 等导弹采用液体超燃冲压发动机,已经完成型号研制,美国近期在 HAWC 项目的牵引下加大对高超声速巡航导弹的投入力度。固体超燃发动机原理图如图 3 – 30 所示。

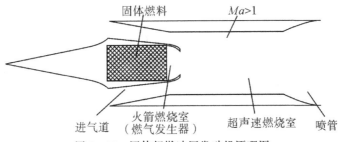

图 3 – 30　固体超燃冲压发动机原理图

美国、俄罗斯等国家均开展了固体超燃冲压发动机技术研究,其中俄罗斯基于固体超燃动力,正在大力发展 3 000 km 高超声速巡航导弹。

3.5.4　固液混合发动机

固液混合发动机是介于液体火箭发动机和固体火箭发动机之间的一种推进系统,目前典型的固液混合发动机是固体燃料/液体氧化剂的组合方式。固液混合发动机原理如图 3 - 31 所示,液体氧化剂通过喷注系统雾化进入燃烧室内,在固体燃料表面与气化的燃料混合燃烧,产生高温高压气体,通过喷管产生推力。美国"太空船 2 号"亚轨道飞船使用了固液混合发动机,如图 3 - 32 所示。

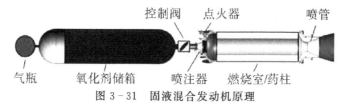

图 3 - 31　固液混合发动机原理

图 3 - 32　美国"太空船 2 号"亚轨道飞船使用了固液混合发动机

3.5.5　固体姿轨控发动机

姿轨控装置是进行变轨和姿态控制的动力装置。目前,国内外用于变轨和姿态控制动力装置有冷气系统、液体火箭发动机、固体姿轨控发动机。随着空间攻防作战武器的高速、高机动、高突防能力提高,另外也对防空、反导、反高超和反卫星等防御手段提出了更高的灵活机动要求,配备自主调节轨道机动能力的姿轨控动力系统的导弹武器得以重视并得到大力发展。相比于液体推进剂姿轨控系统,固体姿轨控发动机具有结构简单、动态响应时间短等优点,其技术成熟、可靠性高,可长期贮存,大幅缩短作战准备时间,全弹总装方便,成本低,广泛应用于防空、反导领域。美国 SM - 3 导弹拦截器 SDACS 系统(见图 3 - 33)、T3 空空导弹姿控系统和猎户座姿轨控系统等均采用了固体姿轨控发动机。

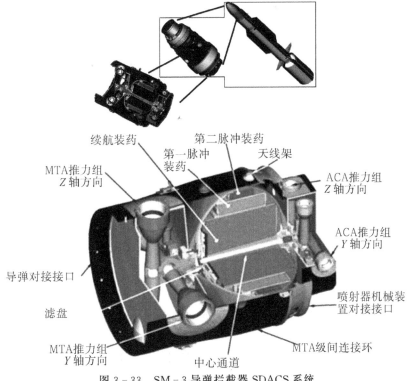

图 3 - 33　SM - 3 导弹拦截器 SDACS 系统

3.6　未来技术发展领域

3.6.1　跨介质工作发动机

目前,国内外研究者提出的跨介质工作发动机方案多采用液体燃料,水下一般采用燃料电池,能量密度低,动力系统集成性较差,不能实现高速航行。基于粉末燃料的跨介质组合动力具有明显的优势。基于粉末燃料的跨介质工作发动机(见图 3 - 34)是在粉末冲压发动机、水冲压发动机、粉末火箭发动机技术的基础上提出的新概念发动机,是未来固体发动机发展的一个方向。

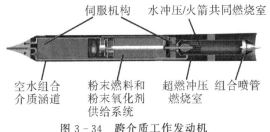

图 3 - 34　跨介质工作发动机

3.6.2　电控固体推进剂

电控固体推进剂是一种利用推进剂的电化学特性,在外加电场作用下,实现固体推进剂的多次点火与熄火,瞬时调控推进剂燃速,属于一种智能型的化学推进剂,如图 3 - 35 所示。

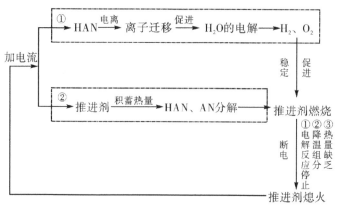

图 3-35 电控固体推进剂工作原理流程图

国外主要有三类推进剂：HIPEP(High Performance Electric Propellant),比冲可达 245 s,满足 DOT1.4 级安全等级；含铝推进剂(Aluminized Navyformulations,ANAV), 比冲可达 262.5 s;含硼推进剂(Boron Alternate Double - Base,BADB),兼顾比冲和尾烟 信号。

发动机：国外研制出 SpinSpat 微小卫星电控固体推进器,并进行了在轨试验；kN 级 别的大型电控固体发动机也完成了地面热试车试验。

3.6.3 微推力和激光化学微推进技术

微推力系统是由大量微型推力单元呈阵列式排列的微动力系统。每个单元一次性 工作,产生一个单位的推力冲量。可以单个单元工作或多个单元同时工作,提供微型卫 星的位置保持或姿态调整所需的动力。

激光化学微推进技术是一种固体 推进技术,是指利用激光能量,控制和 催化含能材料分解和燃烧,生成大量气 体,并产生推力的技术,其原理图如图 3-36所示。该技术具有功耗低、全固 态化、构紧凑、推力连续可调、可多次启 动、可靠性高和成本低等特点,是微小 卫星推进系统的最优技术方案之一。

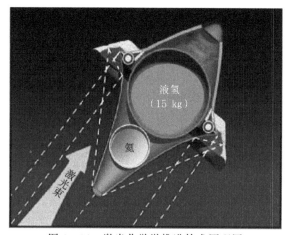

图 3-36 激光化学微推进技术原理图

3.6.4 旋转爆震发动机

燃料在发动机环形燃烧室内通过 等容爆轰方式燃烧,排出高温燃气产物 从而产生推力,相对于传统发动机的等压燃烧模式,热力循环效率提高 20%～50%,且具 有推重比大、推力调节和矢量调节能力强等优点,且可与火箭发动机、冲压发动机、涡轮

发动机相结合,从而大幅提高发动机的性能。巡航导弹配装旋转爆震发动机概念图如图
3-37所示。

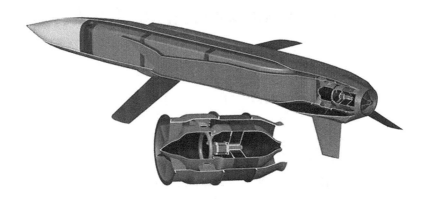

图 3-37　巡航导弹配装旋转爆震发动机概念图

第4章　战略导弹固体火箭发动机技术发展

4.1　概　　述

战略导弹作为战略威慑的核心力量,美国在技术性能、规模和数量等方面具有巨大优势,仍在大力实施多项专项计划,不断推进升级改造,持续维持其绝对优势。我国战略导弹不仅规模有限,其性能与美、俄现役核导弹相比也还存在一定差距。

固体火箭发动机作为导弹武器的"心脏",其性能高低对导弹武器的规模、射程、投送能力、突防与生存能力等作战性能有着决定性的影响。目前,固体火箭发动机的能量性能、质量比存在较大差距,"实战化"性能更是存在显著差距。

4.2　总体技术水平

固体火箭发动机是导弹武器装备的动力源泉,直接决定了武器装备远程投送、机动突防的能力,是武器装备作战效能发挥的前提和基础,更是推动导弹武器装备升级换代的核心技术。因此,高性能固体火箭发动机技术发展,对于提升导弹武器装备的综合性能有着至关重要的作用。

通过对国外固体火箭发动机的研究与分析,按照固体火箭发动机的核心指征(比冲、质量比等)可将国外固体火箭发动机发展历程划分为6代,图4-1所示为国外固体火箭发动机发展历程简图,展示了各代次性能指征、核心技术以及代表性型号。

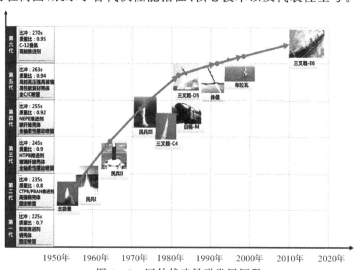

图 4-1　国外战略导弹发展历程

依据图 4-1 可知,国外现役固体火箭发动机普遍应用了高能推进剂、高性能复合材料壳体和高装填燃烧室等标志性技术,总体技术处于第五代水平,第六代固体火箭发动机技术已经取得突破。

虽然美国近几十年来在役战略导弹未见更新,但通过各类专项计划如集成化高效益火箭推进技术(Integrated High Performance Rocket Propulsion Technology,IHPRPT)计划、高能量密度材料(High Energy Density Matericlls,HEDM)计划、多学科大学研究倡议(Multidisciplinary University Research Initiative,MURI)计划等的实施和推动(见表 4-1),其固体动力技术一直未停止发展,已经为下一代战略导弹的研制做好了准备。

表 4-1　美国固体发动机发展专项计划

序　号	计划名称	计划周期	主要目标
1	集成化高效益火箭推进技术(IHPRPT)计划	1996—2010 年	提高固体动力综合性能是该计划核心目标,比冲提高 8%,质量比提高 3%
2	先进的化学推进:高能量密度材料（HEDM）计划	1988 年—长期	为火箭推进应用鉴别和开发先进化学推进剂,使昨天的梦想在明天得以实现;推进剂的比冲增加 5%～10%
3	洁净推进剂计划	2000 年—长期	高性能无毒无污染推进剂研制
4	多学科大学研究倡议(MURI)计划	2001—2020 年	新型含能材料设计理论方法,固体推进剂关键基础问题

4.2.1　三叉戟Ⅱ-D5 导弹发动机(美国)

固体发动机在三叉戟Ⅱ-D5 上的布置形式如图 4-2 所示。

三叉戟Ⅱ-D5 导弹发动机集成了高压强高装填燃烧室、全高能推进剂等技术,实现了高质量比和高比冲,并创下了连续 160 多次飞行成功的纪录,其性能参数见表 4-2。三叉戟Ⅱ-D5 第一级发动机质量比为 0.941、地面比冲为 261.8 s;第二级、第三级发动机真空比冲为 289.2 s,298.2 s,质量比为 0.933、0.927。

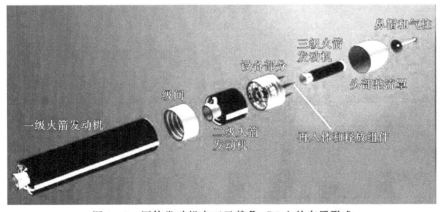

图 4-2　固体发动机在三叉戟Ⅱ-D5 上的布置形式

表 4 - 2 三叉戟Ⅱ-D5 导弹发动机性能参数

级 数	总长/m	直径/m	总质量/t	质量比	比冲/s	推进剂	压强/MPa	扩张比
Ⅰ	7.303	2.108	39.16	0.941	261.8	NEPE	9.3	10.9
Ⅱ	2.878	2.108	11.85	0.933	289.2	NEPE	5.56	22.3
Ⅲ	3.27	0.809	2.19	0.927	298.2	NEPE	5.15	34.8

4.2.2 "侏儒"陆基战略导弹发动机(美国)

"侏儒"导弹(见图 4 - 3)是世界上已研制的最先进陆基洲际弹道导弹,小型机动是其突出特点,在 1.168 m 直径下,射程达到 11 000 km,代表了目前陆基战略导弹固体发动机的最高水平,其发动机参数见表 4 - 3。其三级固体发动机均采用 NEPE 高能推进剂,三级壳体均采用 IM - 7 高强石墨纤维,三级喷管均采用柔性喷管,出口锥为三维自动编织的 Novoltex 碳/碳编织件。

图 4 - 3 "侏儒"导弹

表 4 - 3 "侏儒"陆基战略导弹发动机参数

级 数	总长/m	直径/m	总质量/t	质量比	比冲/s	推进剂
Ⅰ	7 620	1.168	8.350	0.922	255	NEPE
Ⅱ	2 050	1.168	3.266	0.935	296	NEPE
Ⅲ	2 030	1.168	2.169	0.937	298	NEPE

4.2.3 布拉瓦(圆锤)导弹发动机(俄罗斯)

布拉瓦导弹(见图 4 - 4)是俄罗斯最先进的潜射战略导弹,其发动机性能参数见表

4-4。发动机具有高能、高压强、高质量比的特点,是该导弹在有限体积下实现大投送能力、远射程的关键。布拉瓦导弹三级发动机采用了含 ADN/AlH₃ 的新型高能推进剂技术、双级 C/C 延伸喷管技术等,真空比冲达到 300.7 s。

图 4-4　布拉瓦导弹飞行概念图

表 4-4　布拉瓦(圆锤)导弹发动机性能参数

级　数	总长/m	直径/m	总质量/t	质量比	比冲/s	推进剂
Ⅰ	4.53	2.0	17.36	0.918	256	丁羟四组元
Ⅱ	3.05	2.0	10.44	0.92	297.3	丁羟四组元＋ADN
Ⅲ	2.04	2.0	5.31	0.925	300.7	ADN＋AlH₃

4.2.4　白杨-M 陆基战略导弹发动机(俄罗斯)

白杨-M 导弹(见图 4-5)代表了俄罗斯现役陆基战略的先进水平,使用了先进的发动机和弹头设计,可以从导弹发射井和移动式发射架发射,是俄罗斯直至 2015 年前最重要的战略核武器。白杨-M 导弹是三级固体洲际弹道导弹,长为 21 m,不带弹头时长为17.9 m,最大直径为 1.86 m,重为 47.2 m,发动机参数见表 4-5。

图 4-5　白杨-M 导弹

表 4 - 5　白杨 - M 陆基战略导弹发动机参数

级　数	总长/m	直径/m	总质量/t	质量比	比冲/s	推进剂
Ⅰ	8 100	1.95	30.5	0.92	258	HTPB+HMX
Ⅱ	4 600	1.61	10.0	0.92	—	HTPB+HMX
Ⅲ	3 900	1.58	4.0	0.93	295	HTPB+ADN

白杨 - M 导弹采用了先进的固体发动机技术,采用了有机纤维复合材料壳体,三级发动机所用的推进剂均为复合固体推进剂(有报道称添加了 AlH_3、ADN 和 HMX 高能组分),燃烧温度达 3 800~4 000 K,采用先进的柔性喷管。

4.2.5　M - 51 导弹发动机(法国)

M - 51 导弹(见图 4 - 6)是 21 世纪初世界唯一装备的战略导弹,其发动机可适应导弹飞行中的旋转变轨强突防,是体现出新一代战略导弹及其主动力提升突防能力的趋势发动机。M - 51 导弹发动机性能参数见表 4 - 6。

图 4 - 6　M - 51 导弹

表 4 - 6　M - 51 导弹发动机性能参数

级　数	总长/m	直径/m	总质量/t	质量比	比冲/s	推进剂
Ⅰ	6.0	2.3	37.3	0.935	256	NEPE
Ⅱ	3.0	2.3	14.9	0.93	297	NEPE
Ⅲ	1.15	1.15	1.57	0.93	299	NEPE

4.3　推进剂技术

能量水平是衡量导弹发动机性能的核心指针之一,国外导弹发动机技术一直以追求更高能量为发展的核心方向。三叉戟 II - D5、"侏儒"、M - 51 等战略导弹主发动机均采用高能硝酸酯增塑聚醚(Nitrate Ester Plasticized Polyether Propellant,NEPE)高能推进剂。其中第一级发动机大多采用了高压强设计,大幅提升导弹发动机能量水平,俄罗斯的布拉瓦导弹第三级发动机采用了 AlH_3＋ADN 新型高能推进剂,比冲达到 300.7 s。以美、俄、欧等为代表的军事发达国家或地区,制定和实施了一系列国家层面的技术发展计划,发展跨学科、跨专业的组合能源应用模式及先进技术,加大基础理论、新型含能材料、新型高能推进剂技术途径研究,促进高功效、组合式化学能源动力系统的性能跃迁,持续推动化学能源原创性、前沿性技术发展,满足高性能战略战术导弹发动机高比冲要求。

4.3.1　NEPE 推进剂

NEPE 是一种高能固体推进剂,理论比冲为 2 685 N·s/kg(274 s)。

它于 20 世纪 70 年代末由美国赫克力斯公司研制成功,20 世纪 80 年代初开始使用的一种新型硝胺类固体推进剂,是当今世界上公开报道中,已获得大范围应用的能量最高的固体推进剂。

NEPE 推进剂是在传统复合固体推进剂和双基推进剂的基础上,综合了二者的优点,即充分发挥复合固体推进剂中聚氨酯黏结剂低温力学性能好及双基推进剂中硝酸酯增塑剂能量高的特点,同时加入大量的高能炸药,如奥克托今(通用符号为 IIMX)和黑索金(通用符号为 RDX),从而制造的一种新型高能推进剂。NEPE 推进剂能量水平显著高于现有的各种推进剂,且力学性能良好,工艺、弹道剂安全贮存性能满足生产和武器使用要求,应用于火箭、导弹武器可以达到增加射程的目的,在战略和战术导弹武器上有着广阔的应用前景。

NEPE 用大量硝酸酯增塑而使推进剂获得高的能量水平,又保留了高弹性三维网络的特点,赋予推进剂优异的力学性能,打破了传统的双基、改性双基与复合推进剂的界限,形成了一类新型的推进剂。

如今美国、法国、德国和日本等相继投入大量人力和财力开展叠氮低特征信号NEPE 推进剂研究。在已有的报道中,法国将"GAP＋CL - 20"作为如今推进剂研究的重点,美国已进入了含 CL - 20 的 NEPE 推进剂发动机验证阶段。法国和德国均研制出了含 GAP＋CL - 20 的高能微烟 NEPE 推进剂,不仅能量水平较高,且综合性能优良。俄罗斯和美国在含二硝酰胺铵(Ammonium Dinitramicle,ADN)的低特征信号 NEPE 推进剂的研究中居于领先地位,美国海军空战中心武器分部研制的一种以 ADN/NEPE 为基的高能低特征信号推进剂,其能量性能大大高于如今美国装备的所有低特征信号推进剂。总的来说,国外对低特征信号 NEPE 推进剂已达到的实际水平及详细情况仍然十分保密。但从已有的研究可以看出,新型含能材料在低特征信号 NEPE 推进剂中的应用研究是如今国外低特征信号推进剂研究的重点。

4.3.2 CL‐20 推进剂

将新型高能量密度化合物 CL‐20 引入 NEPE 推进剂中,进一步提高其能量水平,是目前国外高能固体推进剂的特点之一。

法国研制了具有能量高、特征信号低、毒性低等特点的 GAP/CL‐20 类 NEPE 推进剂,比冲为 2 524 N·s/kg,密度为 1.73 g/cm³,燃速为 13.4 mm/s。印度研究了 GAP/CL‐20 类 NEPE 推进剂燃烧性能。结果表明,不使用燃速催化剂时,7~15 MPa 下该推进剂的燃速接近 GAP/HMX 推进剂燃速的 2 倍,适用于高燃速推进剂的研制。德国在 GAP/HMX 推进剂中用 CL‐20 取代 HMX,并研究了取代后该推进剂的燃烧性能;研究结果表明,以 GAP/BDNPF 为基,用 CL‐20 完全取代质量含量为 70% 的 HMX,7 MPa 下的燃速由 7.5 mm/s 增至 15 mm/s,而压强指数从 0.74 降至 0.57,且 2 种推进剂在 4~9 MPa 范围内都显示出平台燃烧。由此可见,GAP/CL‐20 推进剂燃烧性能优良。

相比于 HMX,CL‐20 在提升 NEPE 推进剂的能量水平方面显示出更大的优势,但在能量水平提升的同时,也带来了推进剂的燃速范围更窄,压强指数更高,且更加难以调解的问题。此外,各国研究者们对于含 CL‐20 的 NEPE 推进剂的研究都只或多或少地针对某一个或者单独的某几个方面,而并没有对影响含 CL‐20 的 NEPE 推进剂燃烧性能、能量性能、安全性能、力学性能及药浆工艺性能等因素进行系统而全面的研究。因此,所得出的研究结果多相互独立,且没有对影响产生的机制进行系统而全面的研究,因而所得的结果对促进含 CL‐20 的 NEPE 推进剂实际工程化应用的指导作用有限。

4.3.3 ADN 推进剂

ADN 是 20 世纪 70 年代首先由苏联合成出来的一种高能量密度材料。它是一种能量密度高,不含卤素的白色结晶物。ADN 最初是为高性能固体推进剂研制的。作为一种能够替代高氯酸铵的候选氧化剂品种,国内外在 ADN 推进剂的配方研究、球形化、改善吸湿性等方面做了大量工作。但从目前的研究进展来看,ADN 存在热稳定性较差,会发生自动催化分解;室温下反应活性高;吸湿性强,容易与异氰酸酯反应产生气孔;晶体中有不均匀性缺陷,制备推进剂时的工艺性能差等问题。这些问题制约了 ADN 在高性能固体推进剂中的应用。早在 20 世纪 70 年代,苏联就在 ADN 合成工艺改进、性能研究等方面进行了大量细致的研究,随着 ADN 应用中安全问题的解决,俄罗斯已掌握了 ADN 在固体推进剂中的应用技术,并应用在战略导弹发动机中。推进剂配方大致为 HTPB/AP/ADN/AL/HMX/二茂铁衍生物。ADN 可以和其他物质混合使用,如二硝酰铵胺＋氨水、二硝酰胺肼＋肼和二硝酰胺羟铵＋羟铵,都可以用作单元液体推进剂。自 1997 年以来,瑞典空间公司(Swedish Space Company,SSC)和 FOI 一直在进行 ADN 单元推进剂的配方研究,他们从 100 多种材料中筛选出了甘油、甘氨酸、甲醇等,并相继推出一系列推进剂配方。

4.4 燃烧室装药技术

国外几种发动机的燃烧室装药技术见表 4‐7。

表 4 - 7　国外几种发动机的燃烧室装药技术

名　　称	平均压强 MPa	最大压强 MPa	设计安全 系数	特性系数 km	绝热层 类型	绝热层 质量/kg	壳体质量 kg
MX - Ⅰ	9.65	12.8	1.25		EPDM	427	2 006
- Ⅱ	8.24				EPDM		1 265.8
- Ⅲ	5.2	5.68			EPDM	65.2	278.9
D5 - Ⅰ	9.37	10.14		42.9	EPDM	290	1 235.6
- Ⅱ		7.5			EPDM	164	
- Ⅲ	5.1	5.66		30			
CM - Ⅰ	6.2	8.0	1.4		T1502		
- Ⅱ	5.55	7.0	1.63	30	9621		
- Ⅲ	5.0	6.8	1.65	29	EPDM		

从表 4 - 7 中可以看出：①国外一级发动机燃烧室压强平均值为 9.5 MPa 左右，最大值达到 12.0 MPa；②国外先进发动机绝热层几乎全部采用了高性能三元乙丙（EPDM）绝热层，密度为 1.1 g/cm³。另外根据资料显示，国外先进战略导弹发动机普遍采用高装填药柱设计，装药 m 数大于 5，装填分数大于 0.95。

4.4.1　M55A - 1（美国"民兵 3"导弹第一级）

M55A - 1 固体火箭发动机是美国"民兵 3"地对地洲际弹道导弹的第一级发动机，由美国锡奥科尔公司研制和生产，1966 年开始研制，1968 年 8 月进行首次飞行试验，1970 年 7 月研制性飞行试验结束。1970 年 6 月装有 M55A - 1 发动机的"民兵 3"导弹开始服役，到 1975 年 6 月完成部署，共装备 550 枚。M55A - 1 发动机推进剂及药柱性能与结构参数见表 4 - 8。

表 4 - 8　推进剂及药柱性能与结构参数

性能与结构名称	性能与结构参数	性能与结构名称	性能与结构参数
推进剂配方	PBAN 14% AP 70% Al 16%	推进剂质量 流率（平均）/(kg·s⁻¹)	341.6
密度/(g·cm⁻³)	1.760	药柱药型	六角星型
燃速（标准状态下）/(mm·s⁻¹)	8.865	肉厚/mm	441.0
燃速（发动机内平均）/(mm·s⁻¹)	8.31	肉厚分数/(%)	53.3
燃速压力指数（n）	0.21	残药分数/(%)	5.9
燃速温度敏感系数/(%·℃⁻¹)	0.183 6	平均燃烧面积/m²	24.83
绝热火焰温度/K	3 472	药柱体积/m³	11.62
特征速度/(m·s⁻¹)	1 578.9	体积装填分数/(%)	88.7
特征速度（地面实测）/(m·s⁻¹)	1 572.8	药柱推进剂质量/kg	20 788.6

4.4.2 SR19‑AJ‑1(美国"民兵3"导弹第二级)

SR19‑AJ‑1固体火箭发动机是美国"民兵3"地对地洲际弹道导弹的第二级发动机,其发动机结构图如图4‑7所示。它由美国航空喷气公司的固体推进分公司研制和生产,从1962年开始研制,1962年10月进行了第一次静态点火试验。1964年9月进行鉴定试验,同年底开始生产装备于"民兵2"导弹第二级上的SR19‑AJ‑1发动机。到1972年2月已进行了14次产品性能质量评定的高空模拟试验。

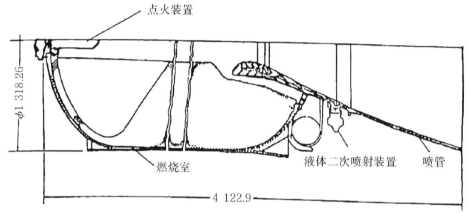

图4‑7 SR19‑AJ‑1发动机结构图(单位:mm)

燃烧室内绝热层用V‑45橡胶制成,衬层材料的代号为SD851‑2。

推进剂药柱为浇注成型的前六个翼,中间圆孔,后端喇叭形的翼柱型药柱。用CTPB类推进剂替代"民兵1"导弹用的PU类推进剂,可使比冲提高39.2~49.0 m/s。

推进剂牌号为ANB‑3066,推进剂主要组分为端羧基聚丁二烯/氮杂环固化剂9%,聚丁烯3%,高氯酸铵73%,铝粉15%,推进剂危险等级为2级(易燃品)。推进剂及药柱性能与结构参数见表4‑9。

表4‑9 推进剂及药柱性能与结构参数

性能与结构名称	参 数	性能与结构名称	参 数
药柱外直径/mm	1 313	燃速温度敏感系数/(%·℃$^{-1}$)	0.216
药柱长度/mm	3 050	燃气温度/K	~3 500
药柱内孔直径/mm	251.5	特征速度/(m·s^{-1})	1 585
推进剂质量/kg	6 246	推进剂密度/(g·cm^{-3})	1.772
体积装填分数	0.79	推进剂抗拉强度(−51℃)/MPa	2.24
残药分数	0.11	推进剂抗拉强度(65℃)/MPa	0.6
药柱肉厚/mm	530	推进剂伸长率(−51℃)/(%)	26
平均燃烧面积/m²	3.63	推进剂伸长率(65℃)/(%)	75
推进剂燃速(6.8 MPa)/(mm·s^{-1})	10.59	使用寿命/a	~11
燃速压力指数(n)	0.30		

4.4.3　SR73‑AJ‑1(美国"民兵 3"导弹第三级)

SR73‑AJ‑1 固体火箭发动机是美国"民兵 3"地对地洲际弹道导弹的第三级发动机,其结构图如图 4‑8 所示,由美国航空喷气(Aerojet)公司与锡奥科尔(Thokod)公司分别进行研制。1966 年 1 月,美国空军选择航空喷气公司、锡奥科尔公司和赫克力斯公司同时进行"民兵 3"导弹的第三级发动机的研制,同年 8 月确定航空喷气公司的固体推进分公司为该发动机的承包商。1968 年 8 月锡奥科尔公司成为该发动机的后备厂商,后来该公司进行了生产工艺改进,同时能浇注和固化五台发动机,从而降低了成本。1970 年 5 月以后,锡奥科尔公司成为"民兵 3"导弹的第三级发动机的承包商。该发动机工艺技术比较成熟,性能优良,可靠性高,在 140 次试验中,成功率 100%。该发动机 1970 年正式用于"民兵 3"导弹。

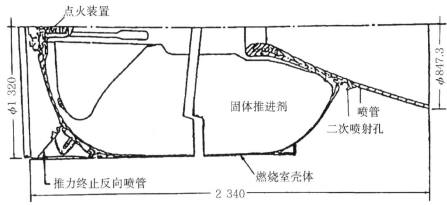

图 4‑8　SR73‑AJ‑1 发动机结构图(单位:mm)

其内绝热层材料为 V‑45(丁腈类)橡胶,前封头部分厚度为 4.2 mm,圆筒段部分厚度为 0.76 mm。衬层材料为石棉填充的端羧基聚丁二烯,牌号为 SD851‑2,密度为 0.941 g/cm²。

推进剂药柱为浇注成型的前六翼‑中柱形‑后锥形的药型。

推进剂主要组分为:端羧基聚丁二烯(Carboxy‑Terminated Polybutadive,CTPB)/氮杂环固化剂 9%,聚丁烯 3%,高氯酸铵 73%,铝粉 15%。推进剂牌号为 ANB‑3066。推进剂及药柱性能与结构参数见表 4‑10。

表 4‑10　推进剂及药柱性能与结构参数

性能与结构名称	参　数	性能与结构名称	参　数
药柱外径/mm	1 303	燃速温度敏感系数/(%·℃)	0.216
药柱长度/mm	1 737	特征速度/(m·s⁻¹)	1 586
药柱内孔直径/mm	279.4	燃气温度/K	3440
药柱肉厚/mm	519	有效比热比(燃烧室内)	1.14
肉厚分数	0.79	有效比热比(喷管出口处)	1.18
药柱装填密度	0.928	推进剂危险等级	2 级(易燃品)

续表

性能与结构名称	参　数	性能与结构名称	参　数
推进剂体积/m³	1.888	药柱工作温度范围/℃	18.3～23.9
残药分数	0.11	推进剂抗拉强度(−51.1℃)/MPa	2.2
平均燃烧面积/m²	3.64	推进剂抗拉强度(65.6℃)/MPa	0.6
初始燃面/喷管喉面积	104	推进剂伸长率(−51.1℃)/(%)	26
推进剂燃速(6.8 MPa 下)/(mm·s⁻¹)	10.6	推进剂伸长率(65.6℃)/(%)	75
燃速压力指数(n)	0.30	推进剂药柱寿命(21℃下贮存)/a	≥5

4.4.4　PD5-1(美国三叉戟 2 导弹第一级)

PD5-1 固体火箭发动机是美国三叉戟 2(D5)(Trident2 D5)潜地弹道导弹第一级发动机,由美国赫克里斯(Hercules)公司和锡奥科尔(Thiokol)公司联合研制。该发动机于1978 年开始预研,1982 年开始全面研制,其装药结构图如图 4-9 所示,1987 年 1 月开始飞行试验,1989 年 3 月进行第一次潜艇发射飞行试验,1990 年 3 月开始服役。

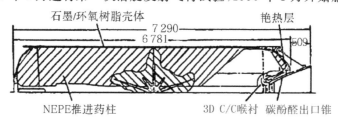

图 4-9　PD5-1 发动机装药结构图

其内绝热层材料为三元乙丙橡胶(EPDM-NEO-SI)系统,密度为 1.1 g/cm³,延伸率为 400%～900%,质量为 290 kg,采用 Hercules 公司 20 世纪 80 年代的发明专利无纬布带材缠绕成型技术,这一技术已成为固发行业目前绝热层成型的标准工艺。

推进剂药柱为大小薄翼柱形,装药质量为 36 935 kg。所用推进剂的组分有黏结剂聚乙二醇(Polyethylene Glycol,PEG)、硝化纤维素(Nitrocellulose,NC)、增塑剂硝化甘油(Nitroglycerin,NG)、氧化剂奥克托金(Octokine),高氯酸铵(Ammonium Perchlordle,AP)和燃料添加剂铝粉(Aluminum,Al)。第一级发动机推进剂性能参数见表 4-11。

表 4-11　第一级发动机推进剂性能参数

性能名称	性能参数
密度/(g·cm⁻³)	1.846
固体含量/(%)	75
燃速(P_c=7.9 MPa)/(m·s⁻¹)	11.7
燃速压力指数(n)	0.54
比冲(理论)/(m·s⁻¹)	2 657.8
比冲(额定)/(m·s⁻¹)	2 514.7

4.4.5　PD5-2(美国三叉戟 2 导弹第二级)

PD5-2 固体火箭发动机是美国三叉戟 2(D5)(Trident2 D5)潜地弹道导弹第二级发动机,由美国赫克里斯(Hercnles)公司和锡奥科尔(Thiokol)公司联合研制,其结构图如图 4-10 所示。该发动机于 1978 年开始预研,1982 年开始全面研制,1987 年 1 月开始飞行试验,1989 年 3 月进行第一次潜艇发射飞行试验,1990 年 3 月开始服役。

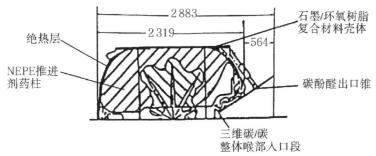

图 4-10　PD5-2 级发动机结构图(单位:mm)

其内绝热层为三元乙丙橡胶(EPDM-NEO-SI)系统,密度为 1.1 g/cm³,延伸率为 400%~900%,质量为 164 kg。

推进剂药柱为翼柱型,装药质量为 11 022.7 kg。推进剂组分有黏结剂聚乙二醇、硝化纤维素、增塑剂硝化甘油、氧化剂奥克托金、高氯酸铵、燃料添加剂铝粉。第二级发动机推进剂性能参数见表 4-12。

表 4-12　第二级发动机推进剂性能参数

性能名称	性能参数	性能名称	性能参数
密度/(g·cm⁻³)	1.84	燃速压力指数(n)	0.50
固体含量/(%)	75	比冲(理论)/(m·s⁻¹)	2 651.8
燃速(P_c=7.9 MPa)/(mm·s⁻¹)	14.8	比冲(额定)/(m·s⁻¹)	2 490.2

4.4.6　PD5-3(美国三叉戟 2 导弹第三级)

三叉戟 2 D5 导弹第三级发动机的研制计划是美国固体火箭工业界进行过的最成功的大型发动机研制计划,在静态或飞行试验中未出现任何发动机或部件故障。PD5-3 级发动机结构图如图 4-11 所示。

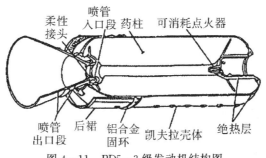

图 4-11　PD5-3 级发动机结构图

推进剂药柱为典型后翼柱型,装药质量为 2 029 kg。第三级发动机推进剂性能参数见表4-13。

表 4-13　第三级发动机推进剂性能参数

性能名称	性能参数
密度/(g·cm^{-3})	1.82
固体含量/(%)	75
燃速(P_c=6.9 MPa)/(mm·s^{-1})	9
燃速压力指数(n)	0.667
燃速温度敏感系数/(%·℃$^{-1}$)	0.28

4.5　壳 体 技 术

轻质化水平是衡量导弹发动机性能的另一核心参数,发动机轻质化技术不仅成为导弹动力更新换代的重要保障,同时带动了大量先进材料、力学和结构设计等基础、应用领域学科的进步。国外先进战略导弹发动机普遍采用了高性能壳体材料以及先进的连接结构以达到高质量比的性能水平,如三叉戟Ⅱ-D5 与 M51 导弹第一、二级发动机的 IM7 以及第三级发动机的 T800SC,布拉瓦导弹三级发动机的高性能 APMOC 有机纤维。

4.5.1　M55A-1(美国"民兵 3"导弹第一级)

发动机燃烧室壳体采用 D6AC 钢材料,旋压成型工艺。M55A-1 壳体主要性能与结构参数见表 4-14。

表 4-14　M55A-1 壳体主要性能与结构参数

性能与结构名称	参　数	性能与结构名称	参　数
壳体材料	D6AC 钢	内绝热层材料密度/(g·cm^{-3})	1.09
圆筒段名义厚度/mm	3.76	壳体质量/kg	1 160
最小极限强度/MPa	1 551.4	内部绝热层质量/kg	288
最小屈服强度/MPa	1 344.5	外部绝热层质量/kg	140
液压试验压力/MPa	6.48	衬层质量/kg	68
液压屈服压力/MPa	6.79	其他结构质量/kg	71
内绝热层材料	碳氢化物/石棉		

4.5.2　SR19-AJ-1(美国"民兵 3"导弹第二级)

SR19-AJ-1 发动机燃烧室壳体用 Ti-6Al-4V 钛合金旋压成型工艺,热处理工艺为固溶处理—淬火—时效。采用钛合金作壳体材料比原钢壳体减重近一半。SR19-AJ-1 壳体主要性能与结构参数见表 4-15。

表 4-15　SR19-AJ-1 壳体主要性能与结构参数

性能与结构名称	参　数	性能与结构名称	参　数
壳体壁厚/mm	2.54	壳体材料屈服强度/MPa	1 137.6
圆筒段长度/mm	2 240	壳体材料伸长率/(%)	8
圆筒段直径/mm	1 320	壳体材料密度/(g·cm⁻³)	4.5
圆筒段壳体质量/kg	106.2	壳体材料模质/MPa	117 130
壳体材料抗拉强度/MPa	1 206.2	壳体质量/kg	160

4.5.3　SR73-AJ-1(美国"民兵 3"导弹第三级)

SR73-AJ-1 发动机壳体采用玻璃钢壳体。玻璃钢壳体是由 S901 玻璃纤维/EF-2 环氧树脂缠绕而成的。在壳体前封头一周上有六个排气孔,用排气管把这些排气孔与前裙上的排气口连接起来,形成反向喷管,用于实现推力终止。

SR73-AJ-1 壳体主要性能与结构参数见表 4-16。

表 4-16　SR73-AJ-1 壳体主要性能与结构参数

性能与结构名称	参　数	性能与结构名称	参　数
壳体厚度/mm	4.07	玻璃纤维最小极限强度/MPa	3 034.2
圆筒段长度/mm	1 350	水压试验压力/MPa	4.93
圆筒段容积/m³	1.85	水压试验压力/最大工作压力/MPa	1.24
底容积/m³	0.6	壳体质量/kg	147

4.5.4　PD5-1(美国三叉戟 2 导弹第一级)

PD5-1 发动机壳体材料为 IM-7X 石墨纤维/HRBF-55A 环氧树脂复合材料。PD5-1 壳体性能与结构参数见表 4-17。

表 4-17　PD5-1 壳体性能与结构参数

性能与结构名称	参　数
模量(纵向)/MPa	59 308
模量(周向)/MPa	62 066
抗弯刚度/(N·m²)	11.1×10^6
热膨胀系数(纵向)/(℃⁻¹)	-1.6×10^{-6}
热膨胀系数(周向)/(℃⁻¹)	4.1×10^{-6}
壳体特性系数/(MPa·cm³·kg⁻¹)	4.29×10^5
壳体长度/mm	6 781
封头椭球比	1.70
壳体质量/kg	1 235.6

4.5.5　PD5－2(美国三叉戟 2 导弹第二级)

PD5－2 发动机壳体材料为 IM－7X 石墨纤维/HRBF－55A 环氧树脂复合材料。PD5－2 壳体性能与结构参数见表 4－18。

表 4－18　PD5－2 壳体性能与结构参数

性能与结构名称	参　数	性能与结构名称	参　数
模量(纵向)/MPa	59 308	热膨胀系数(周向)/(℃$^{-1}$)	$4.1×10^{-6}$
模量(周向)/MPa	62 066	壳体长度/mm	2 154
抗弯刚度/(N·m^2)	$11.1×10^6$	封头椭球比	1.63
热膨胀系数(纵向)/(℃$^{-1}$)	$-1.6×10^{-6}$		

4.5.6　PD5－3(美国三叉戟 2 导弹第三级)

PD5－3 发动机壳体采用 Kevlar－4 纤维/HRBF－55A 环氧树脂复合材料,壳体直径为 787 mm,长度为 3 276 mm,发动机的质量比为 0.926。

4.5.7　俄罗斯布拉瓦潜射导弹第二级发动机

该级发动机采用了 Apmoc 芳纶纤维/环氧复合材料壳体,直径为 2 m,如图 4－12 所示。

图 4－12　布拉瓦导弹第二级固体发动机

4.5.8　M51 导弹发动机

M51 导弹的三级固体发动机都使用碳纤维/环氧树脂复合材料壳体,如图 4－13 所示,其中:第一级直径超过 2 m,长度为 6 m;第二级直径为 2.3 m,长度为 3 m;第三级直径为 1.15 m,长度为 1.15 m。

图 4 - 13 M51 导弹发动机壳体

4.6 喷 管 技 术

国外先进战略导弹发动机普遍采用了轻质耐烧蚀的热结构材料,如纤维缠绕 EPDM、斜缠碳布/酚醛材料、C/C 扩张段等,直接降低结构质量,从而提高发动机的质量比水平。

摆动喷管是提升大型固体火箭发动机性能的关键技术,目前国外战略导弹固体火箭发动机大部分使用摆动喷管作为发动机喷管方案。

4.6.1 M55A - 1(美国"民兵 3"导弹第一级)

M55A - 1 发动机是美国"民兵 3"导弹的第一级助推发动机,其喷管形式为 4 个单轴摆动喷管。喷管性能与结构参数见表 4 - 19。

表 4 - 19 喷管性能与结构参数

性能与结构名称	参 数	性能与结构名称	参 数
喷管类型	4 个单轴摆动喷管	壳体材料	4130 钢
喷管喉面积/cm²	1 059.4	喷管质量/kg	402.3
喷管喉径/mm	183.6	推力系数(地面理论值)	1.564
喷管扩张比	10	推力系数(地面实测值)	1.510
扩张半角/(°)	11.4	推力系数(真空)	1.690
喉衬材料	锻造钨	喷管冲质比/(N·s·kg⁻¹)	119 747

推力矢量控制性能与结构参数见表 4 - 20。

表 4－20　推力矢量控制性能与结构参数

性能与结构名称	参　数	性能与结构名称	参　数
喷管摆角/(°)	±8	喷管摆动最大库伦摩擦力矩/(N·m)	412
喷管摆动最大总力矩/(N·m)	1 176	喷管摆动最大零位摩擦力矩/(N·m)	550

4.6.2　SR19－AJ－1(美国"民兵3"导弹第二级)

SR19－AJ－1发动机采用单个潜入式固定喷管。在喷管扩张段上四周相隔90°的四个位置上开有喷射氟里昂的四组喷孔。SR19－AJ－1发动机喷管的结构图如图4－14所示。

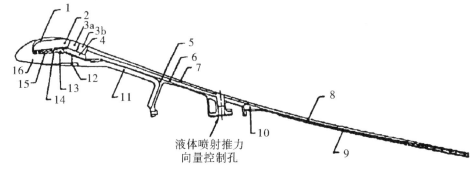

图 4－14　SR19－AJ－1发动机喷管的结构图

1—钨;2—多晶石墨;3a,3b—多晶石墨;4—二氧化硅/酚醛模塑件;5—钛;6—二氧化硅/酚醛带;7—石曼/酚醛带;8—二氧化硅/酚醛带;9—软木;10—二氧化硅/酚醛带;11—二氧化硅和石墨填充的丁腈橡胶弹性体;12—二氧化硅和石墨填充的丁腈橡胶弹性体;13—石棉/酚醛带;14—钼;15—氧化锆;16—碳/酚醛模塑件

喷管主要性能与结构参数见表4－21。

表 4－21　喷管主要性能与结构参数

性能与结构名称	参　数	性能与结构名称	参　数
喷管喉径/mm	244.6	平均推力系数	1.74
喷管出口直径/mm	1 217	最大推力矢最角/(°)	4
喷管初始扩张角/(°)	24.8	喷管潜入深度/mm	409
喷管出口扩张角/(°)	14.0		

SR19－AJ－1发动机采用氟利昂液体二次喷射推力矢量控制方案。在喷管扩张段一定扩张比的一周相隔90°的位置上有四组喷射孔,可以控制导弹的俯仰和偏航。在喷管两侧相对位置上,各有一组控制喷射装置。每组装置包括有一个液压动力源,两个液压作动伺服活门和两组喷射器。这两组控制喷射装置共计质量24 kg。喷射液体的流量由伺服活门控制。约有120 kg的氟利昂液体装在环绕喷管安装的环形贮箱内,此贮箱用17－7PH不锈钢制成,箱壁厚度为2.76 mm。由固体推进剂燃气发生器对贮箱增压,以保持一定的喷射压力。推力矢量控制装置性能与结构参数见表4－22。

表 4 - 22 推力矢量控制装置性能与结构参数

性能与结构名称	参 数	性能与结构名称	参 数
喷射工质	氟利昂 114 - B2	喷射活门最大流量/(kg·s⁻¹)	27.2
工质密度/(g·cm⁻³)	2.15	喷射工质工作压力/MPa	4.3
喷射工质贮存质量/kg	117.6	喷射系统净质量/kg	24
喷射器个数	4	推力矢量控制装置总净质量/kg	103.1
每个喷射器的喷孔数	3		

在导弹飞行不需要控制力时,四组喷嘴可均匀地打开,排除多余的氟里昂,这样既可减小惰性质量,又可增加附加推力。在液体二次喷射推力方向控制过程中,除产生侧向力外,还可增加一定比例的附加推力,因此喷射工质的质量不能完全作为惰性质量,而且这喷射工质随着飞行不断减少。其喷射原理如图 4 - 15 所示。

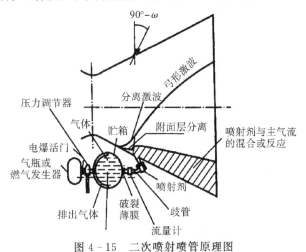

图 4 - 15 二次喷射喷管原理图

4.6.3 SR73 - AJ - 1(美国"民兵 3"导弹第三级)

SR73 - AJ - 1 发动机采用单个固定式潜入喷管,扩张比为 23.55∶1。在喷管扩张段的一定扩张比的一周上相隔 90°四个位置上,开有喷射液体的喷孔,用以进行推力矢量控制,如图 4 - 16 所示。喷管主要性能与结构参数见表 4 - 23。

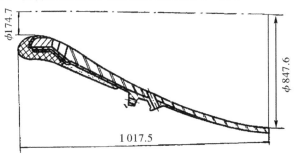

图 4 - 16 "民兵 3"导弹第三级发动机喷管形式(单位:mm)

表 4 - 23　喷管主要性能与结构参数

性能与结构名称	参　数	性能与结构名称	参　数
喷管喉径/mm	174.6	工作后喉面积/cm²	250.9
喷管出口直径/mm	847.3	初始出口面积/cm²	5 639
喷管扩张比	23.55	工作后出口面积/cm²	5 780
喷管潜入长度/mm	447	平均推力系数	1.79
喷管长度/喉径	10.20	喷管质量/kg	128
喉部曲率半径/mm	50.8	喷管冲质比(真空)/(N·s·kg⁻¹)	72 416.8
出口半角/(°)	16.5	喷管冲质比(实际)/(N·s·kg⁻¹)	72 265.6
初始喉面积/cm²	239.4		

SR73 - AJ - 1 发动机采用液体二次喷射推力矢量控制系统。利用控制向喷管扩张段上相隔 90°的四组喷孔喷射高氯酸锶溶液来产生俯仰和偏航方向的控制力。喷射工质贮存在柱形贮箱内,利用压缩气体增压。推力矢量控制装置主要性能与结构参数见表 4 - 24。

表 4 - 24　推力矢量控制装置主要性能与结构参数

性能与结构名称	参　数	性能与结构名称	参　数
喷射工质	高氯酸锶溶液	喷射压力(平均)/MPa	4.7
工质密度/(g·cm⁻³)	1.95	贮箱材料	T-4A1-4V 钛合金
工质质量/kg	27.4	推力控制方向角/(°)	±2
喷射时贮箱压力/MPa	5	推力矢量控制系统结构净质量/kg	19.1

4.6.4　PD5 - 1(美国三叉戟 2 导弹第一级)

PD5 - 1 发动机采用单个潜入式柔性接头全轴摆动喷管,潜入比为 43%,外伸长度为 509 mm,出口直径为 1 143 mm,出口锥扩张半角为 22.6°。喉衬材料为三锥编织碳/碳整体结构。出口锥材料为标准密度碳布/酚醛。喷管总质量为 385 kg。柔性喷管示意图如图 4 - 17 所示。

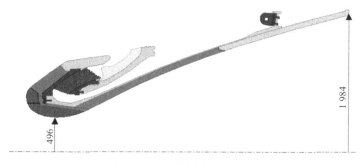

图 4 - 17　柔性喷管示意图

4.6.5　PD5－2(美国三叉戟 2 导弹第二级)

PD5－2 发动机采用单个潜入式柔性接头全轴摆动喷管,潜入比为 42.6％,外伸长度为 576.6 mm,出口直径为 1 372 mm,出口锥扩张半角为 22.4°。喉衬材料为三维编织碳/碳整体结构。出口锥材料为标准密度碳布/酚醛。

4.6.6　PD5－3(美国三叉戟 2 导弹第三级)

PD5－3 发动机采用单个潜入式柔性接头全轴摆动喷管,其潜入量较小,喉部材料为四维碳/碳整体编织结构,出口锥材料为低密度碳布/酚醛。

4.6.7　和平卫士(MX)导弹第三级发动机

美国研制的 MX 洲际导弹第三级发动机的喷管示意如图 4－18 所示,该喷管采用了延伸锥方案,使其扩张比达到 67.4:1,进一步提高了发动机在真空中的比冲。另外,法国的 M51 导弹第三级发动机也采用了延伸锥喷管(见图 4－19)。

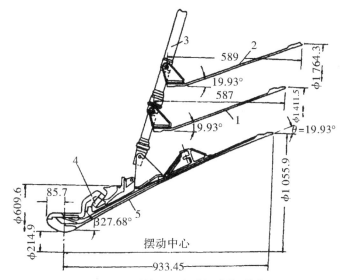

图 4－18　MX 导弹第三级发动机喷管(单位:mm)

1—1 级可延伸出口锥;2—2 级可延伸出口锥;3—双级可延伸作动筒;4—柔性接头;5—扩张段

图 4－19　M51 导弹第三级发动机喷管

4.7　安全点火技术

安全点火装置是固体火箭发动机的重要组成部分,是发动机的启动装置。安全点火装置能否可靠工作直接影响到发动机能否可靠点火,关系到能否在给定的时间内实现导弹/火箭的准时发射,乃至影响导弹/火箭系统发射任务的成败。

安全点火装置的功能:①在贮存和运输过程中,确保发动机不会因静电、射频等环境因素而意外点火;②当需要发动机工作时,它能够准确、可靠地点燃主发动机装药。

国外在20世纪70年代,已采用由电爆管、安全机构和非电传爆元件组成的远距离安全发火机构(见图4-20),通过导爆索组件、隔板点火器等非电传爆元件可将安全机构安装于弹壁等适当位置,实现安全机构的远距离安装,并在大、中型固体导弹发动机(如MX导弹)、宇航发动机等领域获得了广泛的应用。其安全性、可靠性较好,以及易安装、易操作、易于排除故障等优点在实际应用中得到了充分体现。国内在非电传爆技术研究方面在20世纪80年代末期也取得了长足进展,这为国内固体发动机采用远距离发火装置点火技术奠定了基础。

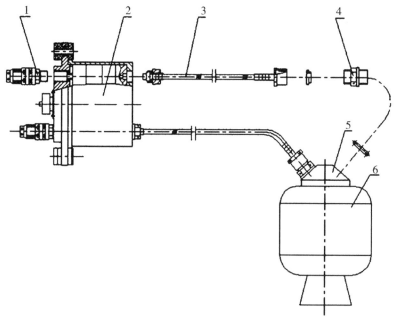

图4-20　远距离安全发火机构

1—初始发光元件;2—安全机构;3—导爆索组件;4—隔板点火器;5—点火装置;6—发动机

国外战略导弹发动机的直径较大,长度较长,其装药多达几十吨甚至上百吨。它所需要的点火药量在几至几十千克以上。为安全而有效地点燃大型固体火箭发动机的装药,通常采用小火箭式点火装置进行点火。小火箭式点火装置主要由绝热顶盖、引燃药盒、点火发动机、发火元件及密封件等部件组成,这种点火装置点火加速时间散差小,但相对较慢。列举如下。

(1)M55A-1(美国"民兵3"导弹第一级)。其点火装置性能与结构参数见表4-25。

表 4 - 25　M55A - 1 点火装置性能与结构参数

点火装置类型	带安全保险机构的小火箭式	最小点火电流/A	4.9
点火管类型	发热式	点火装置质量/kg	12
点火管数量	2		

(2)SR73 - AJ - 1(美国"民兵 3"导弹第三级)。SR73 - AJ - 1 发动机点火装置为带安全保险机构的小火箭式点火器。锡奥科尔公司点火装置代号为 1128361 - 149。点火推进剂牌号为 ANB - 3066(与主装药相同)。SR73 - AJ - 1 点火装置主要性能与结构参数见表 4 - 26。

表 4 - 26　SR73 - AJ - 1 点火装置主要性能与结构参数

点火推进剂质量/kg	0.68	点火压力(最大)/ MPa	17.1
发火延迟时间/ms	22～43	点火压力(平均)/MPa	12.0
点火发动机工作时间/s	0.087	点火线路电阻	0.22
点火延迟时间(技术条件要求)/s	0.066～0.200	点火电阻数目	2
点火延迟时间(实际)/s	0.089～0.134		

小火箭式点火装置的典型结构如图 4 - 21 所示。

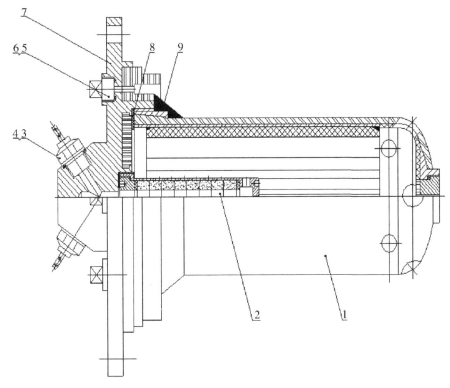

图 4 - 21　小火箭式点火装置

1—壳体;2—点火药盒;3—密封圈;4—发火管;5—密封圈;
6—测压孔堵头;7—绝热顶盖;8—硅胶垫圈;9—点火发动机

4.8 战略导弹固体发动机技术未来发展

(1)发动机能量水平不断攀升。能量水平是衡量导弹发动机性能的核心指针之一，国外导弹发动机技术一直以追求更高能量为发展的核心方向。三叉戟Ⅱ-D5、MX、侏儒和 M-51 等战略导弹主发动机均采用 NEPE 高能推进剂。其中第一级发动机大多采用了高压强设计，大幅提升导弹发动机能量水平，俄罗斯的布拉瓦导弹第三级发动机采用了 $AlH_3 + ADN$ 新型高能推进剂，比冲达到 300.7 s。以美、俄、欧等为代表的军事发达国家和地区，制定和实施了一系列国家层面的技术发展计划，发展跨学科、跨专业的组合能源应用模式及先进技术，加大基础理论、新型含能材料、新型高能推进剂技术途径研究，促进高功效、组合式化学能源动力系统的性能跃迁，持续推动化学能源原创性、前沿性技术发展，满足高性能战略战术导弹发动机高比冲要求。

(2)发动机结构轻质化技术愈加成熟。轻质化水平是衡量导弹发动机性能的另一核心指针，发动机轻质化技术不仅成为导弹动力更新换代的重要保障，同时带动了大量先进材料、力学和结构设计等基础、应用领域学科的进步。国外先进战略导弹发动机普遍采用了高性能壳体材料以及先进的连接结构以达到高质量比的性能水平，如三叉戟Ⅱ-D5 与 M51 导弹第一、二级发动机的 IM7 以及三级发动机的 T800SC，布拉瓦导弹三级发动机的高性能 APMOC 有机纤维；同时，普遍采用了轻质耐烧蚀的热结构材料，如纤维缠绕 EPDM、斜缠炭布/酚醛材料、C/C 扩张段等，直接降低结构质量，从而提高发动机的质量比水平。此外，国外高度自动化的工艺水平已经确保了产品的可靠性与一致性，欧美国家基于工业 4.0、智能制造等发展举措将进一步提升基础工业能力，推动其未来发动机结构向着更轻质更可靠方向发展。

(3)发动机实战化能力不断提高。美、俄等军事强国依托完善的基础理论推动其发动机实战化能力不断提升。美国在其战略导弹服役后，对发动机的维护性能、寿命、成本等不断改进，显示出其对使用性能高度重视，并在第五代战略导弹研发及改进过程中充分考虑了发动机的使用寿命。以三叉戟导弹为例，经过多次改进计划，目前发动机使用寿命达到 30 年。同时，国外对于战略导弹使用环境的要求相对苛刻，要求发动机具有较高的发射环境及机动弹道的适应性。此外，固体姿轨控发动机技术已经日臻成熟，应用于机动弹头、末修与分导等方面，并在研发更加先进的可变推力固体姿轨控发动机，完成了多次飞行试验，将进一步提高实战化能力。

(4)精细化设计、仿真与制造水平不断提升。在精确的仿真和先进的制造技术支撑下，国外固体发动机从药型结构、喷管的细节结构、连接结构到整机的精确制造，具有丰富的材料库和材料选用规范，能够根据发动机喷管不同部位工况的不同，采用不同材料，都体现出设计与制造在不断追求精细化、精确化及精准化，不但使先进材料与推进剂的性能得到充分发挥，也使得整机的性能精度控制达到很高水平，美国三叉戟导弹发动机推力偏差已经达到 3% 以内的高水平。

第5章 战术导弹固体发动机技术发展

5.1 概 述

国外的战术导弹主要分为常规地地、防空反导、空空/空面、对舰导弹等,固体火箭发动机具有免维护、高可靠性、可长时间战斗等优势,是战术导弹武器主要的动力装置,主要由壳体、药柱、喷管和点火装置等部分组成。

5.2 总体技术水平

固体动力技术是战术导弹的核心技术之一,其性能直接影响着战术导弹武器系统的作战能力。美国和欧洲等近年来加大了对固体动力技术研发的支持力度,持续推进固体动力技术的发展。随着固体动力技术的不断发展和突破,未来战术导弹武器系统的作战性能将获得极大提升。

美国高度重视固体动力技术发展,不断推进先进含能材料、环境友好型固体推进剂、新型低特征信号及钝感技术固体火箭发动机等技术研发,尤为重视固体姿轨控推力系统技术研究,推动了固体动力技术在导弹与航天领域的广泛应用,继续保持了其在先进固体动力技术领域的领先地位。欧、美相关固体动力技术与装备研制与生产厂商兼并或重组,进一步增强企业竞争力。

5.2.1 战术导弹固体动力技术

美国陆军战术导弹系统(ATACMS)固体发动机具备全天候野战环境适应能力。ATACMS导弹在沙漠靶场发射瞬间如图5-1所示。陆军的网火系统采用可变推力固体发动机技术,使得突防及打击能力显著提升。

俄罗斯主要发展了以伊斯坎德尔导弹(SS-26)为代表的新一代中近程地地战术导弹(见图5-2)。该型导弹最大飞行过载20~30g,使用温度±50℃,发动机具备较强的环境适应能力及高精度打击能力。

图5-1 ATACMS导弹在沙漠靶场发射瞬间

图 5-2　伊斯坎德尔导弹在寒冷地区转运过程

5.2.2　防空反导导弹固体动力技术

防空反导导弹是国外战术导弹的发展热点。美、俄及欧洲已构建了较为完善的第四代低、中、高层防空反导防御体系。

（1）PAC-3 陆基末段低层防御导弹。PAC-3 是第四代防空反导导弹的代表,采用超高压强、复合材料壳体技术,最新改进型使用双脉冲发动机、低易损推进剂等先进技术,具备高效的能量管理水平及大过载适应能力。

（2）THAAD 陆基末段高层反导导弹。动力装置为单级固体火箭发动机,采用复合材料壳体及球窝喷管推力矢量控制技术,提高发动机综合性能,并采用了 1.3 级少烟HTPB 钝感推进剂。

（3）SM-3 海基中段反导导弹。SM-3 导弹采用三级固体发动机,第三级采用双脉冲发动机,使用复合材料壳体、低易损推进剂等先进技术;大气层外轻型动能拦截弹头采用了固体 KKV 发动机,并向推力可调式固体姿轨控系统方向发展。

（4）NCADE 空射反导导弹。NCADE 属于美国先进中距空空导弹 AIM-120 的改进型,主要用于拦截处于助推段、上升段或飞行终段的短/中程弹道导弹,利用固体姿轨控发动机实现动能拦截,导弹最大射程可达 150 km。

（5）俄罗斯防空反导导弹。俄罗斯在 C300/C400/C500 及安泰-2500 等基础上,积极构建防空反弹防御网络。为提升导弹性能,其固体动力系统由中压强金属壳体到高压强复合材料壳体、常规发动机向多脉冲发动机发展,使用低易损推进剂、直接力及直气复合控制等新技术。

（6）欧洲"紫苑"(Aster)15/30 区域防空导弹。"紫苑"导弹长约为 4 m、弹径为 0.18 m,弹重 300 kg,拦截范围为 100 km,动力系统采用固体发动机,使用弹尾推力矢量控制技术,导弹最大过载超过 50g,具有高过载转向攻击能力。

5.2.3　固体动力技术发展助力战术导弹性能提升

美国陆军高度重视研发导弹增程固体火箭发动机,目前正在对能够增加导弹射程和减小飞行时间的新型增程推进系统进行测试。陆军研究实验室(Army Research Laboratory,ARL)和美国研究、开发和工程中心(American Research,Development and Engtheeriry Center,ARDEC)对含能材料进行探索、缩比和测试研究,通过提高固体火箭发动机推进剂燃速增加导弹射程。

美国陆军探索研究用于火箭弹和炮弹的新型固体火箭发动机推进剂。陆军正在开展未来新型固体动力技术研究,重点研究固体推进剂混合挤压技术和药柱包覆技术,以保持钝感性能满足火炮发射要求。2016 年财年为该项目申请预算 385.6 万美元,为直线和非直线炮弹应用制造混合挤压成型的固体推进剂,完成了 30 mm 炮弹的固体推进剂包覆,提高了推进剂低温下的燃烧速度且保持高温燃速,使炮弹在全温度下增程;对推进剂在 120 mm 迫击炮弹上使用效果进行验证,满足增程一倍的要求。

美国轨道 ATK 公司获得 AIM - 9P"响尾蛇"空空导弹低烟型固体火箭发动机(SR116 - HP - 1)批产合同。迄今为止,轨道 ATK 公司已经生产 30 000 多台用于 AIM - 9P"响尾蛇"导弹的固体火箭发动机,总计对外军贸销售金额超过 1 000 万美元。此外,美国海军正在对新型"响尾蛇"导弹 AIM - 9X 导弹的先进固体火箭发动机进行设计、开发和验证,以提升海军未来空战能力。

5.2.4　固体动力生产商重组合并

著名的固体火箭发动机生产商 ATK 公司的防务集团公司和宇航集团公司与美国运载火箭与卫星研制生产商轨道科学公司正式完成合并,合并后公司名称为轨道 ATK。轨道 ATK 公司的总部设在杜勒斯(轨道科学公司总部),将雇用 1.3 万名员工。其中包括 4 300 名工程师和科学家、7 400 名生产与操作专业技术人员,其工程中心、研究实验室、生产车间、测试与发射场分布于美国 17 个州。新公司中 ATK 公司持股 53.8%,轨道科学公司持股 46.2%,将进军航天发射和卫星领域,为美国及国际客户提供运载火箭与火箭推进系统、战术导弹和国防电子、卫星与航天系统、军火系统与弹药以及商业和军用卫星结构及相关部件,预计年收入将达到 45 亿美元。随着固体动力行业巨头 ATK 公司与轨道科学公司合并,美国国防军工企业中又增加了一个大型军工集团,逐步将产业链延伸至航天与导弹武器上游,扩大企业效益。

法国固体动力行业巨头赫拉克里斯公司继续拓展固体动力产业,进军未来具有很大发展前景的固体推进剂回收、销毁和再利用产业,同时收购欧洲最大的点火装置和工业安全灭火器制造商航空宇航推进公司 70% 股份,进一步提升固体动力产业的行业覆盖率,拓展在火化工安全领域的产品,增强企业发展竞争力。

5.3 推进剂技术

战术导弹不仅要求固体推进剂具有高能量、高可靠性,而且要求固体推进剂在高性能、高可靠性的基础上进一步降低成本,保持适当能量水平的基础上,具有低特征信号、钝感、能量可变和少污染等特性。

1.双基推进剂

双基推进剂(Double Base Propellant,DBP)是以硝化纤维和硝化甘油为基本组元的均质推进剂。其中硝化纤维作为推进剂的基体,由硝化甘油作为溶剂塑化,形成均匀的胶体结构。此外,为改善推进剂的各种性能,还有少量的各种不同的添加成分,如助溶剂、增塑剂、化学安定剂、燃烧稳定剂和工艺添加剂等。双基推进剂又分为巴利斯太型和柯达型两种,其主要区别在于前者没有加挥发性的助溶剂,而后者加有挥发性溶剂作助溶剂。

2.复合推进剂

典型的现代复合推进剂是由无机氧化剂、金属燃料和高分子黏结剂为基础组元组成,再加上少量的添加剂来改善推进剂的各种性能。其中氧化剂和金属燃料都是细微颗粒,共同作为固体含量充填于黏结剂基体中,形成具有一定机械强度的多组元的均匀混合体。

3.改性双基推进剂

由于双基推进剂的能量低,而且用挤压工艺难以制成大型药柱,改良双基推进剂(Modified Double Base Propellant,CMDB)是在双基推进剂的基础上增加氧化剂组元和金属燃料以提高其能量特性。在双基推进剂中含氧量不足,不能使其中的燃料完全燃烧,增加一些氧化剂可以使能量得到有效的提高。在结构上,它是双基组元作为黏结剂,将氧化剂和金属燃料等其他组元黏结为一体。改性双基推进剂是目前使用的固体推进剂中能量较高的一种,它的密度也比双基推进剂高而相当于复合推进剂。

4.复合双基推进剂

复合双基推进剂是复合推进剂和双基推进剂在新的基础上更加紧密地结合起来形成的一种推进剂,具有两种推进剂的优点,而且可以根据需要,调整复合和双基成分来改变推进剂的性能。

5.4 装药结构技术

5.4.1 战术发动机药型关系

小型战术导弹(火箭)发动机所采用的药型参数关系如图 5-3 所示。

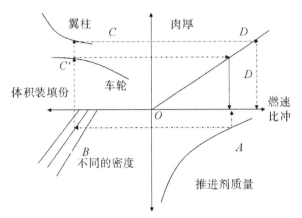

图 5-3　药型/推进剂匹配选择图

国内外战术导弹发动机常见的几种药型及常见的使用范围见表 5-1。

表 5-1　各种药型适用范围

药柱类型	长径比	体积装填分数	适用范围
端燃药柱	不限	0.93	续航发动机
管形(内外燃)	不限	0.8	助推器(多管)
星形	不限	0.8	—
车轮形	不限	0.6	助推器
开槽管形	>3	0.9	中小型发动机
锥柱形	2～4	0.9	—
翼柱形	1～2	0.9	适用范围广

5.4.2　常见的药型结构

战术导弹发动机常见的几种药型结构如图 5-4～图 5-9 所示。

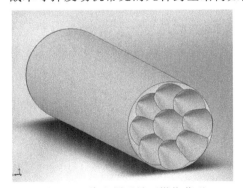

图 5-4　嵌金属丝端面燃烧药型

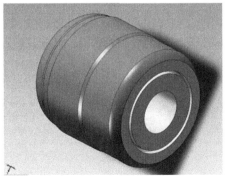

图 5-5　端面+内孔药型

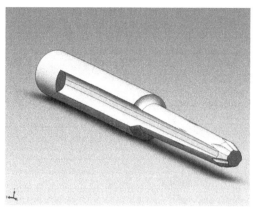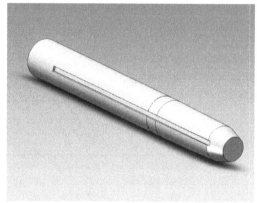

图 5-6　侧面开槽＋嵌金属丝药型

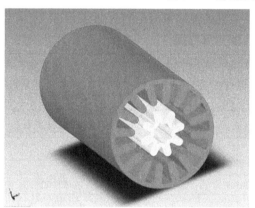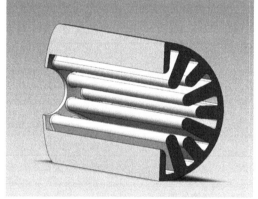

图 5-7　内外车轮药型

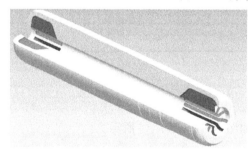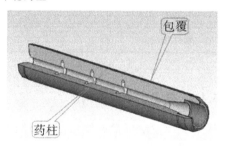

图 5-8　内孔＋翼柱药型

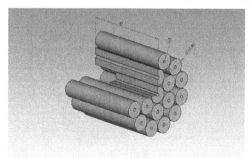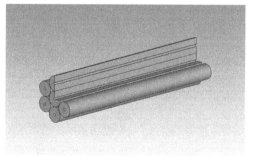

图 5-9　多根管药型

5.5　壳 体 技 术

国外先进战术导弹发动机,广泛采用高压强设计技术。提升发动机工作压强能够充分发挥推进剂在高压强段的能量优势,同时发挥复合材料壳体高内压承载优势,通过将发动机工作压强由当前的 10 MPa 提升至 20 MPa 以上,可将比冲从当前的 252 s 提高至 270 s。

1.D6AC 壳体

美国于 20 世纪 60 年代初开始研制 D6AC,由 AISI4340 钢改进而成,被广泛用于制造战术和部分战略导弹发动机壳体及飞机结构件。到了 20 世纪 70 年代中期,D6AC 逐渐取代了其他合金结构钢,成为一种制造固体火箭发动机壳体的专用钢种。美国新型地空导弹"爱国者"、小型导弹"红眼睛"、大中型导弹"民兵""潘兴""北极星"和"大力神"等,美国航天飞机的 $\varphi3.7$ m 助推器壳体也采用 D6AC 钢制造。D6AC 还曾用于制造 F-111 飞机的起落架和机翼轴等。

2.30CrMnSiA 壳体

30CrMnSiA 属中碳调质钢,强度高,焊接性能较差。30CrMnSiA 经调质后有很高的强度和足够的韧性,淬透性也好,可广泛用作战术导弹固体火箭发动机壳体。

3.D406A 壳体

为了提高固体火箭发动机的可靠性,我国在 406 钢的基础上开发了 D406A 钢,通过降低碳含量和采用 VIM＋VAR 冶炼技术,提高了纯净度。D406A 钢的强度稍有下降,但提高了韧性($\sigma_b>1\,620$ MPa,$K_{IC}>87$ MPa·$m^{\frac{1}{2}}$)。1993 年通过技术鉴定,D406A 钢已成功用于战术及部分战略导弹发动机壳体。

4.高强铝合金壳体

高强度铝合金材料广泛应用于小型战术导弹领域,如反坦克导弹和航空火箭弹等。由于工艺限制,除俄罗斯 S-300 防空导弹发动机外,并未见其在大型固体火箭发动机中应用。

俄罗斯 S-300 防空导弹发动机壳体直径 $D=503$ mm,壁厚 $h=8$ mm。材料为高强度铝合金,强度极限 $P_b\geqslant600$ MPa。按第一强度理论计算,壳体的爆破压强为 $P_b=19$ MPa。

5.复合材料壳体

战术导弹发动机的使用环境恶劣,在运输和存贮过程中受到无规则的、宽范围的各种因素如热循环、振动、机械和冲击载荷等作用。战术导弹火箭发动机壳体大多采用高质量的钢制造:优点是各向同性、强度高、耐高温、易加工、重复性好;缺点是易腐蚀、质量大,受钝感弹药(Insensitive Ammunition,IM)刺激,如烘烤和射弹撞击时反应剧烈。

近年来,为降低战术导弹系统质量,适应高加速度操作性,设计者转向研究复合材料结构以达到性能目标。采用复合材料结构可获得高的强度与质量比,在给定载荷和性能要求下所需发动机惰性质量减小。火箭发动机采用复合材料壳体,与改进的固体推进剂一起,对意外刺激如子弹、碎片撞击、烘烤的反应令人满意。复合材料壳体具有正交各向异性,可通过改变层间缠绕角度来调整层压板,以优化平衡性能满足所需工作要求。

其中最具代表性的 THAAD 导弹的单级固体发动机由 CSD、Aerojet 公司研制生产,发动机采用了高长径比石墨/环氧复合材料壳体(具有全开喷管连接后开口),外壳防热材料为软木绝缘体。PAC - 3 是第四代防空反导导弹的代表,采用超高压强、复合材料壳体技术。SM - 3 导弹第三级固体发动机采用双脉冲发动机,使用复合材料壳体。俄罗斯在 C300/C400/C500 及安泰 - 2500 防空导弹等基础上,积极构建防空反弹防御网络。为提升导弹性能,其固体动力系统由中压强金属壳体到高压强复合材料壳体。战术导弹发动机复合材料壳体应用计划见表 5 - 2。

表 5 - 2　战术导弹发动机复合材料壳体应用计划

认证的战术系统	战术级开发及验证计划	高速导弹应用
空中防御反坦克系统(加拿大、美国)	高级空射发动机(美国)	紧凑型动能导弹(美国)
紫苑 30(法国、意大利)	Crayon(法国)	高速反坦克导弹(挪威、美国)
响尾蛇 VT1(法国)	扩展射程拦截器(美国、法国)	高速反坦克导弹(挪威、美国)
西北风(法国)	改进型海麻雀导弹复合材料原型(挪威)	HyperschaH Flugk orpe(德国)
爱国者先进能力 PAG3(美国)	改进型海麻雀导弹复合材料原型(挪威)	HyperschaH Flugk orpe(德国)
标准 SM3 导弹第三级火箭发动机(美国)	多重任务推进技术(美国)	高速导弹(法国)
超 530D(法国)	海军攻击导弹(挪威)	高速导弹(法国)
战区高空区域防御(美国)	近程攻击导弹Ⅱ(美国)	视线反坦克导弹(美国)

5.6　喷　管　技　术

5.6.1　固定喷管技术

固定喷管是战术导弹发动机最常用的喷管技术。美国的美国陆军战术导弹系统发动机、俄罗斯伊斯坎德尔(Iskander)导弹系统发动机、美国爱国者 3(PAC - 3)导弹发动机、美国 SM - 2 导弹发动机等均采用了固定形式的喷管。固定喷管又分为潜入式喷管、半潜入式喷管和非潜入式喷管,具体形式如图 5 - 10 所示。

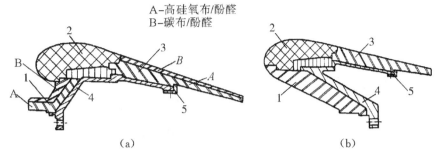

图 5 - 10　两种常见的小型固定喷管

(a)典型的半潜入固定喷管；(b)另一种典型的潜入固定喷管

1—锥体绝热层；2—喉衬组件；3—扩张段绝热层；4—喷管壳体；5—卡环

5.6.2　柔性喷管技术

柔性喷管是一种矢量喷管，通过柔性接头的摆动，实现发动机推力方向可控。相比于燃气舵，柔性喷管方案可以降低发动机的推力损失，且控制力巨大，更容易实现全弹的控制。

柔性接头是柔性喷管推力方向控制的执行元件，它还是喷管重要的承压密封装置，它没有相对活动的部件，只是通过内部橡胶件的剪切变形来达到喷管摆动以实现发动机推力矢量控制的目的。柔性接头有大的承载压力的能力和相对小的摆动力矩要求。某战术发动机柔性喷管如图 5 - 11 所示。

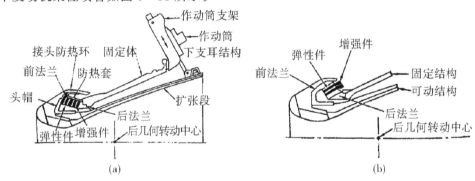

图 5 - 11　柔性喷管示意图

(a)金属增强件柔性喷管；(b)复合材料增强件柔性喷管

由于柔性喷管设计和工艺的复杂特性，所以其在战术导弹中应用较少。美国 SM - 3 导弹发动机第一级 MK72 发动机采用了 4 个 TVC 柔性喷管，第三级采用了 1 个 TVC 柔性喷管。

MK72 发动机的 4 个摆动喷管可以缩短导弹从最初垂直发射方向到按指令转弯的过程。每个发动机喷管可从零位偏转 14.5°，从而可在导弹发射后使燃气流在舰艇附近改变方向。在最大偏转的情况下，4 个喷管的合成推力矢量偏离导弹的纵轴线 10°，如图 5 - 12 所示。

Aster30 导弹第一级助推发动机由 Avio 公司设计和生产，采用推力矢量控制（TVC）的双可动喷管、石墨喉衬和柔性接头。Aster30 导弹双可动喷管如图 5 - 13 所示。

图 5 - 12 MK - 72 发动机尾部喷管形式

图 5 - 13 Aster30 导弹双可动喷管

5.6.3 球窝喷管技术

球窝喷管是通过阳球体与阴球窝的球带配合而使阳球体能够绕喷管轴线上的一点进行全轴摆动的推力矢量控制装置。球窝喷管作为一种固体火箭发动机推力矢量控制装置有较好的综合性能。然而在进行球窝喷管的研制过程中,需要解决材料强度、硬度、热密封、抗扭等一系列问题,因而在战术发动机中应用较少。其形式如图 5 - 14 所示。美国萨德(Terminal High Altitud Area Defense, THAAD)导弹发动机、美国的战斧巡航导弹的助推发动机均采用了球窝喷管技术。

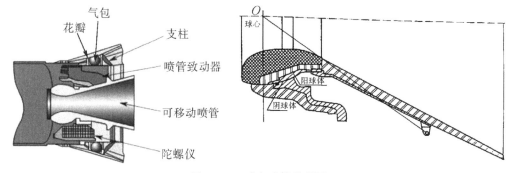

图 5 - 14 球窝喷管示意图

5.7 安全点火技术

战术导弹发动机一般采用小型点火装置,主要包括药盒式点火装置和篓式点火装置。

5.7.1 药盒式点火装置

药盒式点火装置(见图 5 - 15)通常用于点燃小型战术导弹发动机的点火,其通常使用的发火元件是电点火头,电点火头安装在点火器内,其药盒或药包材料为可熔式材料。该点火器的优点是结构简单,点火延迟时间短。其缺点是一旦电点火头损坏,则整个点火装置报废,经济效益差,且使用不安全。

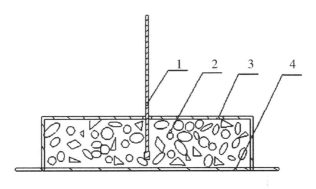

图 5 - 15　药盒式点火装置

1—点火头；2—点火药；3—药盒体；4—药盒盖

5.7.2　篓式点火装置

篓式点火装置主要由绝热顶盖、引燃药盒、点火器、发火元件、密封件等组成,如图 5 - 16所示。这种点火装置的点火加速性好,但散差大。篓式点火装置的点火药基本上均使用的是黑火药、烟火剂,由于其结构简单、制造容易、经济性好,目前已广泛应用于中小型战术发动机的点火。

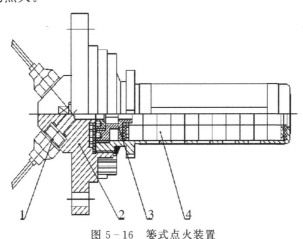

图 5 - 16　篓式点火装置

1—电发火管；2—绝热顶盖；3—引燃药盒；4—点火器

5.7.3　安全机构技术

从技术上,战术发动机具有代表性的安全机构有以下几种。

(1)机械隔爆式安全机构。机械隔爆式安全机构一般有手动、电动和手动加遥控解除保险方式。手动式解除保险方式主要应用于空对空、空对地导弹,如幼畜空对地导弹、响尾蛇空对空导弹等,如图 5 - 17 所示;电动解除方式的应用较为广泛,如海尔法导弹、标准导弹的 MK - 104MOD1 型双推力火箭发动机、爱国者导弹、RIM - 7M 导弹、海麻雀舰载防空导弹、阿斯洛克反潜导弹、捕鲸叉导弹和战斧舰载巡航导弹等,如图 5 - 18 所示;电动与手动综合解除保险方式一般用在空军反卫星导弹系统应用较多等。

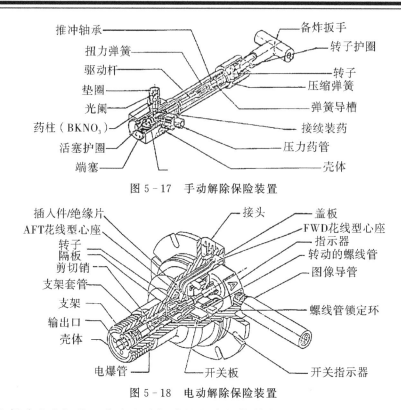

图 5-17 手动解除保险装置

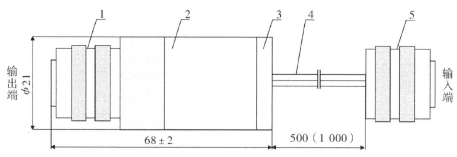

图 5-18 电动解除保险装置

(2)电保险安全机构。作为电路保险的安全机构装在导弹上的一般为有源或无源低通滤波器(见图 5-19),多为独联体国家所采用。美国的电路保险一般都加在发控台或弹上发火电源上,已不属于固体火箭发动机的范围,但前几年美国在研制一种电安全机构,它既可以用于直接点火,也可以用于远距离点火。

图 5-19 某型低通滤波器

1—连接器;2—壳体;3—端盖;4—二芯屏蔽线;5—连接器

(3)智能型安全机构。美国的大部分机械式安全机构在保险状态时,大部分火工品的电路同时处于短接状态,在安全机构解锁后,火工品电路为通路状态,只不过是其保险是以机械为主。现介绍一种以电为主的机电式安全机构——微处理器安全机构,如图 5-20所示。

微处理器安全机构能满足全部安全装置的要求,需要确保考虑导弹性能时正确行为的感知信号,安全机构也能提供火箭发动机点火信号或来自其他飞行过程所需信号的输出。微处理器安全机构是一种智能型安全装置,是美国为下一代战术导弹设计的。

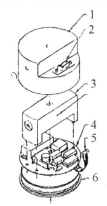

图 5-20　智能型安全机构

1—壳体;2—接头(密封组件);3—保险/解除保险装置;

4—微自理器板组件;5—打印硬接口;6—盖板

5.8　战术导弹固体发动机技术未来发展

5.8.1　过载条件下发动机流动、烧蚀作用机理研究

过载条件对发动机内部燃烧、流动、烧蚀带来重要影响,高过载导致的烧蚀加剧问题是近年来困扰新型战术导弹发动机研制的瓶颈,如图 5-21 所示。

需重点开展高过载条件下燃烧、多相流动、烧蚀预示及防护技术研究,获得复杂过载条件下发动机适应性设计方法,提升发动机过载适应能力,为未来先进高机动战术导弹发动机研制奠定基础。

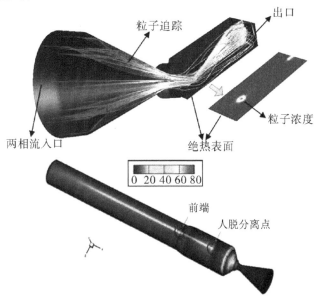

图 5-21　过载条件下粒子偏转聚集

5.8.2　不稳定燃烧机理及抑制技术研究

不稳定燃烧宏观表现为压强、推力的不规则振荡或突增,偏离预设状态,近年来在防空反导导弹研制过程中频繁出现,已成为型号研制的重大瓶颈,如图 5-22 所示。

需从不稳定燃烧形成的机理入手,研究影响发动机稳定性的增益与阻尼因素,建立预示模型及地面试验方法,形成不稳定燃烧评估体系,发展抑制技术,保障未来型号发展。

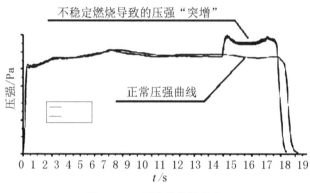

图 5-22　不稳定燃烧现象

5.8.3　低温药柱完整性及失效机理研究

推进剂在低温条件下力学性能下降、药柱结构失效破坏,推进剂脱湿规律及本构关系尚未建立,缺乏有效的低温完整性判据,造成发动机低温工作可靠性大大降低,制约环境适应能力提升。

需从推进剂低温失效机理研究入手,建立非黏弹性力学模型及本构关系,发展低温药柱完整性试验方法,获得推进剂低温失效判据,满足战术导弹发动机温度环境适应性需求。药柱完整性计算分析如图 5-23 所示。

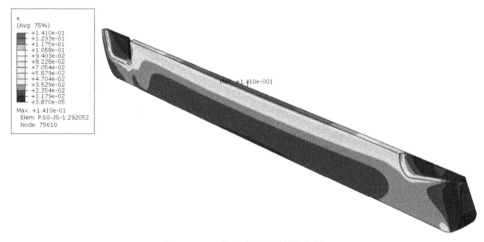

图 5-23　药柱完整性计算分析

5.8.4　轻质、高模复合材料壳体一体化设计及成型技术研究

高模态响应频率逐渐成为高速高加速导弹的基本需求,要求发动机复合材料壳体具备轻质化、高模态、抗高气动加热的新要求,传统常规壳体设计及成型方法已经无法满足。

开展高模量复合材料壳体设计方法、内外防热功能一体化、力热耦合分析方法等研究,掌握复合材料壳体一体化设计、成型方法,为支撑未来战术导弹武器发展奠定基础。某发动机壳体外表面温度随涂层厚度变化趋势如图 5-24 所示。

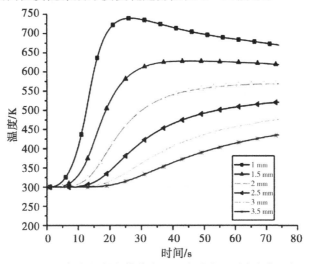

图 5-24　复合材料壳体外表面温度随涂层厚度变化趋势

5.8.5　超高压强发动机技术

提升发动机工作压强能够充分发挥推进剂在高压强段的能量优势,同时发挥复合材料壳体高内压承载优势,通过将发动机工作压强由当前的 10 MPa 提升至 20 MPa 以上,可将比冲从当前的 252 s 提高至 270 s。

重点解决超高压强带来的烧蚀及不稳定燃烧问题,研究新型轻质化耐烧蚀材料,掌握超高压强发动机设计及分析方法,满足未来高性能战役战术导弹研制需要。

5.8.6　低易损发动机及推进剂技术

新型舰载、机载导弹发射平台对导弹提出非常严苛的安全性要求,美、欧已强制推行低易损推进剂标准,并建立了较为完整的推进剂安全性分析及试验体系,而国内相关研究工作尚属空白。

从高敏组分钝感化处理方法入手,研究低易损推进剂及发动机相关技术,并建立相关安全性评估及试验体系,综合提升战术发动机工作安全性,为提升导弹多平台使用奠定基础。

5.8.7　先进多脉冲发动机技术

多脉冲发动机可实现导弹动力优化分配,在降低导弹最大速度的同时,提高射程及末段打击能力,新一代防空反导导弹对先进多脉冲发动机提出了迫切的需求。

发展先进多脉冲发动机技术需重点突破轻质脉冲隔离技术、长脉冲间隔热防护技术等,推进多脉冲发动机工程化应用,支撑新一代高性能反导武器发展。隔板式双脉冲发动机技术如图 5-25 所示。

图 5-25　隔板式双脉冲发动机技术

第6章　航天运载与助推固体发动机技术发展

6.1　概　　述

固体火箭发动机结构简单、可靠性高、机动性好、易实现大推力,是满足大型、重型运载火箭大起飞推力的重要途径之一。纵观世界航天强国运载火箭技术的发展历程,固体火箭发动机一直在航天运载领域占有相当的比例和独特优势,特别在运载火箭助推器方面获得成功的应用和发展,目前国外捆绑运载火箭中固体助推器约占81%。特别是大型、重型运载火箭的发展几乎都将固体火箭发动机作为助推级的首选动力。

6.2　大型运载火箭固体助推器进展

6.2.1　美国太空发射系统(Space Lanuch System,SLS)

美国新一代超重型运载火箭,将用于执行近地轨道及以远区域深空探索任务。该项目于2011年启动,已通过关键设计评审,目前火箭大部分主要部段已完成制造和试验。SLSBlock1已于2022年11月17日执行第一次发射任务(EM-1)。

SLS运载火箭计划发展三种构型,如图6-1所示。

Block1:LEO有效载荷运载能力为70 t;

Block1B:LEO有效载荷运载能力为105 t;

Block2:LEO有效载荷运载能力达到130 t。

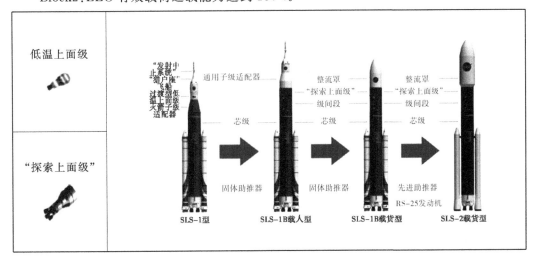

SLS 构型	SLS-1	SLS-1B	SLS-2
芯级	8.4 m 通用芯级 RS-25Dx4	8.4 m 通用芯级 RS-25Ex4	8.4 m 通用芯级 RS-25Ex4
助推器	五段式固体助推器 （RSRMV）	五段式固体助推器	先进助推器
上面级	过渡型低温上面级 RL10B-2×1	"探索上面级" RL10C-3×4	"探索上面级" RL10C-3×4
有效载荷	"猎户座"	"猎户座"/8.4 m 整流罩	10 m 整流罩

图 6-1　SLS 运载火箭计划

1.SLSBlock1/1B 运载火箭助推器

SLSBlock1/1B 运载火箭助推器在航天飞机 RSRM 基础上,进行了一系列改进(见图6-2):采用新的喷管设计;新型无石棉绝热层和衬层结构;改进的无损检测工艺和推进剂药柱等。其指标对比见表6-1。

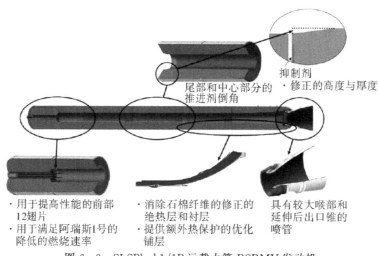

抑制剂
·修正的高度与厚度

·用于提高性能的前部12翅片
·用于满足阿瑞斯1号的降低的燃烧速率

·消除石棉纤维的修正的绝热层和衬层
·提供额外热保护的优化铺层

具有较大喉部和延伸后出口锥的喷管

图 6-2　SLSBlock1/1B 运载火箭 RSRMV 发动机

表 6-1　两种固体火箭发动机性能对比

发动机型号	RSRM	RSRMV
发动机总长/in	1 513.49	1 868.25
发动机壳体直径/in	146.08	146.08
喷管喉径/in	53.86	56.86
喷管出口锥直径/in	149.64	152.75
喷管膨胀比	7.72	7.22
喉部 TVC 矢量间隙/deg	11.64	5.22
推进剂总质量/lbm	1 106 000	1 383 000
最大推力/lbf	3 326 000	3 566 000

（1）喷管（见图 6-3）：防热套采用了聚苯并咪唑-丁腈橡胶（PBI-NBR）；喷管接头采用碳绳和绝热 O 形环；喷管用多种材料发生了变化。

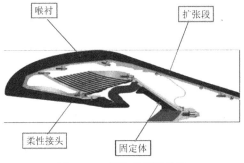

图 6-3　喷管喉部结构图

（2）绝热层（见图 6-4）采用聚苯并咪唑-丁腈橡胶（PBI-NBR）。

图 6-4　分段绝热层及薄膜加压成型工艺

2.SLSBlock2 运载火箭先进助推器

NASA 对 SLSBlock2 先进固体助推器各部件的研究目标提出了以下要求。

（1）推进剂方面。研发绿色环保的推进剂替代目前的氧化剂，增强推进剂的性能、比冲、密度，为 SLSBlock2 运载火箭提供高性能的 HTPB 固体推进剂，面临的挑战是研究满足性能及力学性能需求的推进剂配方及尺寸放大问题。

（2）壳体材料方面。在保证可靠性、降低成本、提高质量比的同时，用直径为 4 m 的复合材料壳体替代直径为 3.7 m 的金属壳体，开发 SLS 大尺寸复合材料壳体的损伤容限极限评估能力和损伤检测方法、放大的 3D 打印技术，双材料混合打印金属或复材结构；面临的挑战是复合材料壳体的尺寸放大问题及其与金属环的连接问题，3D 打印技术的放大问题以及两种材料的混合打印技术（用于生产混合金属或复材结构）。

（3）喷管系统方面。为大型固体发动机研发低密度、轻质量、低烧蚀率的喷管材料以及新型的柔性接头（用防烧蚀增强件替代以往的防热套），实现减重，面临的挑战是研究低烧蚀率的新型轻质材料配方，确保无分层和鼓包。

（4）内衬及绝热层方面。研发不含石棉的内衬及绝热层材料，保证发动机内部温度低于极限温度，实现减重、减少健康问题及现有的工艺问题，面临的挑战是聚苯并咪唑（Polybenzimidazole，PBI）加工工艺。

2013 年，轨道 ATK 公司开始开展绰号"黑暗骑士"的先进固体助推器研究。采用复合材料壳体、更高能推进剂，发动机段数从五段减为四段，最大推力超过 20 000 kN，重约

790 000 kg。

与 RSRMV 五段式助推器相比,先进助推器将实现成本降低 40%,可靠性增加 24%,有效载荷增加 4 218 lb(1 lb=0.454 kg),人工工时减少 50%。

6.2.2 火神(Vulcan)火箭

联合发射联盟(United Launch Alliance)是 2015 年开始研发的下一代重型运载火箭,可满足美国空军国家安全太空发射计划的需求,使用两台 BE-4 液氧甲烷发动机,捆绑 6 台 GEM-63XL 固体助推器,能够将 30 t 和 15 t 有效载荷送入近地轨道和地球同步转移轨道,2022 年 8 月 13 日首次鉴定试车,从 2022 年开始逐步取代德尔塔(Delta4)和宇宙神Ⅴ(Atlas5)运载火箭。

Delta 系列运载火箭、Atlas5 火箭以及在研的火神火箭都采用 GEM 系列固体火箭助推器。GEM 系列固体火箭助推器由诺格创新系统公司(原轨道 ATK 公司)生产,发动机在生产过程中采用了最先进的自动化操作、机器人技术、商业惯例和过程控制。发动机纤维缠绕壳体是用高强度的石墨纤维和耐用的环氧树脂通过计算机控制缠绕机制成的。关键工艺过程(如壳体黏结应用、推进剂混合、发动机浇注)通过采用计算机网络和机器人设施来完成,以确保制造过程的精确控制。交付的产品其一致性、可靠性、重复性好,质量高、价格具有竞争力,并且交货准时。GEM 产品系列固体火箭助推器包括 GEM40、GEM46、GEM60、GEM63 等,如图 6-5 所示。

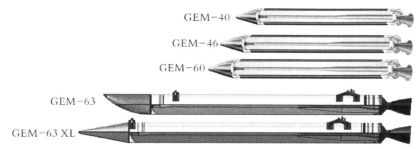

GEM 系列固体火箭发动机						
发动机	直径/m	长度/m	推进剂/lbs①	最大推力/lbf②	燃烧时间/s	总制度
GEM-40	1.016	11.404 6	25 940	144 700	63	1 030
GEM-46	1.168 4	12.573	37 180	198 800	77	127
GEM-60	1.524	16.129	65 471	277 800	91	86
GEM-63	1.600 2	20.116 8	97 500	373 800	94	Dev
GEM-63XL	1.600 2	21.971	105 800	455 400	84	Dev

注:①1 lbs=453.592 37 g;②1 lbf=4.45 N。

图 6-5　GEM 系列火箭参数

6.2.3 日本 H 系列火箭

(1)H-2A:15 t 地球低轨道运载能力,或 6 t 地球同步转移轨道运载能力;捆绑式两级火箭;直径 4 m,高度 53 m;一级发动机为 1 台 LE－7A 液体发动机,捆绑 2~4 台 SRB－A 固体助推火箭;于 2001 年 8 月进行首次成功发射;截至 2019 年 12 月 31 日,共发射 40 次,成功率 97.5%;发射成本高达 1.7 亿美元。

(2)H－2B:19 t 地球低轨道运载能力,或 8 t 地球同步转移轨道运载能力;是 H－2A 的升级版本;捆绑式两级火箭;全长 56 m,直径 5.2 m;一级发动机为 2 台 LE－7A 液体发动机,捆绑 4 台 SRB－A 型固体助推火箭;于 2009 年 9 月首次成功发射 10 t 级的 HTV 无人货运飞船;截至 2019 年 12 月 31 日,共发射 4 次,成功率 100%。

相较 H－2A,H3 的设计目标是运载能力提升 50% 的同时,发射成本还要再下降 50%。通过将 H3 与 Epsilon 火箭协同发展,最大限度地降低制造成本。未来,H3 会以每年至少 6 次发射来维持其工业基础。最终,H3 完全取代 H－2A,并在未来 20 年内成为日本运载火箭的主力军。

H－2A 与 H－2B 型运载火箭采用 SRB－A 固体助推火箭,H3 运载火箭将采用新型 SRB－3 固体助推火箭。与 SRB－A 固体助推火箭相比,SRB－3 固体火箭发动机将喷管改为不可动的设计,在减少质量的同时提高了装药量。SRB－3 固体火箭发动机已经于 2019 年 8 月 26 日以及 2020 年 2 月 26 日完成两次鉴定发动机地面点火试验,如图 6－6 所示。

图 6－6　SRB－3 火箭正在开展试验

6.2.4　印度 GSLV－MKⅢ火箭

印度空间研究组织(India Space Research Organization,ISRO)最新研制的一种三级运载火箭 GSLV－MKⅢ,可将地球同步轨道运载能力提高到 4 t,近地轨道运载能力提高到 10 t;于 2014 年 12 月 18 日首飞,截至 2019 年 12 月 31 日,GSLV－MKⅢ共发射 3 次,成功率 100%。该火箭采用了四级助推模式,一级为固体火箭发动机 S200。

S200 是世界上第三大的固体火箭发动机(见图 6－7),仅次于美国航天飞机 RSRM 固体助推器与阿里安公司的 P230 固体助推器。该发动机由三段组成,包括四个主要部件:壳体、推进剂、点火器和带推力矢量控制系统的柔性喷管(见图 6－8)。固体推进剂为

HTPB 基,固体含量 86%。发动机头端、中段和后段分别装填 27.1 t、97.38 t 和 82.21 t 推进剂。三个分段都是在固体推进剂工厂(Solid Propellant Plant,SPP)制造的,其生产制造过程如图 6-9 所示。2010 年 1 月完成静态测试,之后用于 GSLV-MKⅡ型运载火箭。

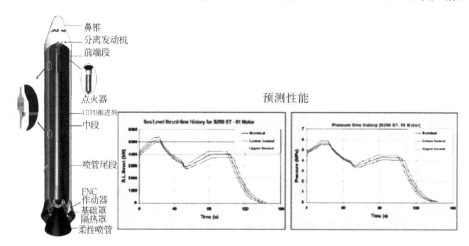

图 6-7　发动机形式及推力、压强时间曲线

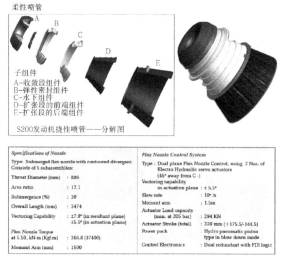

图 6-8　喷管结构形式及设计参数

S200 发动机性能参数见表 6-2。

表 6-2　S200 发动机性能参数

性能参数	数　值	性能参数	数　值
总长/m	21.9	最大直径/m	3.2
推进剂质量/t	207t	燃烧时间/s	103.8
工作时间/s	127.7	最大压力/MPa	5.692
最大海平面推力/kN	5 151.0	平均海平面推力/kN	3 578.2
真空比冲/s	274.5	海平面比冲/s	227.0

图 6-9　S200 生产制造过程

6.2.6　欧洲阿里安 5(Ariane5)火箭

阿里安 5 火箭于 1988 年 1 月开始研制,1996 年 6 月首次飞行,迄今为止,研制并投入使用的有阿里安 5G、5GS、5ECA、5ES 等型号,目前在役的火箭型号主要是阿里安 5ECA。阿里安 5ECA 采用改进的火神 2 低温推进剂发动机,二子级改用低温上面级,捆绑两个 P230 固体火箭助推器,地球同步转移轨道运载能力提高到 10.5 t。截至 2019 年 12 月 31 日,阿里安 5ECA 火箭共飞行 105 次,成功率 95.24%。阿里安 5 火箭每次发射的成本为 1.65 亿~2.2 亿美元。

P230 固体助推器于 1988 年开始研制,1995 年完成鉴定评审。发动机壳体采用三分段 48CDN 4-10 钢壳体,推进剂为 HTPB 推进剂,喷管采用具有后摆心柔性密封的、经典潜入式喷管设计。所采用的技术和材料与法国 M51 弹道导弹发动机技术和材料大致相同。发动机结构如图 6-10~图 6-14 所示,发动机性能参数见表 6-3。

在 P230 发动机生产期间,ESA 对发动机进行了一系列改进,以进一步降低成本并提高性能。改进主要包括三个方面:前分段(S1)的满装填、来自焊接工厂接头的壳体改进、喷管重新按成本设计,以进一步降低成本并提高性能。通过这些改进,阿里安 5ECA 运载火箭的性能提高了约 5%,发动机的总成本大幅下降,其第一批和第三批订单之间,实现了成本降低 50%。

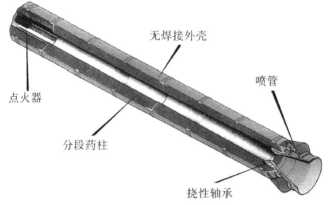

图 6-10 P230 发动机结构图

药性药型与推力关系

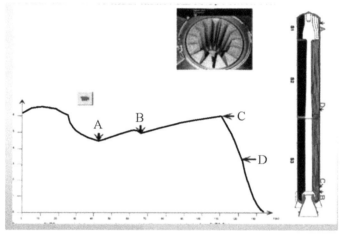

图 6-11 装药及压强曲线(A、B、C、D 各点为燃面特征点)

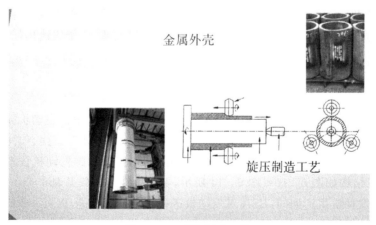

图 6-12 壳体制造工艺

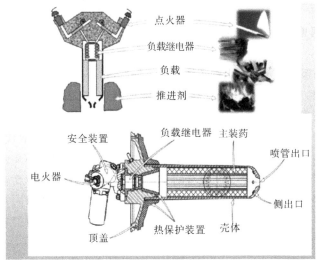

图 6-13　点火形式

以 Ariane 5 MPS 为例

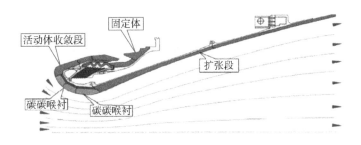

图 6-14　喷管结构

表 6-3　P230 发动机性能参数

性能参数	数　值	性能参数	数　值
直径/mm	3 050	长度/mm	26 774
总质量/kg	268 100	推进剂质量/kg	236 500
质量比	0.88	推力(平均)/kN	4 696.4
燃烧室压力(最大)/MPa	5.95	燃烧室压力(平均)/MPa	4.16
比冲(海平面)/s	237.3	比冲(真空)/s	271.1
总冲(海平面)/kN·s	534 000	总冲(真空)/kN·s	630 520
燃烧时间/s	132.6	推进剂类型	HTPB
壳体材料	48CDN 4-10 钢	喷管数量	1
喷管喉径/mm	900	喷管扩张比(初始)	9.86
推力矢量控制	柔性喷管		

6.2.7 欧洲阿里安 6(Ariane6)火箭

欧洲新一代重型运载火箭,由阿里安集团(Ariane Group)在欧洲航天局的授权下开发和制造。2014 年 12 月,欧空局最终选取了液体芯级加大型固体助推器的设计方案。阿里安 6 火箭的研发目标是以 50%的成本代替阿里安 5 火箭,并且允许每年发射数量翻倍。阿里安 6 火箭计划于 2021 年进行首次飞行,并计划于 2023 年取代阿里安 5 火箭。

阿里安 6 火箭有两种构型,根据有效载荷质量和助推器的数量(2 或 4)不同,分别命名为阿里安 62 火箭和阿里安 64 火箭。阿里安 62 火箭设计用于将 5 t 有效载荷发射到地球同步轨道,而阿里安 64 火箭设计将 10.5 t 有效载荷发射到地球同步轨道。阿里安 6 火箭的主发动机采用目前低温"火神"2(Vulcain2)发动机的衍生型号,以及新的上面级"芬奇"(Vinci)发动机,固体助推器使用 P120C 发动机。

阿里安 6 火箭研制的首要目标是计划将发射服务成本降低近 50%(与目前的欧洲运载火箭相比),同时仍然保持可靠性和技术优势。由于采用复合材料轻质结构,阿里安 6 火箭助推器的重量减少了 35%,由此可估计,火箭发射每吨载荷的成本可减少 50%。阿里安 6 运载火箭的研制成本为 40 亿欧元。火箭研制成功后,初步估算单次发射费用为 7 000万欧元,每千克运输价格低于太空探索技术公司(SpaceX)的"猎鹰"9(Falcon9)火箭,以进一步提高商业运载火箭的综合竞争力。

P120C(Common)通用发动机既是未来阿里安 6 火箭助推器,也是"织女星-C"火箭第一级,由意大利艾维欧(Avio)公司和阿里安集团共同开发,2015 年开始研制,2018 年 7 月进行首次静态点火试验,是目前世界上最大的整体式碳纤维固体火箭发动机。其目前处于工程研制阶段,如图 6-15~图 6-19 所示。P120C 发动机性能参数见表 6-4。

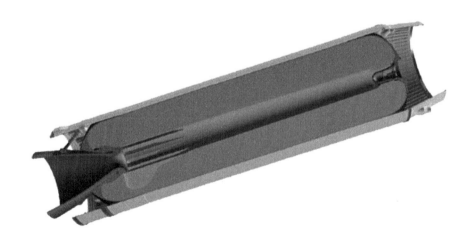

图 6-15　P120C 三维结构示意图

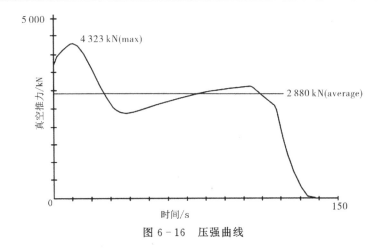

图 6-16   压强曲线

图 6-17   壳体缠绕过程

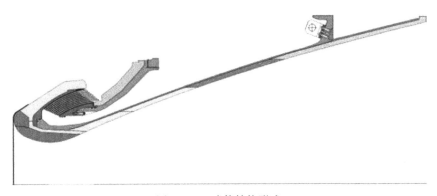

图 6-18   喷管结构形式

图 6-19　喷管自动对接设备

表 6-4　P120C 发动机性能参数

性能参数	数　值	性能参数	数　值
直径/mm	3 400	长度/mm	13 500
推进剂质量/kg	142 000	发动机消极质量/kg	11 000
发动机壳体质量/kg	8 300	质量比	0.92
海平面推力(最大)/kN (平均)/kN	2 880 2 675	最大压强(Pmax)/ MPa	9.3
真空比冲/s	278.5	燃烧时间/s	135
推进剂牌号	HTPB2013	喷管喉径/mm	577
喷管面积比	14.7	推力矢量控制	柔性喷管

　　P120C 发动机基于"织女星"火箭 P80 发动机技术,壳体采用碳纤维复合材料、干法缠绕工艺制成。推进剂采用 HTPB 推进剂。喷管设计为经典的潜入式结构,去除了柔性密封罩部分。喉衬采用碳/碳复合材料喉部和鼻帽。扩张段绝热层采用新型碳酚醛预浸料工艺,生产的大型单件出口锥绝热层高为 2.6 m,直径为 2.3 m。

6.3　中重型固体运载火箭进展

6.3.1　美国欧米伽(OmegA)火箭

　　OmegA 火箭为诺格创新系统公司(原轨道 ATK 公司)于 2015 年开发的一种用于美国国家安全和商业卫星的模块化三级运载火箭。火箭包括两种配置:中型配置有能力携带 4.9～10.1 t 的有效载荷到地球同步转移轨道,重型配置可以向地球静止赤道轨道输送 5.25～7.8 t 有效载荷。目前已经完成火箭两级固体火箭发动机的静态点火测试,预计

OmegA 火箭中型配置已于 2021 年进行飞行试验。2024 年开始 OmegA 重型运载火箭的飞行试验。

OmegA 的中型配置(也称为 OmegA‐500)高 59.84 m,质量在 440～765 t 之间,具体取决于固体芯级周围安装的助推器数量,其结构示意图如图 6‐20 所示;OmegA 重型配置(也称为 OmegA‐500XL)长约为 80 m,发射质量为 715～1040 t。

图 6‐20　OmegA 火箭中型配置结构示意图

OmegA 第一级动力方案:中型配置(OmegA‐500)采用两段式 Castor600 固体火箭发动机,重型配置(OmegA‐500XL)采用四段式 Castor1200 固体火箭发动机。

OmegA 第二级动力方案:采用 Castor300 单分段固体火箭发动机。

OmegA 第三级动力方案:发动机由两个 RL‐10C 液体发动机的双发动机低温级构成。

OmegA 火箭第一级的 Castor600(中型配置)、Castor1200(重型配置)和第二级发动机的 Castor300 发动机是基于轨道 ATK 研发的"通用助推分段"(CBS),Castor300 为单分段 CBS,Castor600 为两分段 CBS,Castor1200 为四分段 CBS。CBS 基于航天飞机固体火箭助推器(Solid Rocket Booster,SRB),与 SLS 助推器技术协同发展。与使用 D6AC 钢制外壳和 PBAN 黏结剂的航天飞机 SRB 不同的是,CBS 采用碳纤维复合材料壳体(见图 6‐21)和 HTPB 黏结剂。单个 OmegA CBS 比航天飞机或 SLS 助推段长 12 ft(1 ft＝0.304 8 m),直径相同。各级固体发动机性能参数详见表 6‐5。

表 6‐5　各级固体发动机性能参数

	捆绑式 SRM	第一级 Castor 600	第一级 Castor 1200	第二级 Castor 300	第三级 低温	有效载荷 整流罩 尺寸
直径/m	1.55	3.71	3.71	3.71	5.25	5
长度/m	19.224	25	43	12	9	15 或 20
干质量/t		22	44	11		
推进剂质量/t	46.3	250	500	125		
总质量/t	50.24	272	544	136		
推力/t	138					
比冲/s	275					
发动机型号	GEM‐63XLT	Castor 600	Castor 1200	Castor 300	RL10C	

续表

	捆绑式 SRM	第一级 Castor 600	第一级 Castor 1200	第二级 Castor 300	第三级 低温	有效载荷 整流罩 尺寸
燃料/氧化剂	HTPB	HTPB	HTPB	HTPB	LH2/LOX	
发动机数量	1 至 6	1	1	1	2	

图 6-21　复合材料壳体生产过程

6.3.2　美国安塔瑞斯(Antares)火箭

诺格创新系统公司(原轨道 ATK 公司)开发的一种中型一次性使用运载系统,是目前诺格公司正在使用的最大的火箭。作为 NASA 商业轨道运输服务 COTS 和 CRS 计划的一部分,其负责发射天鹅座载运飞船,执行向国际空间站的再补给任务,可将 8 000 kg 的有效载荷送入近地轨道。截至 2019 年 12 月 31 日,安塔瑞斯火箭共发射 12 次,成功 11 次。

安塔瑞斯火箭在早期发展阶段又被称为金牛座Ⅱ号运载火箭(TaurusⅡ)。火箭为三级配置,第一级采用俄制 NK-33 液体火箭发动机(后替换为俄制 RD-181 火箭发动机),第二级采用 Castor30A/B/XL 固体火箭发动机,与米诺陶固体运载火箭的第一级采用的是同源技术。第三级为可选,采用 IHBT-4 双推进剂系统或星 48BV 型固体火箭(Star48)。

安塔瑞斯火箭 2013 年 4 月 21 日首飞成功,2014 年 1 月和 7 月,火箭连续两次成功发射"天鹅座"飞船,正式开始为国际空间站运送物资。2014 年 10 月,火箭在第三次发射"天鹅座"太空飞船发生爆炸,并停止发射。直至 2016 年 10 月,火箭恢复飞行,并取得了成功。

安塔瑞斯系列火箭共有三种型号:100、200、230。前两款现已退役,现役只剩安塔瑞斯 230+火箭,是一种中型运载火箭。运力与 Delta2、Atlas3 火箭相当。

目前 Castor30 和 Castor30XL 发动机用于安塔瑞斯运载火箭的第二级。Castor30XL 发动机在安塔瑞斯运载火箭第五次飞行时取代了 Castor30 发动机。

Castor30 发动机基于 Castor120 发动机技术,如图 6-22 所示;Castor30XL 发动机是在 Castor30 发动机基础上改进而来,是一种新型的、低成本的、最先进的上面级发动机,其性能参数见表 6-6。

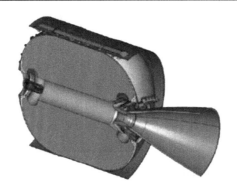

图 6 - 22　Castor30 发动机剖面示意图

表 6 - 6　Castor30 XL 发动机性能参数

性能参数	数　值	性能参数	数　值
发动机直径/in	92	发动机总长/in	235.8
喷管出口锥直径/in	78.7	燃烧时间/s	155.0
最大推力/lbf	119 900	有效比冲/lbf - sec/lbm	294.4
总冲/lbf - sec	16 174 800	燃烧时间平均推力/lbf	104 350
发动机总重	58 217	推进剂	54 949
燃料烧尽(est.)	3 069	推进剂组成	QDL - 1, HTPB 聚合物, 19%ALUMINUM
推进剂危险等级	1.3	RACEWAY	否
军械	否	推力矢量驱动(TVA)	是
工作温度/℃	13～29	贮存温度/℃	0～38

Castor30XL 发动机直径为 2.34 m,长为 6 m,重为 26.3 t。潜入式喷管长为2.44 m,扩张比 56：1,双密度出口锥设计,十分适合高空飞行。其装配过程如图 6 - 23 所示。

图 6 - 23　Castor30XL 发动机装配过程

6.3.3　欧洲"织女星"(Vega)火箭

"织女星"火箭是欧洲小型的、一次性使用的运载器,由主承包商欧洲运载火箭公司(European Launch Vehicle,ELV)研制,目的是作为阿里安 5 火箭的补充,用于发射政府和商用小型有效载荷（300～2 000 kg）到 700 km 高度的太阳同步轨道。2012 年 2 月 13 日其在圭亚那库鲁航天中心成功完成首飞，2013 年 3 月 7 日完成首次商业飞行。截至目前，共进行了 15 次发射，成功 14 次，2019 年 7 月 10 日发射失败，2020 年 11 月 17 日发射失败。

"织女星"运载火箭是迄今为止最大的固体动力运载火箭，高为 30 m，最大直径为 3 m，质量为 137 t。它采用三级式固体火箭，加末端修正级液体火箭构型。三级固体火箭发动机分别是 P80 发动机、契法罗 23（Zefiro23）发动机、契法罗 9（Zefiro9）发动机。

6.3.3.1　P80 固体火箭发动机

P80 固体火箭发动机是欧洲"织女星"运载火箭第一级发动机，2001 年开始研制，2006 年进行第一次地面点火测试，2012 年进行首次鉴定飞行试验。其结构形式如图 6‑24 所示，内弹道数据如图 6‑25 所示，性能数据见表 6‑7。

P80 固体火箭发动机基本构型的特点是采用了大量的新技术和特殊设计，以达到降低成本的目的。新技术包括直径达 3 m 的整体式石墨环氧纤维缠绕壳体、用于内绝热层的低密度橡胶、低黏结剂含量和高铝粉含量的推进剂、采用新型轻质低成本碳酚醛材料的简化喷管结构、壳体可消耗的点火器以及采用锂离子电池的机电推力矢量控制系统等。

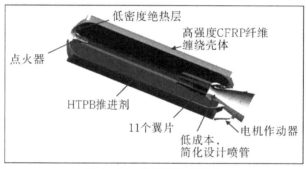

图 6‑24　发动机结构形式

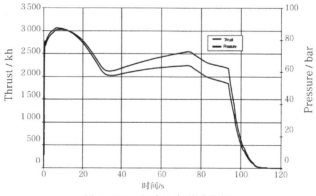

图 6‑25　发动机内弹道数据

表 6 - 7　**P80 固体火箭发动机性能数据**

性能参数	数　值
总长度/mm	1 0557
外径/mm	3 003
推进剂质量/kg	88 385
惰性质量/kg	7 408
燃烧时间/s	106.7
真空比冲/s	279.5
最大真空推力/kN	3 050
预计最大运载压力/bar	95
喷管膨胀比/(%)	16
喷管偏转角/(°)	±6.5

　　P80 固体火箭发动机壳体为欧洲目前现役最大的整体式高性能复合材料壳体,由意大利艾维欧(Avio)公司研制生产。纤维采用高强度和中等模量的碳纤维 M30S,树脂体系为 UF3325。由德国 EHA 公司生产的大型缠绕机缠绕,能够缠绕直径在 2 m 以上、长度在 9 m 以上的壳体。整个供料系统包括树脂与铺放头共同移动,确保了到达芯模过程中的原材料的质量。同时,该缠绕机也可以加装自动树脂供料装置。

　　P80 固体火箭发动机喷管采用新型 M30S 纤维复合材料潜入式喷管,结构简单,生产成本低。喷管基本结构的特点是仅有 10 个主要零件和两个机械装配件;同时,尽可能采取功能集成化,将机械件和金属壁集成,将热组件和绝热层集成。

　　三级发动机推进剂具有相同的配方,即 HTPB1912,含约 19% 的 Al 和约 12% 的黏结剂以及约 69% 的 AP。为了获得所期望的弹道性能参数,三级发动机推进剂配方中的添加剂和粒度会略有不同。P80 采用两种规格高氯酸铵,以降低成本。

　　三级发动机推进剂药柱的药型相同,如图 6 - 26 所示,都为带 11 个翼的后翼柱型药柱。为了得到所期望的压力和推力时间曲线,翼与圆柱体部分的比例有所不同。翼柱形药柱包括前筒段和后星型区域,具有高体积分数。星型区域位于发动机后部,使得可分解浇注芯模设计和翼抽出设备更加简化。

 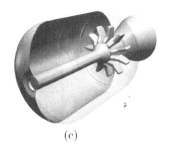

(a)　　　　　　　　　　(b)　　　　　　　　　　(c)

图 6 - 26　发动机药柱结构形式

(a)P80;(b)Zefiro23;(c)Zefiro9A

　　三级发动机点火器都采用了由烟火点火器和主点火器组成的两级式点火器,如图6‑28所示,而不是阿里安 5 固体助推器采用的三级点火器,但使用现有的阿里安 5 点火器技术,最大限度地降低成本。点火器由荷兰的 StorkCo.APP 公司负责研制、鉴定和生产。

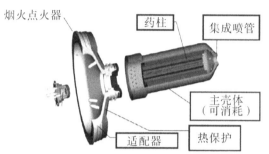

	P80	Z23	Z9
总质量/kg	130	34.3	14.7
药柱质量/kg	22	9.4	3.3
热能/(10⁶ J)	93.4	42	15.1
延迟/s	0.34	0.23	0.18

图 6‑27　发动机点火形式及性能

6.3.3.2　Zefiro23 固体火箭发动机

　　Zefiro23 固体火箭发动机是"织女星"运载火箭第二级发动机,由艾维欧(Avio)公司负责研制生产,在 Zefiro16 的基础上研制生产;2006 年成功完成首次静态点火试验,2012年进行首次鉴定飞行试验;结构形式如图 6‑28 所示,内弹道性能如图 6‑29 所示,性能参数见表 6‑8。

图 6‑28　Zefiro23 发动机结构形式

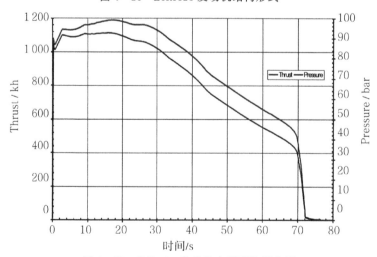

图 6‑29　Zefiro23 发动机内弹道性能曲线

表 6－8　**Zefiro23 发动机性能参数**

性能参数	数　值
总长度/mm	7 590
外径/mm	1 905
推进剂质量/kg	23 900
惰性质量/kg	1 860
燃烧时间/s	72
真空比冲/s	288
最大真空推力/kN	1 200
预计最大运载压力/bar	106
喷管膨胀比/%	25
喷管偏转角/(°)	±6.5

6.3.3.3　Zefiro9 固体火箭发动机

Zefiro9 固体火箭发动机是"织女星"运载火箭的第三级发动机,由艾维欧(Avio)公司负责研制生产,其设计基于 Zefiro16 发动机。Zefiro9 发动机结构形式如图 6－30 所示,内弹道曲线如图 6－31 所示,性能参数见表 6－9。

图 6－30　Zefiro9 发动机结构形式

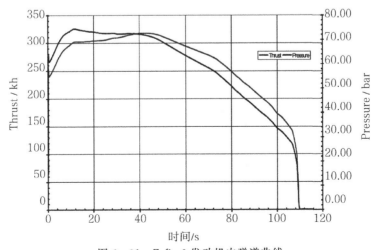

图 6－31　Zefiro9 发动机内弹道曲线

表 6 - 9　Zefiro9 发动机性能参数

性能参数	数　值
总长度/mm	38 650
外径/mm	1 905
推进剂质量/kg	10 115
惰性质量/kg	835
燃烧时间/s	110
真空比冲/s	295
最大真空推力/kN	330
预计最大运载压力/bar	83
喷管膨胀比/(%)	56
喷管偏转角/(°)	±6

6.3.4　欧洲"织女星-C"(Vega-C)火箭

Vega-C 现役"织女星"运载火箭的改进型号,其在性能和成本方面取得了显著提高。"织女星-C"火箭的低地球轨道(Low Earth Orbit)有效载荷能力将从"织女星"目前的 1 500 kg 增加到 2 200 kg,性能提高达 60%。与现有的"织女星"火箭相比,"织女星-C"火箭性能更好,更具灵活性和通用性,并且由于生产工艺重组和生产链更有效,其成本更具竞争力,可使采用"织女星"火箭发射低轨卫星的市场份额从 50% 提高到 90%。"织女星-C"火箭的首次飞行鉴定于 2020 年 12 月 21 日开展,首飞失败。

"织女星-C"运载火箭的构型以现有的"织女星"火箭为基础,采用了三级固体火箭发动机,如图 6 - 32 所示,分别是新的 P120C 发动机、新的契法罗 40(Zefiro40)发动机、("织女星"火箭的)契法罗 9(Zefiro9)发动机,以及一台改进的、具有更大的载荷能力的姿态顶级微调舱(AVUM)液体发动机。

图 6 - 32　"织女星-C"火箭的三级固体火箭发动机

第一级 P120C 发动机与阿里安 6 运载火箭的捆绑固体助推器相同。

第二级契法罗 40(Zefiro40)未来还将应用在"织女星 E"(Vega E)运载火箭上,由艾维欧（Avio）公司自 2011 年开始自主资金研发。与"织女星"运载火箭目前采用的第二级发动机 Zefiro23 相比，Zefiro40 发动机长度与 Zefiro23 相当，而直径则增加到 2.4 m，质量分数高，装药量达到 36 t，提供 1 100 kN 的平均推力。发动机具有更高的平均压强，总冲提高 50％，壳体和推进剂药柱的结构设计裕度有所改进。主要设计和技术改进是使用欧洲的碳-环氧预浸材料，并在裙制造中引入自动带铺放工艺。

　　Zefiro40 发动机内弹道曲线如图 6-33 和图 6-34 所示。发动机性能参数见表 6-10。

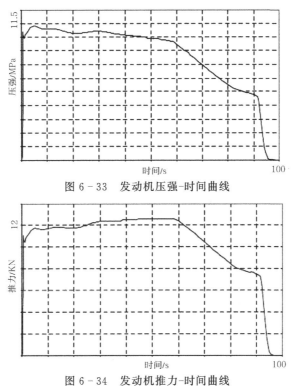

图 6-33　发动机压强-时间曲线

图 6-34　发动机推力-时间曲线

表 6-10　发动机性能参数

性能参数	数　值
直径/mm	2 300
长度/mm	7 600
推进剂质量/kg	36 200
惰性质量/kg	2 475
质量比	0.936
平均推力（真空）/kN	1 123
最大燃烧室压力/ MPa	11.5
比冲（真空）/s	291

续表

性能参数	数 值
燃烧时间/s	95
壳体材料	碳-环氧树脂复合材料
喷管类型	单喷管
喷管扩张比	37
喷管喉部直径/mm	280
喷管扩张段出口直径/mm	1 720

契法罗 40(Zefiro40)采用的新技术：

(1)壳体方面,采用碳-环氧树脂复合材料,由纤维缠绕工艺制成。预浸材料采用由艾维欧公司研制生产的专利树脂系统 HEX23©,在环境温度下具有更好的稳定性,玻璃化转变温度有所增加,能够进一步减小复合材料壳体内部和外部的热防护层厚度。Avio公司建立了自己的预浸料生产线,用于生产 Zefiro40 和 P120C 等下一代固体火箭发动机壳体。

(2)推进剂药柱方面,采用底部满装填技术成型,可优化燃烧室的充填率,并进一步减少惰性质量。目前,发动机壳体的后封头都是在 Avio 公司产生的,具有平坦的热防护区域,在浇注时允许残余空气流到腔室外面。新技术可减少残留的空气,并改进后封头的橡胶形状,增大质量分数。

(3)喷管采用了专用的技术改进,这将是 Avio 设备迄今生产的最大的喷管。

(4)采用液体树脂注入方法(Liquid Resin Injection method,LRI)成型扩张段、2D 编织纤维结构;采用低扭矩自保护柔性接头(Flexible Joints,FJ);采用合成橡胶层,以获得相对于天然橡胶更稳定的力学性能;采用复合材料增强件而不是金属增强件,以大大减少质量。

(5)采用碳绳作为热防护,用于发动机壳体和点火器之间,以及发动机壳体和喷管之间的弯面,通过避免在弯面填充润滑脂最大限度地减少集成操作。

Zefiro40 发动机的新技术如图 6-35 所示。

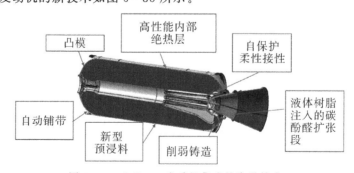

图 6-35 Zefiro40 发动机集成的先进技术

6.3.5　日本艾普西隆(Epsilon)火箭

日本宇宙航空研究开发机构(Japan Aerspace Exploration Agency,JAXA)开发的新型三级全固体推进火箭,目的是为小型卫星提供低成本、高效的发射系统。其质量为95 t,LEO 有效载荷运载能力为 1.2 t,可携带 590 kg 小卫星进入 500 km 高度的太阳同步轨道(Sun‐Synchronous Orbit,SSO),所采用的技术主要来自 H‐IIA/H‐IIB 和 M‐V 运载火箭,于 2013 年 9 月进行了首飞,截至目前,已发射四次。其中 2019 年 1 月,Epsilon‐4 运载火箭共携带七颗卫星。

在 Epsilon‐1 第一次飞行成功完成后,JAXA 一直在进行增强型 Epsilon 运载火箭的研究,以增加发射容量和增加有效载荷的可用容量,主要是对第二级的更新。2016 年12 月,JAXA 成功发射增强型 Epsilon 固体火箭(Epsilon‐2)。此次发射是 Epsilon 火箭的第二次发射,与 2013 年首次发射的 Epsilon 火箭相比,其运载能力提高了 30%,长度增加了 1.6 m,质量增加了 4 t。

Epsilon‐1 火箭采用三级固体火箭发动机。第一级主发动机采用 SRB‐A 发动机,与日本 H2A 和 H2B 运载火箭的助推发动机相同;第二级采用 M‐34c 发动机;第三级采用 KM‐V2c 发动机。这两个发动机曾分别用作日本第五代 M‐V 运载火箭的第三级和反冲级。

Epsilon‐2 火箭第二级采用了更长的 M‐35 助推级,可填充更多的推进剂,具有固定喷管,而首次发射时第二级 M‐34c 助推级采用可延伸喷管。M‐35 助推级可产生445 kN 的推力,比 M‐34c 多 118 kN 的推力,燃烧时间长 15 s。Epsilon‐2 火箭形式如图 6‐36 所示,各级动力系统性能情况见表 6‐11。

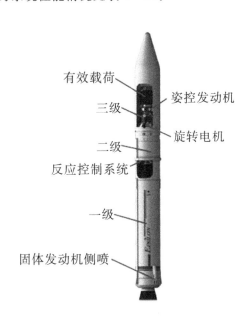

图 6‐36　Epsilon‐2 火箭形式

表 6 - 11   各级动力系统性能情况

第一级（三轴姿态控制：MNTVC/固体发动机侧喷）		总质量（包括有效载荷整流罩）	76 t
	SRB - A 主发动机	推进剂质量	66.0 t
		燃烧持续时间	120 s
		比冲	283.6 s
	固体发动机侧喷 SMSJ（2 个）	推进剂质量	50 kg（每个）
		推力	大于 270 N
		工作持续时间	大于 171 s
第二级（三轴姿态控制：MNTVC/气体喷射）		总质量	16 t
	M - 35 主发动机	推进剂质量	15 t
		比冲	295 s
		燃烧持续时间	129 s
	旋转发动机 SPM（2 台）	推进剂质量	1.6 kg（每台）
		推力	0.85 kN
		工作持续时间	4.8 s
第三级（旋转控制）		总质量	3 t
	KM - V2c 主发动机	推进剂质量	2.5 t
		推力	81 kN
		燃烧持续时间	91 s
		比冲	299 s
	TRM 翻滚发动机	推进剂质量	0.04 kg
		总冲	91 N·s

M - 34c 发动机是高性能的上面级发动机,该发动机长为 4.3 m,直径为 2.2 m,其推进剂装填量为 11 t,平均真空推力为 377 kN,总的燃烧时间为 105 s,平均真空比冲为 299.9 s。

KM - V2b 发动机同样是高性能的上面级发动机,该发动机长为 2.3 m,直径为 1.4 m,其推进剂装填量约为 2.5 t,平均真空推力为 81 kN,总的燃烧时间为 91 s,平均真空比冲为 301.7 s,这一比冲是日本所研发的固体发动机的最高纪录。

M - 35 发动机通过将 M - 34c 固体发动机的推进剂装填量从 11 t 增加至 15 t,来提升运载火箭的发射容量。同时,将发动机直径从 2.2 m 扩至 2.5 m,从而与运载火箭的外径相同。通过将整流罩下边缘处的节点移动到火箭的上部来延长整个火箭的长度,实现了有效载荷的可用容量增加。

6.4　微小型固体运载火箭进展

6.4.1　美国超级斯届比(SuperStripy)火箭

超级斯届比(SuperStripy)火箭由美国防部太空快速响应作战办公室出资,桑迪亚实验室、夏威夷大学和 Aerojet 火箭公司联合研制,是在斯届比探空火箭基础上发展而来。该火箭设计用途是,快速补网发射微型卫星,具有廉价、可消耗以及反应时间短等特点。

火箭概况:SuperStrypi 是当前最重的轨道发射型火箭,采用了探空火箭飞行技术来降低成本。火箭长约为 16.76 m,直径约为 1.5 m,重约 28 t,铁路发射。其采用三级固体发动机,均由航空喷气-洛克达因公司生产,结构形式如图 6-37 所示,各级发动机性能参数见表 6-12。

2015 年 11 月,超级斯届比小型固体三级运载火箭首次发射失败。该火箭的最大特点是:发射准备时间可缩短到几个星期,且不需要使用复杂的大型发射设施,目标成本是每发 1 200 万美元。

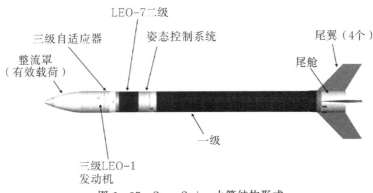

图 6-37　SuperStripy 火箭结构形式

表 6-12　各级发动机性能参数

	第一级 LEO-46 发动机	第二级 LEO-7 发动机	第三级 LEO-1 发动机
直径/m	1.22	1.22	约 1.5
长度/m	11.3	2.74	约 1.5
推进剂	1.3 级 ANB-3745	1.3 级 ANB-3790	1.3 级 ANB-3790
装药量/t	20.58	3.23	0.65
燃烧时间/s	76	62	51.5
推力/t	130	约 20	约 5.1

6.4.2 中国快舟一号甲运载火箭

快舟小型运载火箭是由中国航天科工集团研制的星箭一体化全固体燃料运载火箭,偏重于"空间快速响应能力"。火箭共三级,第四级为装有液体燃料的卫星。火箭采用三级固体动力+末级液体助推的串联式布局,全长约为 20 m,起飞质量约为 30 t,最大直径为1.4 m,太阳同步圆轨道的运载能力为 200 kg/700 km,近地轨道运载能力为 300 kg。

快舟火箭采用了国际首创的星箭一体化技术,可实现快速集成、快速测试、快速发射;在国内首次采用栅格舵控制技术,是我国首个具有快速集成、快速入轨能力的小型固体运载火箭,创造了我国航天发射的最快纪录,使我国航天发射运载工具由液体运载火箭拓展到固体运载火箭,初步形成了我国亟须的空间快速响应能力。快舟一号甲运载火箭(见图6-38)在 2017 年 1 月 9 日实现了中国首次商业运载火箭发射服务。

图 6-38 快舟一号甲运载火箭

6.4.3 中国捷龙固体运载火箭

捷龙系列运载火箭是中国航天科技集团有限公司第一研究院下属中国长征火箭有限公司积极响应国家军民融合发展战略,面向国内外 300 kg 以下不同轨道微小卫星发射需要,研制的商用固体运载火箭。同时,它也是中国航天科技集团运用纯商业模式打造的首型运载火箭。

2019 年 8 月 17 日 12 时 11 分,捷龙一号遥一运载火箭在酒泉卫星发射中心点火升空,成功将 3 颗卫星送入预定轨道,发射取得圆满成功。捷龙一号为四级固体发动机串联构型的运载火箭(见图 6-39),箭体直径为 1.2 m,起飞质量为 22.9 t,总长为 19.2 m,700 km 高度太阳同步轨道运载能力不低于 150 kg,可为卫星提供直径为 1.2 m/高度为1.5 m、直径为 1.4 m/高度为 2 m 两种类型的卫星舱,满足用户一箭一星或一箭多星的发射需求,为微小卫星技术验证、星座组网和补网提供更加安全、灵活、经济、迅速的服务。

图 6‐39　捷龙一号固体火箭

6.5　航天运载与助推固体发动机技术未来发展

6.5.1　国外运载固体发动机技术梳理

(1)大型整体式固体发动机性能持续提升,大直径、大推力、高质量比、模块化发展。

1)卡斯托‐120 发动机:直径为 2.34 m,装药量为 49 t;

2)"织女星"P80 发动机:直径为 3.05 m,装药量为 88 t;

3)"织女星　C"P120C 发动机:直径为 3.4 m,装药量为 142 t。

(2)大型分段式固体发动机发展持续推进,是大型重型运载火箭动力的重要组成部分。

1)直径为 2.5~3.7 m 的整体式纤维壳体助推发动机(SRB、Castor300/600 等);

2)千吨级推力分段式助推发动机(Castor1200、RSRM、RSRMV)。

(3)瞄准发动机推力和性能提升,不断推进新技术研发。

1)大型整体/分段式纤维壳体(Castor1200:直径为 3.6 m,4 段);

2)新型无石棉绝热层(RSRMV),自保护柔性接头(P120C);

3)轻质卡环连接技术(P80、P120C);

4)大型燃烧室装药技术(P120C 单体装药量达到 142 t)。

6.5.2　国外运载固体发动机技术发展

(1)发动机大型化不断提升。

1)发动机直径不断加大,最大达到 4.0 m;

2)发动机装药量不断增多,最大达到 630 t;

3)发动机推力不断提升,最大达到 1 500 t。

(2)发动机高性能与高可靠性贯穿始终。

1)大尺寸碳纤维壳体与壳体分段对接技术;

2）先进材料与轻质连接结构；

3）高密度比冲丁羟推进剂。

（3）低成本重点关注，以提升竞争力。

1）模块化，实现运载火箭主动力与助推动力共用；

2）低熔温热塑性推进剂技术、连续混合技术。

（4）固液混合动力发力，成为新的热点。

1）石蜡基推进剂技术；

2）超低温固液混合发动机技术（−80℃，火星采样返回）。

第7章　其他领域固体发动机技术发展

7.1　概　　述

固体火箭发动机维护简单、可靠性高、操作简便,自诞生起就被广泛用作导弹武器的动力系统。固体火箭发动机技术的发展也极大地推动了武器性能的升级换代。固体火箭发动机能量管理技术作为固体发动机新的发展方向,在发动机工作过程中能实时有效地控制发动机能量输出,根据武器系统需求实现发动机能量最优分配,实现推力大小、方向或间隔实时可调,有效提高发动机能量的利用效率,增加导弹射程,提高其机动能力和实战能力,实现导弹武器系统跨越式发展。进入 21 世纪以来,由于武器系统的迫切需求,固体变推力发动机、固体双脉冲发动机、固体姿轨控发动机 3 种典型固体能量管理发动机技术不断取得突破,能量管理技术已进入飞行验证和工程应用阶段。

固体冲压发动机与液体冲压发动机相比,推进剂密度高、结构紧凑、使用维护方便,成为超声速巡航导弹较为理想的动力装置。近年来,国内外对固体冲压发动机的研究热度又开始逐渐升温。固体冲压发动机作为一种新型动力装置已成为未来先进动力技术发展的重要方向,随其应用范围的不断拓宽,已逐步成为一个相对独立的动力技术领域。

目前,传统的航空航天发动机所采用的燃烧方式均属于爆燃燃烧。在爆燃过程中,燃烧波以亚声速传播,燃烧产物的压力略有降低,体积膨胀幅度大,近似等压燃烧。经过几十年的发展,大幅度提高这些发动机的推进性能变得十分困难。随着航空航天事业的飞速发展,人们对推进系统的要求越来越高,亟待发展一种循环效率更高、推进性能更优越的动力装置。

与爆燃燃烧相比,在爆轰燃烧过程中,前导激波与燃烧波紧密耦合,并以超声速自持传播,燃烧后压力、温度和密度均急剧上升,体积略有减小,近似等容燃烧。经研究表明,爆轰燃烧能在极短时间内产生出大量能量,具有更高的热循环效率。由于爆轰燃烧的独特优势,近年来,诸多学者开始利用爆轰推进技术来提高航空航天发动机的推进性能。基于爆轰燃烧方式的发动机主要有三种:脉冲爆轰发动机(Pulse Detonation Engine,PDE)、斜爆轰发动机(Oblique Detonation Engine,ODE)以及连续旋转爆轰发动机(Continuous Rotating Detonation Engine,CRDE)。

7.2　先进能量管理发动机技术

7.2.1　固体双脉冲发动机技术

固体双脉冲发动机采用隔离装置将燃烧室或脉冲药柱分隔成几部分,每级脉冲药柱各有一套独立的点火系统,共用同一个喷管。发动机工作时,通过弹上程序控制,进行 2 次关机与启动,实现 2 次间歇式推力,并通过合理调节推力分配及两级脉冲间隔时间,实现导弹飞行弹道的最优控制和发动机能量的最优管理,是一种现实有效的能量管理途径,国外已有多种型号运用此技术,并完成了型号研制和武器装备。

(1)美国导弹防御系统双脉冲发动机。美国弹道导弹防御系统中末端低层(爱国者 PAC‐3)和中层防御系统(标准 SM‐3)均选用了双脉冲发动机作为固体能量管理系统的一部分。

为提高 PAC‐3 导弹的作战性能,洛马公司在导弹部件提高项目(MSE)中,选用 Aerojet 公司的双脉冲发动机作为 PAC‐3 导弹助推发动机。2008 年 5 月 28 日,成功进行了 PAC‐3MSE(爱国者先进性能‐3 型分段改进导弹)的控制飞行试验;2016 年 3 月 17 日,PAC‐3MSE 导弹又在白金沙导弹靶场成功探测、跟踪并拦截一枚战术弹道导弹(TBM)。PAC‐3MSE 导弹通过使用大型双脉冲发动机、改进的弹翼和结构,极大地增强了机动性,并使弹射程提高 1 倍,双脉冲发动机的能量管理技术成为增强拦截弹能力的一个关键因素。

标准‐3 导弹是美国海基中段导弹防御系统的重要组成部分,该导弹具有摧毁太空弹道导弹的尖端能力,其第三级发动机(见图 7‐1)采用的是 ATK 公司 MK136 固体双脉冲发动机。该发动机直径 340 mm,长 965 mm,推进剂采用 Al/AP/HTPB、双脉冲药柱设计,2 个脉冲各工作 10 s。其中,Ⅰ脉冲药柱采用 TP‐H‐3518A 推进剂,Ⅱ脉冲药柱采用 TP‐H‐3518B 推进剂。发动机喷管采用 TVC 柔性喷管,并在浇注的双脉冲推进剂药柱之上缠绕纤维制成石墨/环氧复合壳体(即带药缠绕壳体工艺)。发动机在惯性段采用冷/热燃气混合姿控,脉冲段采用柔性摆动姿控。目前,已成功进行了多次海基导弹防御试验,现已完成研制部署。

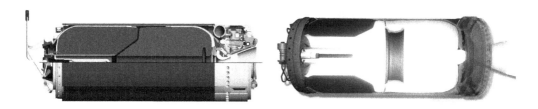

图 7‐1　标准‐3 第三级双脉冲发动机

(2)德国 MSA 固体双脉冲发动机。MSA 双脉冲发动机采用锥形碳纤维增强复合缠绕壳体,绝热采用三元乙丙橡胶,壳体外部热防护采用凯夫拉纤维增强橡胶,Ⅱ脉冲药柱由椎管形和后端环形端面装药组成,Ⅱ脉冲药柱初始燃面完全覆盖,并黏紧着软脉冲隔离装置。在Ⅰ脉冲工作时,软脉冲隔离装置只阻止Ⅱ脉冲药柱被加热,而不承受燃烧室工作压力,工作压力完全施加在Ⅱ脉冲药柱上。该设计结构可实现Ⅰ脉冲和Ⅱ脉冲以几乎任意比率分割。图 7‐2 为 MSA 导弹纵向剖视图,MSA 双脉冲固体发动机静态点火推力曲线如图 7‐3 所示。

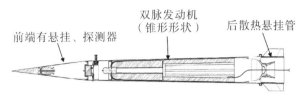

图 7 - 2　MSA 导弹发动机剖面图

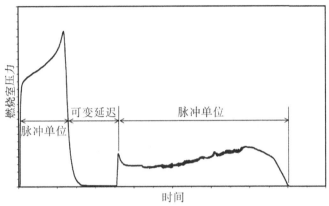

图 7 - 3　MSA 导弹发动机推力时间曲线

7.2.2　固体变推力发动机技术

固体变推力发动机通过伺服系统实时改变燃烧室工作压强,对发动机推力大小进行实时调节,实现发动机能量管理与导弹任务相关联,提高导弹机动灵活性,满足多任务需求。固体变推力发动机种类很多,有采用喉栓等结构调节喷管喉部面积的发动机、涡流阀式发动机、熄火发动机、控制推进剂质量燃速的发动机、加质发动机和凝胶膏体推进剂发动机等。其中,喉栓式变推力发动机技术相对较为成熟,国外开展了较多地面试验及飞行试验。

(1)ATK 公司固体变推力发动机。2003 年,美国 ATK 公司研制的固体变推力发动机采用喉栓式推力调节机构(见图 7 - 4),进行了持续 45 s 的地面热试车,实现推力调节比 19∶1,压强变化仅为 2∶1。同年,对采用钝感无烟推进剂的变推力发动机进行了启动—关机—再启动的状态转换试验,使固体变推力发动机具备了多脉冲的能力。

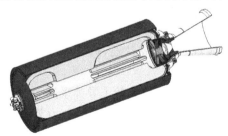

图 7 - 4　固体变推力发动机示意图

(2)霍克导弹增程。美国 Aerojet 公司将喉栓式推力可调喷管与霍克导弹发动机燃烧室集成,以提高射程、缩短命中目标的时间,并具备近距离拦截能力,该导弹被称作

EIHAWK 导弹(见图 7 - 5),于 2003 年成功进行地面点火试验,发动机工作时间为 20 s,在燃烧室装药不变的条件下,可增加射程 30% 以上,展示了固体变推力发动机技术用于现役导弹实现增程的可行性。

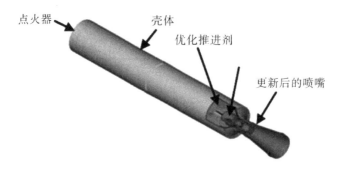

图 7 - 5　EIHAWK 导弹增程计划弹

(3)"网火"系统精确攻击导弹 PAM。美陆军网火系统精确攻击导弹 PAM 采用 Aerojet 公司的喉栓式变推力发动机(见图 7 - 6),导弹直径为 178 mm,弹重为 45.4 kg,射程为 45 km,能在飞行过程中对推力进行实时调节,并根据不同威胁目标,做出不同的反应,能覆盖来自防区内的任何威胁,可攻击坦克、指挥控制车等目标,具有非线性超视距的拦截进攻能力,防区范围为 0.5～50 km。2003 年 6 月,首次成功进行 PAM 导弹飞行试验,飞行时间将近 2 min,发动机工作时间为 50 s;2007—2009 年,成功进行多次飞行试验,精确命中无人驾驶汽车、坦克等高速移动目标。

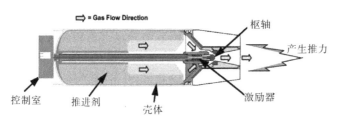

图 7 - 6　美国网火系统 PAM 导弹

7.2.3　固体姿轨控发动机技术

与液体姿轨控发动机相比,固体姿轨控发动机具有结构简单、安全性高、性能好、体积小、贮存周期长及维护使用方便的特点,广泛用于导弹和航天器的姿态控制、轨道控制、固体 KKV 的动力系统,实现武器装备快速、机动、固体化、小型化、安全可靠等主要战术指标要求。

(1)三叉戟固体姿轨控系统。美国三叉戟Ⅰ导弹采用 MK - 4 型分导式多弹头,由推力大小可调的燃气发生器系统作为导弹末速修正的动力装置。系统由 2 个固体推进剂燃气发生器,4 个整体阀门组件及相关的管路组成。燃气发生器产生的燃气通过歧管送至 4 个整体活门组件(流量可调),再在活门控制下送至 16 个喷管。其中,4 个喷管产生轴向正推力,4 个喷管产生轴向负推力,8 个喷管产生俯仰、偏航及滚动控制力。

(2)标准-3Block 固体 KKV 姿轨控动力系统。美国标准-3Block1A 导弹 KKV 采用第一代固体姿轨控动力系统(SDACS),为电磁阀式开关控制,使用固体推进剂燃气发生器方案(见图 7-7)。拦截器总质量为 5 kg,共有 4 个轨控喷管,每台推力 222 N,可提供侧向加速度 4g;6 个姿控喷管,每台推力 29 N。

随着机电一体化、快响应高功率密度伺服电机及控制技术的发展,美国标准-3Block1B 导弹 KKV 采用第二代固体姿轨控(TDACS),为喉径可调式阀门系统(见图 7-8),TDACS 包括 10 个均衡的 TDACS 针栓推进器,4 个用于轨控,6 个用于姿控。通过控制喉栓的位置,实现对姿轨控推力大小的控制,推力大小为 0~6 672 N,并实现高推力和续航推力间进行调节,在零推力期间,可使燃烧室压强降低至 0.5 MPa。

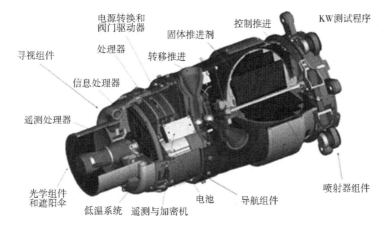

图 7-7　标准-3/1A 固体 KKV

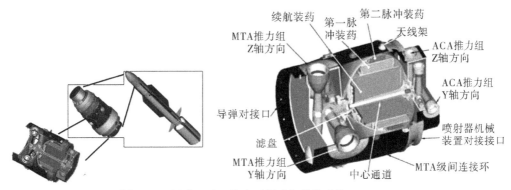

图 7-8　标准-3/1B 推力可调式姿轨控系统(TDACS)

2015 年,Aerojet 公司向美空军交付了 100 台标准-3Block1B 导弹可调节式固体姿轨控发动机(TDACS)。2015 年 12 月 10 日,标准-3Block1B 导弹和"爱国者"PAC-3MSE 型导弹分别进行试验。其中,标准-3Block1B 为中段拦截试验,证明其具备反低轨道卫星潜力,PAC-3MSE 导弹进行末段拦截试验。

目前,美国仍高度重视固体姿轨控发动机的研究应用,同时开展多项相关技术研究。继续对标准-3Block1B 导弹可调节式固体姿轨控发动机进行改进,已经在标准-3Block2A 导弹上使用。导弹防御局已开始研制可长时间工作的第三代模块化固体姿轨控发动机(MDACS)。

7.3 固体冲压发动机技术

7.3.1 固体冲压发动机技术

固冲发动机技术的相关研究始于 20 世纪 50 年代,发展历程大致可分为以下几个阶段。

(1)20 世纪 50 年代初期至 60 年代后期,是固冲发动机概念提出和方案探索阶段。该时期发动机方案主要仿照液体冲压发动机,采用串联或并联助推器,结构复杂而笨重,加上贫氧推进剂比冲低,发动机实用性较差。美国采用高能含硼贫氧推进剂(简称含硼推进剂)提高发动机比冲,由于燃烧组织困难,研制工作一度停滞。

(2)20 世纪 60 年代后期,苏联研制成功第一个以固冲发动机为动力的"SA‐6"防空导弹,采用整体式固冲发动机方案,大大减小助推器质量,提高了导弹实用性能。在中东战争中,取得出色战果,展示了固冲发动机优越的使用性能,带来固冲发动机的研制热潮。图 7‐9 为俄罗斯 R‐77M‐PD 视距空空导弹。

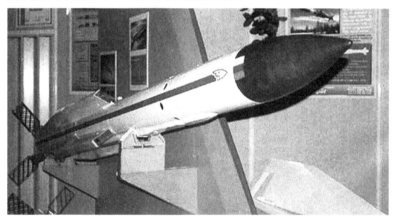

图 7‐9　俄罗斯 R‐77M‐PD 视距空空导弹

(3)20 世纪 70 年代初期至 90 年代后期,是固冲发动机关键技术攻关阶段。在 20 世纪 70 年代初期至 80 年代中期,以整体式固冲发动机技术为核心,各国掀起了一股研究热潮,美国、德国和法国等相继开展了多种固冲发动机应用项目的研制工作,突破了整体式固冲发动机、无喷管助推器等技术。但受限于燃气流量调节能力差,高能含硼推进剂的研制及燃烧组织困难,固冲发动机研究工作陷入低谷。期间法国探索了非壅塞燃气流量调节技术,研制了 Rustique 发动机,但调节能力有限。德国开展了壅塞式固冲发动机的燃气调节技术研究,可调范围较宽,但受限于当时技术水平,不足以满足应用需求。20 世纪 80 年后期至 90 年代后期,随着相关技术的积累,以燃气流量调节技术和高能含硼推进剂技术为核心,各国重新掀起固冲发动机研究热潮。在此时期,德国在相关领域取得了显著成果,至 1999 年 EURAAM 计划结束时,含硼推进剂中硼含量可达 35%,体积热值可达 51 MJ/L,燃气流量调节比为 10∶1,且燃烧性能优越。

(4)21 世纪初至今,随着关键技术的相继突破,各军事强国进入燃气流量可调固冲发动机的飞行演示论证阶段。美国先后开展了 3 项以燃气流量可调固冲发动机为动力的导弹项目,超声速掠海靶弹"Coyote"("山狗",代号 GQM - 163A)、高速反辐射导弹(HS-AD)和三目标终结者导弹(T3,见图 7 - 10),其中"山狗"靶弹已小批量装备军队。欧洲"Meteor"("流星",见图 7 -11)空空导弹于 2002 年开始研制,2006 年进入飞行试验阶段,先后完成了研制飞行试验、制导飞行试验和综合集成飞行试验。2016 年 7 月 11 日,瑞典空军宣布流星导弹正式列装配备鹰狮战斗机,该导弹具有当前同类导弹最先进技术水平,比冲可达 9 000 N·s/kg,燃烧效率可达 92%。德国还进一步提高发动机巡航速度,拟用于马赫数达 5 的低空拦截器。日本 2009 年开展了两发可变流量固冲发动机的演示飞行试验。2010 年启动 XASM - 3 反舰导弹项目,如图 7 - 12 所示,采用燃气流量可调式固冲发动机,于 2017 年 8 月首次公布 XASM - 3 导弹实弹测试成功,计划装备日本航空自卫队。

图 7 - 10　美国三目标多用途导弹(T3)

图 7 -11　欧洲流星超视距空空导弹

图 7 - 12　日本 XASM - 3 机载超声速反舰导弹

　　纵观固冲发动机研制历程,可以发现固冲发动机研制已有 70 余年,经历了多次兴起和跌落,每次兴起和跌落往往伴随着关键技术的提出或突破,从整体式固冲发动机、无喷管助推器,到高能含硼推进剂及其高效燃烧组织、燃气流量调节等关键技术。目前相关技术已取得全面突破,多个军事强国已完成了固冲发动机的飞行演示验证试验,开始进入型号研制阶段。

7.3.2　固体超然冲压发动机技术

固体燃料超燃冲压发动机是一种将固体燃料浇注或黏接在燃烧室内,与超声速气流直接燃烧的冲压发动机。固体燃料超燃冲压发动机通常由进气道、燃烧室和喷管 3 部分组成,如图 7-13 所示。来流的超声速空气气流经过进气道进入燃烧室,固体燃料在超声速气流中热解,热解燃气与来流空气掺混燃烧,燃烧产生的高温燃气经喷管膨胀产生推力。

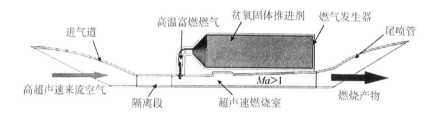

图 7-13　固体燃料超燃冲压发动机结构图

类似于固体火箭发动机,因固体燃料冲压发动机所使用的固体燃料化学性质较稳定,且预先不与氧化剂接触,故其拥有安全性高、结构简单、存储运输方便等优点。然而,固体燃料超燃冲压发动机也存在诸多问题,比如在超声速气流中点火困难,固体燃料表面热流量可能不足以使固体燃料热解产生足够的燃气,从而无法维持稳定燃烧状态。此外,由于超声速气流在燃烧室内停留时间较短,固体燃料热解的化学反应时间可能大于停留时间。热解产生的燃料可能无法与空气充分混合,从而导致稳定燃烧无法建立,使其燃烧效率较低。

针对固体燃料超燃冲压发动机这个概念,起初研究者对其可行性持怀疑态度。直到 20 世纪 80 年代,Witt 等使用聚甲基丙烯酸甲酯(PMMA)和端羟基聚丁二烯(HTPB)两种燃料进行了超声速燃烧试验,他们在固体燃料超燃冲压发动机中使用 PMMA,在双模态冲压发动机中用 HTPB 作燃料。研究发现:尽管燃烧过程中热损失较高,但两种构型中均发生了超声速燃烧,即固体燃料超声速燃烧是可以实现的。在验证了 SF-Scramjet 概念的可行性后,国外相关研究工作者开始重点关注超燃冲压发动机中使用的固体燃料性质和固体燃料超燃冲压发动机机理研究。

(1)固体燃料相关研究。迄今为止,尽管世界各国研究的固体燃料范围很广,但超燃冲压发动机中对固体燃料要求较高,能够满足高能量密度、高燃烧效率及快速反应时间等诸多要求的高性能固体燃料并不多。目前,SFScramjet 发动机试验使用的碳氢燃料通常为聚合物,如聚丁二烯(PB)、聚乙烯(PE)、聚甲基丙烯酸甲酯(PMMA)、聚丙烯(PP)和聚苯乙烯(PS)。在很多学者的发动机机理研究中均使用了 PMMA,其易加工且透明易于观察。然而,因其分子中含有大量含氧成分(32%),PMMA 并不是一种理想的固体超燃发动机燃料。关于超燃冲压发动机中使用的固体燃料方面,主要包括针对固体超燃的特性需求开发新型推进剂的相关研究。

1)新型固体燃料。关于新型固体燃料的研究,其中包括 20 世纪 80 年代某机构研制了新一代含能立方烷衍生物,其中聚氰基立方烷化合物、1-4二氰基立方烷和四氰基立方烷是一种理想的高能量密度燃料,适用于体积有限的场合。Helmy考察了此类化合物作为固体燃料冲压发动机燃料的特点。研究发现,当空燃比为6:10时,两者性能相似,理论比冲为7 000~11 000 N·s/kg。Friedauer等将以上二聚物与10%苯乙烯-聚丁二烯共聚物黏合剂制成固体燃料,在马赫数为0.12~0.25、静温为300 K空气中点火,发现其热值是HTPB固体燃料2倍,而在相同热动力学条件和几何构型下,此聚合物点火时间比HTPB燃料高一个数量级。Segal等研究的烯烃二聚物C22H44也是一种高能量密度燃料(PCU)。研究发现,在相同形状及热力学条件下,点火时间比HTPB高一个数量级,热值约为HTPB的2倍。此外,LiH作为一种新型高能固体燃料,近几年受到了诸多研究者的关注。LiH在高温下分解产物为Li和氢气。LiH的储氢容量约为13.9%,比液化氢的氢含量还要高。Li是最轻的金属,同时也是高含能材料。一方面,若用Li作为固体燃料来代替固体推进剂,不仅能量高、燃速大,而且具有极高的比冲;另一方面,LiH分解产生的氢气注入超燃冲压发动机燃烧室内,可显著改善其点火性能,同时提高超声速燃烧气流火焰稳定性和燃烧效率,进而提高其比冲。2009年,Simone等对LiH作为固体燃料的可行性及其超声速燃烧进行了数值研究。在对LiH化学反应特性进行了热化学计算分析基础上,给出了详细的LiH燃烧模型描述,其中包括LiH液化、分解、液滴挥发、反应等过程,并通过量级分析和合理假设对燃烧模型进行了简化。然而,国内几乎没有开展基于LiH的固体超燃冲压发动机的研究。

2)金属颗粒添加对固体燃料性能的影响。第二类关于固体燃料的研究是在常用的碳氢燃料中添加金属颗粒等成分组成混合物。从热值的角度考虑,硼是首选,铝、镁和碳等次之。Scott等针对燃料组分对燃烧影响进行了研究,发现含金属燃料需要更高的压力和更长的停留时间来达到更好的燃烧效率。Snyder等对跨声速和超声速流动下的燃料燃烧特性进行了研究,发现传统碳氢燃料(如HTPB等)在低压下更难点燃。然而,通过添加一些共聚物如BAMO/NMMO等可以解决这个问题,因为这些聚合物所需分解热较少且凝聚相也可与氧反应。1990年,Netzer和Ciezk等针对Ti_2B和B_4C含硼燃料开展了大量试验研究,主要研究了其在固体燃料冲压发动机中的点火特性和燃烧过程。研究表明,在药柱表面,高速气流对其的冲击会滞止产生大量热量,在促使燃料完成相变、分解与气化的同时,部分未燃颗粒也从表面喷出,进而改变流场结构。这意味着燃料受热行为研究非常重要。

3)固体燃料热解性能。在SF-Scramjet燃烧室中,时刻发生着处于较强切向流动中的高强度传热、传质的复杂过程,且流动、传热与燃烧是高度耦合的。燃烧室内气体流动状态与燃料物化性能及整体温度分布决定了气固两者间的热通量,进而影响着固体燃料的燃面退移速率。同时,燃面退移速率的快慢又会迅速影响到燃烧室内空燃比等参数上,进而影响燃烧特性与流场结构。所以,在研究SF-Scramjet内固体燃料燃烧特性前,了解固体燃料的热解性能至关重要。研究固体燃料热解特性的早期方法以体积热解方式为主,主要方法有热重分析法(Thermal Gravimetric Analysis,TGA)、示差热分析法(Differ-ential Thermal Analysis,DTA)和扫描量热法(Dif-ferential Scanning Calorimetry,DSC)。此类方法缺点在于升温速率低(约1~100℃/ min),燃料样品少。

固体燃料在 SF‒Scramjet 燃烧室中的温升速率在 107℃/min 量级,因此,升温速率更高的线性热解方法更为接近固体燃料的实际燃烧过程。根据热源及传导方法的不同,线性热解方法包括热平板导热法、热线导热法、热筒导热法、火箭发动机尾气导热法、扩散火焰自加热法和电弧辐射加热法。

Martin 等采用热筒导热方式(温升速率可达 1 000℃/s),对 4 种固体燃料在发动机中的热解特性进行了试验研究,结果表明:对于纯 HTPB,当固体燃料壁面温度 $T_w<$722 K 时,指前因子 A_0 为 3 965 mm/s,活化能 E_a 为 55.89 kJ/mol;当 $T_w>$722 K 时,指前因子 A_0 为 11.04 mm/s,活化能 E_a 为 20.56 kJ/mol。Arisawa 等利用温度快速跃升与快速扫描技术研究了 HTPB 在惰性环境中的热解特性。该方法可以在瞬时升温,以检测气体产物种类和浓度变化情况,非常适合研究 SF‒Scramjet 中固体燃料热解问题。Wilde 等分别针对 PE、PMMA 在混合发动机和 SFRJ 中的热解特性进行了研究,结果显示,对于 PMMA,指前因子 A_0 为 7.21 mm/s,活化能 E_a 为 222.260 kJ/mol。

(2)固体燃料超燃冲压发动机机理研究。固体燃料超燃冲压发动机中固体燃料直接暴露在超声速气流中并迅速完成燃烧,这相当于将燃烧过程集聚在超短距离、超小空间内迅速实现,固体燃料的相变、分解与气化、燃烧等复杂过程要在燃烧面处在切向超声速气流中快速完成,其中涉及固体燃料在切向高速气流作用下的传热与传质机理,边界具有高质量流量燃气和强热量交换的主流超声速流动机理,以及集成于超燃冲压发动机时的燃烧启动与稳定性等燃烧流动基础问题,其涉及诸多复杂物理化学过程,但目前公开的与固体燃料超燃冲压研究相关的文献还较少。

1)理论模型方面。Ben‒Arosh 等研究了二维轴对称模型,如图 7‒14 所示,其考虑了火焰稳定段与等直段。数值求解了二维、轴对称、k‒ε 湍流模型,两反应、六组分反应流模型。模拟了 5~15 km 下的飞行速度,对应的设计马赫数为 1.5。针对飞行马赫数、燃烧室尺寸等参数对燃烧性能影响进行了探索,研究显示燃料与来流空气在 1 ms 左右可以充分掺混,形成扩散火焰,其温度最大值为 2 846 K。燃速从入口截面向附着区逐渐增加,下游区域的燃速近乎恒定。化学反应产生的热量降低了当地马赫数,改变了压力分布,并增加了回流区中的流动。但其采用经验公式计算燃面换热量的方式具有局限性、未进行气流通道面积随时间变化的非稳态计算,未考虑湍流对化学反应的影响,使得其模型简化过多,只具有参考价值。Jarymowycz 等对 HTPB 特性进行了理论分析,该模型构型如图 7‒15 所示,Jarymowycz 等的超燃燃烧室构型,只考虑了等直段,通过数值计算分析了超声速横流中固体燃料的燃烧,控制方程基于时间相关的多维可压缩 N‒S 方程和组分输运方程。这一方法的特征是考虑了有限速率化学反应和可变参数,湍流模型采用 Baldwin‒Lomax 代数模型。控制方程的数值求解使用矢通量分裂 LU‒SSOR 技术,隐式对待源相,细致地研究了不同操作条件对 HTPB 固体燃料燃烧的影响。从燃料燃烧机理出发,系统地考虑了燃料燃烧与流动及化学反应间的相互影响,而不是采取某些文献中假定燃料壁面温度一定或采用对流换热经验公式的做法。结果表明,进气道的温度和压力对燃速有强烈的影响。在发动机的工作范围中,一个最优的压力值可以使得燃速最大化。但其研究假定燃面固定,未考虑内径变化及湍流燃烧带来的影响。

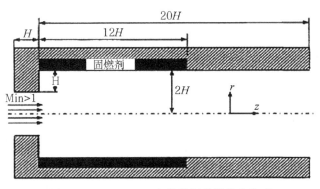

图 7 - 14　Ben - Arosh 等的超燃燃烧室构型

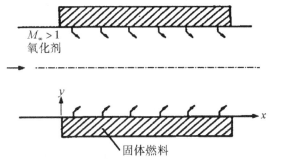

图 7 - 15　Jarymowycz 等的超燃燃烧室构型

Ben - Yakar 等建立了简化的一维准稳态理论模型来分析燃烧室扩张段的流动,控制体如图 7 - 16 中 Ben - Yakar 模型中控制体所示,分析考虑了壁面燃料气化产生的加质、燃烧产生的加热、壁面摩擦及内腔横截面积的变化,进而对燃速进行预测。其未考虑流动中可能发生的激波以及热损失,一维模型预测结果与试验获得数据符合较好。随后,其对凹腔在超声速燃烧室内流动用于火焰稳定研究进行了综述,总结了许多学者对凹腔基础流场特性的研究,包括基于长深比的凹腔不同流动机理(开式或者闭式)、振荡以及振荡控制、不同凹腔构型的阻力、对点火过程至关重要的凹腔内流体的驻留时间。

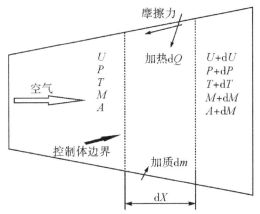

图 7 - 16　Ben - Yakar 模型中控制体

2)数值模拟。Jarymowycz 等对超声速来流下的固体燃料燃烧进行了数值研究,拟合得到的燃速公式为

$$r_b * \propto p^{0.19} T^{0.57} \tag{7-1}$$

式中: $r_b *$——燃面退移速率;

p——压强;

T——温度。

结果表明,燃料退移速率对入口温度和压强的改变较为敏感,特别地,当压强 $p <$ 405.3 kPa 时,燃速随压强升高而迅速增加;但当压强 $p > 405.3$ kPa 时,燃速随压强升高而缓慢降低,即在压强变化范围中存在最优值使得燃速值达到最大。Ben - Arosh 等利用 Phoenics 软件进行了数值研究,结果表明,随轴向距离增加,燃料经过再附着后,其分布逐渐靠近燃烧室中心,并与主流空气发生足够掺混,在近壁面区域发生燃烧,燃面将空间分为亚声速区和超声速区,燃烧效率为 70%～90%。Sun 等应用 Fluent 软件模拟了 3 种燃烧室内的固体燃料燃烧,燃烧室进口空气流的马赫数为 1.5,总温为 1 270K,总压为 3 039.75 kPa,计算结果说明扩张段的速度比无反应时大。燃烧发生在装药壁面附近,燃烧效率在 35%～45%,比推力和比冲随着燃料退移而降,都比试验结果低。Bose 等研究了 HTPB 在超声速横流下的燃烧,结果表明在无反应流场中,随着固体边界的推移,主流空气速度降低。在反应流场中扩张段的超声速区域比无反应流场中的增大,燃烧发生在燃料壁面附近。

3)实验研究方面。实验研究方面,美国海军装备研究院的 Witt 等和 Angus 等首次提出了固体燃料超燃冲压发动机在战术武器上的应用想法,并展开了初步的探讨。他们通过添加氢气作为点火炬进行试验,验证了固体燃料超声速燃烧的可行性,并计算了相应的燃烧效率。Angus 以 PMMA 为燃料,使用具有放大镜头和分级标定屏幕的摄像机,对燃料的燃面推移变化规律进行了连续观测,其摄像机确定的燃料瞬时内部轮廓线精度已经达到 0.05 mm。1994 年,以色列理工 Ben - Yakar 等在试验中,首先实现了固体燃料在超声速气流中的自燃和稳定燃烧,并初步给出了燃烧室内固体燃料自燃和维持火焰稳定的限制条件。其采用 PMMA 为固体燃料,试验系统及燃烧室构型如图 7 - 17 所示。通过试验其还建立了 PMMA 的燃面退移速率与空气质量流率的关系,即

$$\dot{r} = 0.011 \dot{m}^{0.8} \tag{7-2}$$

式中: $\dot{r}$ ——为燃面退移速率;

$\dot{m}$ ——为空气质量流量。

Cohen - Zur 等在 Ben - Yakar 工作的基础上,提高了燃烧室进气口的总温、总压和流量,扩展了固体燃料超燃冲压发动机的应用范围。通过测量沿药柱轴线分布的测点压力,对所记录影像进行数学分析,研究流体和燃烧现象,得到了燃速与来流气体状态参数的关系式。与 Jarymowycz 等的研究相比,其增加了来流空气流量这个敏感因子:

$$r = 2.96 \times 10^{-6} m_{air} T_{t,in} P_{t,in}^{0.2} \tag{7-3}$$

式中: r ——燃面退移速率;

m_{air} ——空气质量流量;

$T_{t,in}$ 为入口总温。

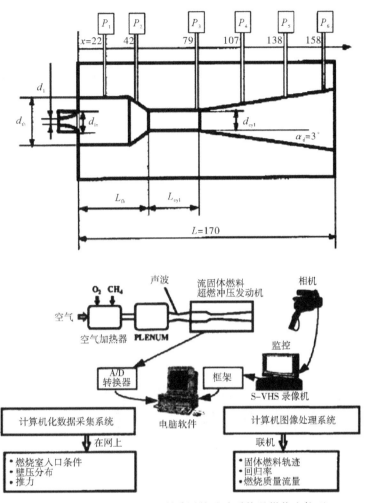

图 7 - 17　Ben - Yakar 所采用的试验系统及燃烧室构型

7.3.3　水冲压发动机技术

海洋在世界各国发展乃至生存方面的地位和作用越来越重要,海洋作为未来战争"主战场"的地位也逐渐凸显。超高速鱼雷具有战略威慑作用,超高速和远航程特点将可能改变未来海战模式。为保持水下作战能力的相对优势和装备技术上的领先地位,当前世界海军强国都在发展新型高速潜艇和鱼雷。

水冲压发动机是超空泡鱼雷的巡航动力推进系统,是其高速航行和维持空泡稳定的必备条件,以雷外海水作为氧化剂,其比冲可望达到固体火箭发动机的 2 倍以上,且具有体积小、重量轻、结构简单、系统启动快、推力可调和安全性能好等优点。正是基于上述优点,水冲压发动机在未来水中兵器领域具有广泛应用前景。

水冲压发动机采用金属基推进剂,推进剂的富燃料一次燃气在补燃室里与从外部引进的水进行二次燃烧反应,产生高温高压气体,通过火箭喷管产生推力,其原理图如图 7 - 18 所示。该发动机充分利用外界的水作为氧化剂,显著提高了比冲性能,其比冲可达到常规固体推进剂的 2 倍以上,动力系统可以与超空泡技术匹配使用。

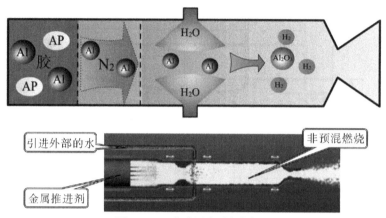

图 7 - 18　水冲压发动机原理图

俄罗斯、美国及欧洲多个国家自 20 世纪中期,开始开展水冲压发动机技术的研究,多个型号研制成功并装备。

(1)俄罗斯"暴风雪"超空泡鱼雷。"暴风雪"超空泡鱼雷(见图 7 - 19)重为 2.7 t,直径为 533 mm,长度为 8.2 m,由俄罗斯生产。它由普通的鱼雷发射管发射,水中航速约为 200 kn,近乎小型飞机的速度,是世界上最快的鱼雷。其有效射程为 6~12 km。它可以在 400 m 的水深处攻击以 50 kn 航速航行的潜艇,可装载核弹头,具有极大的破坏力。

图 7 - 19　采用水冲压发动机的"暴风雪"鱼雷

(2)美国超空泡鱼雷。近几年来,美国海军研究署持续投资美海军水下战中心和宾夕法尼亚州立大学应用研究实验室,用于开展超空泡武器技术的基础研究和应用研究。美海军近期对超高速鱼雷的最迫切需求是将其应用于鱼雷防御系统,以对抗尾流自导鱼雷。据悉,美国的超空泡鱼雷采用了以铝为燃料的"水下冲压喷气发动机"系统。具体指标为:弹径为 500 mm;弹长为 7 000 mm;航速为 200 kn;航程为 30 km。美国粉末燃料涡流燃烧器如图 7 - 20 所示。

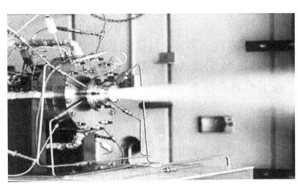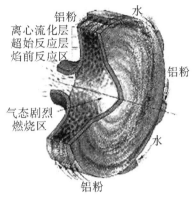

图 7-20　美国粉末燃料涡流燃烧器

（3）德国"梭鱼"反鱼雷鱼雷。美国和德国从 20 世纪 90 年代就开始对超空泡鱼雷进行联合研制，他们将其研究重点定在了轻型超空泡反鱼雷鱼雷上，并在北海试验场进行了成功的试验，这就是"梭鱼"反鱼雷鱼雷（见图 7-21）。据报道，这种反鱼雷鱼雷采用的也是水冲压固体火箭发动机，航速超过俄罗斯"暴风雪"鱼雷的 200 kn，达到更高的 240 kn。在制导方面和"暴风雪"鱼雷不同的是，"梭鱼"鱼雷将小型声纳基阵安装在了空泡发生器外面，让它可以一直接触到水，使鱼雷具备了对来袭目标的自主搜索和定位，这一点对于越来越苛刻的反鱼雷作战非常的关键。同时"梭鱼"鱼雷还安装了活动鳍和控制装置组成的弹道控制系统，这使它在水下的机动性得到提升，可以按照一定的弧度前进，而不是完全的直航攻击。

图 7-21　"梭鱼"反鱼雷鱼雷

（4）伊朗"鲸"超空泡鱼雷。另一个掌握超空泡鱼雷技术的国家为伊朗，伊朗在 2006 年军演中发射了一枚"鲸"超空泡鱼雷（见图 7-22），成功命中目标。

图 7-22　"鲸"超空泡鱼雷

7.3.4　固体粉末冲压发动机技术

粉末燃料冲压发动机是以高能金属（Al、Mg）或硼等粉末为燃料，以冲压空气为氧化剂和工质的一类新型冲压发动机。由于其燃料形态为常温微小固体颗粒，因此相比于传统液体燃料冲压发动机和固体火箭冲压发动机，粉末燃料冲压发动机具备以下优点。

（1）粉末燃料（Al、Mg、B）具有高的能量热值和体积热值，因此以其为燃料的冲压发动机有较高的比冲和密度比冲。

（2）粉末燃料冲压发动机的燃料形式为常温固态粉末，与常规药柱形式的固体推进剂相比，不存在贮存老化问题，因此燃料成本大幅下降；同时，粉末燃料相比固体推进剂具有较高的抗敏感性，从而大大提高了粉末燃料在制造、存储和使用过程中的安全性，即便在高过载环境下也具有很好的安全性。

（3）粉末燃料在流化气作用下以气固两相形式流动，因此具有较强的流率调控性，使粉末燃料冲压发动机具备多次启动和推力调节功能。同时粉末燃料冲压发动机的燃料流量调节属于冷调节方式，且其密度比冲较高，与目前在研的流量可调冲压发动机相比，性能更优，特别适合于工作空域大，要求多弹道飞行等方面任务。

（4）随着导弹飞行马赫数的增加，进入燃烧室的空气温度不断升高，常规冲压发动机所用碳氢燃料高温燃烧产物易发生离解，导致发动机比冲迅速降低，而粉末燃料在高温下则无此问题，即使在高速飞行状态下，能量依然能够得到充分的释放。因此，粉末燃料还是理想的超燃冲压发动机燃料。

（5）粉末燃料输送形式灵活，可与现有固体燃料或液体燃料冲压发动机搭配使用，形成固体/粉末、液体/粉末组合冲压发动机，从而提高单一燃料形式冲压发动机比冲性能。

由此可见，粉末燃料冲压发动机的诸多优点使其具备强劲的发展潜力，但由于其尚处于初步研究阶段，且涉及诸如气固两相输送、颗粒燃料点火和发动机燃烧组织等多方面问题，目前许多技术难题还未得到解决。本文通过对粉末燃料冲压发动机以及相关领域的发展现状进行详细概述，同时对其关键技术进行梳理，为粉末燃料冲压发动机研究者提供一定的参考。

典型的粉末燃料冲压发动机结构如图 7-23 所示，主要由粉末燃料供给装置、进气道、发动机燃烧室、点火器、火焰稳定器及尾喷管等部件组成。粉末燃料贮存在储箱内，在气流夹带作用下进入燃烧室与冲压空气燃烧释放热量，高温燃气由喷管膨胀做功产生推力。

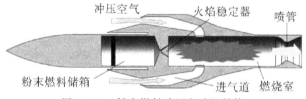

图 7-23　粉末燃料冲压发动机结构

正如上文所述，粉末燃料冲压发动机的研究中涉及气体动力学、燃烧学、多相流和材料学等诸多学科。各学科相互交叉共同构成了粉末燃料冲压发动机研究中的关键技术。而其中粉末燃料供给、粉末燃料燃烧组织和发动机点火等技术为粉末燃料冲压发动机亟待解决的关键技术。

（1）粉末燃料供给技术。粉末供给技术是粉末燃料冲压发动机的核心技术，实现粉末燃料的连续、稳定、可控供给是发动机可靠工作的前提。粉末燃料供给装置的主要设计思想是利用气体将储箱内的粉末燃料流态化，同时在活塞的推动作用下保证粉末燃料的连续供给,最终以气固两相流的形式喷入燃烧室,完成燃料供应过程。要实现粉末供给系统的高效设计,需进一步提高粉末流量的调控精度,并开展过载、振动及声场作用下粉末流化机制和气固输送稳定性研究,同时解决粉末流量调节比低等问题。

(2)粉末燃料燃烧组织技术。粉末燃料在燃烧室中的燃烧过程属于典型的粉尘燃烧过程,粉末燃料冲压发动机直接以固体颗粒作为燃料。通过对粉末燃料喷注器的优化设计使其能在较大的粉末燃料质量流率调节比内均有较好的喷注、离散效果。此外,为使发动机具有优良的自持燃烧性能,可采取一定的火焰稳定措施,如采用一定形式的火焰稳定器,或者借助外部高温火源或流场自补偿形成的点火源实现持续稳定燃烧。

(3)发动机点火技术。粉末燃料冲压发动机点火时,燃料以气固两相流的形式喷入燃烧室,由于喷注速度快、燃料初温低,以及金属、硼颗粒点火温度高,对发动机的点火及火焰稳定都带来了较大困难。目前,研究者分别采用电热丝点火、固体燃气发生器点火和高能火花塞点火等方式对粉末燃料冲压发动机进行了成功的点火实验,但上述点火方式均存在点火可靠性低以及结构复杂等问题,还不能满足粉末燃料冲压发动机点火器小型化、轻质化及可靠性高等要求。因此,寻求高效、可靠的点火方式是发展粉末燃料冲压发动机的关键技术之一。

值得注意的是,固体/粉末或液体/粉末组合冲压发动机由于固体或液体推进剂持续燃烧,为粉末燃料提供了高温热源,故无须额外增设粉末燃料点火器,这也是该类组合冲压发动机的一大特色。

(4)发动机工作过程控制技术。当前粉末燃料冲压发动机工作过程中并未采用控制反馈,当发动机被控物理量(如燃烧室压强)因扰动发生偏差时,系统不能采取任何措施来减小或者抑制这种偏差,导致发动机工作状态无法实现自动调节和精确、稳定控制。因此,对于发动机的工作过程应采用闭环控制,实现粉末燃料质量流率和发动机燃烧室压力的闭环控制,以降低发动机系统对不确定干扰和内部参数变化的敏感度,提高整个发动机系统控制精度,增强发动机工作过程的系统稳定性。

7.4　脉冲爆震发动机技术

7.4.1　脉冲爆轰发动机

脉冲爆震发动机(PDE)是一种利用间歇式或脉冲式爆震波产生的高温高压燃气来产生推力的全新概念的动力装置。PDE 具有循环热效率高、燃料消耗率低、结构简单、质量轻、推重比高、比冲大以及推力可调等优点,成为当今发动机领域一大研究热点。脉冲爆震燃烧是一种非稳态燃烧,燃烧室中的压力、温度、燃烧产物及组分浓度等参数高频变化,快速、准确地获取燃烧室内参数的变化规律对研究脉冲爆震发动机非常重要。

脉冲爆震发动机是一种新概念发动机,工作原理、关键技术与传统的涡轮喷气发动机迥然不同;工作过程具有非稳态性质,不能采用常规分析方法,也不能采用涡喷发动机结构形式。由于其潜在的军事应用背景,国外对其关键技术严格保密,可借鉴的资料很少。图 7－24 为带拉瓦尔喷管的单管 PDE 发动机数值模拟结果,图 7－25 为 PDE 的基本工作循环步骤。第一,爆震燃烧室充满可爆混合物;第二,在燃烧室的开口或闭口端激发爆震波;第三,爆震波在燃烧室内传播,并在开口端排出;第四,燃烧产物通过一个清空过程从燃烧室中排出。

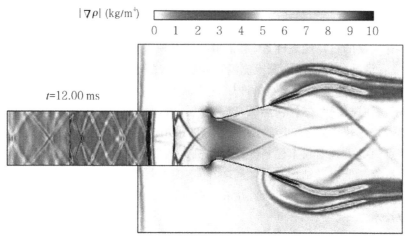

图 7－24　带拉瓦尔喷管的单管 PDE 发动机数值模拟

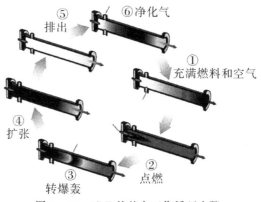

图 7－25　PDE 的基本工作循环步骤

　　脉冲爆震发动机是 21 世纪最有前途的革命性航空航天动力之一。它基于爆震燃烧的新概念,具有结构简单、尺寸小、适用范围广、成本低等优点,推重比可达 20。PDE 既可用作导弹、靶机、诱饵机和无人机的动力,也可用作桨尖喷气旋翼机的动力,未来还有可能用作军民用飞机甚至太空飞行器的推进装置。目前,以美国为首的不少国家都投入大量经费进行研究。

　　目前,美国政府机构、军方、私营公司和大学的 20 多家单位参与了 PDE 的研究。加拿大、法国、以色列、日本、俄罗斯、瑞典也纷纷投入经费和制定计划开展 PDE 的研究。

　　美国海军 1999—2001 财年共投入 1 269 万美元,研究使用一般液体燃料的、能从亚声速到 M5 工作的低成本、结构简单的战术导弹用 PDE 推进系统。1999 年 5 月,海军研究办公室启动一项为期 5 年的 PDE 核心研究计划和多学科大学研究倡议,主要解决 7 个方面的问题:爆震的基础研究;喷射、掺混和起爆的研究;进口-燃烧室-喷管性能;多循环工作;诊断和传感器;动力学和控制;计算模拟和循环分析。参与该计划的有 6 所大学,每年约获得 260 万美元的研究经费。

美国空军从 1998—1999 财年共投入 156 万美元研究用于下一代侦察/攻击飞行器(有人和无人)及吸气式推进器的 PDE 技术,主要研究在涡扇发动机的外涵采用脉冲爆震燃烧,以去掉发动机的加力燃烧室。目前的试验是研究不同喷管扩张角和不同喷管出口与喉道面积比对发动机性能的影响,今后还将进行钟形喷管和特种造型喷管的试验。

美国国防部预研局(DARPA)的 PDE 研究目标是用于尺寸非常小的武器和军用平台,如小型飞行器和无人战斗机的质量轻、成本低、寿命短的小型 PDE 推进系统。所发展的 PDE 系统以 JP-8 为燃料,直径为 $1.27 \sim 15.24$ cm,推力为 $0.000\,088 \sim 0.089$ kN。目前正在进行燃烧机理、飞行动力学、热力及机械应力环境、材料和制造技术方面的研究。

2002 年 6 月,GE 公司已经在运行一台 PDE,并产生了推力,于 2005—2006 年运行了全尺寸的验证机。GE 公司同时也在研究在涡扇发动机中用 PDE 取代核心机和在军用加力涡扇发动机上采用基于 PDE 的加力燃烧室,后者被认为是 PDE 的最早用途之一,预计可节省 $30\% \sim 50\%$ 的燃油。

目前,NASA 的 PDRE 也取得了很大进展,由 Adroit、NASA、空军参与的这一计划的目的是发展可用于入轨飞行器、星际飞行器和登月飞行器用低成本、轻重量的推进系统。一个小尺寸的 PDRE 已设计完成,从 2000 年 4 月开始进行部件试验。目前已完成了概念验证试验,高频反复爆震获得成功,同时达到了真空起动能力,已于 2005 年研制出试验用发动机,2009 年研制出全尺寸可飞行的发动机。

俄罗斯在 PDE 基础研究领域进行了大量研究,1998 年 9 月,在俄罗斯举办了爆震试验与计算国际讨论会,就起爆、爆震波结构和传播、爆震现象应用以及先进燃料的爆震性等问题进行了讨论,会上俄专家发表了大量文章。

2000 年,法国和加拿大也分别开始了用于低成本的导弹、无人机或无人战斗机的液体燃料 PDE 的研究。法国计划用几年时间开始全尺寸的 PDE 试验,预计研制这种 PDE 的费用不超过 800 万~1 000 万欧元。

7.4.2　斜爆轰发动机

按照 Adelman 的定义,斜爆轰波就是燃烧压力场影响波的自身,即斜爆轰为燃烧与斜激波的耦合。考虑一个楔角为 θ_w 的理想平面超声速流场。类似于斜激波在拐角处形成一道角度为 β_w 的斜爆轰波。斜爆轰波起爆区结构对来流马赫数依赖关系的数值模拟结果见图 7-26~图 7-28。研究发现,来流马赫数低于临界值时,起爆区的流场结构和长度发生突变,并伴随有二次斜爆轰波/斜激波的产生。通过开展稳定性参数的分析以及化学放热反应速率的影响研究,确认了斜爆轰波流场结构的突变主要是爆轰波面变化引起的。更低的来流马赫数条件下,还首次观察到波面位置的无衰减振荡,揭示了斜激波和燃烧耦合系统的内在不稳定性。

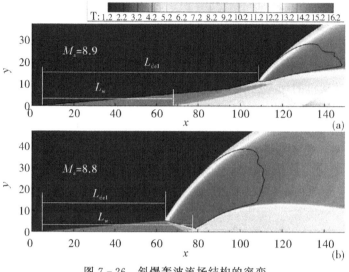

图 7-26 斜爆轰波流场结构的突变

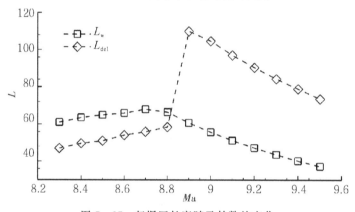

图 7-27 起爆区长度随马赫数的变化

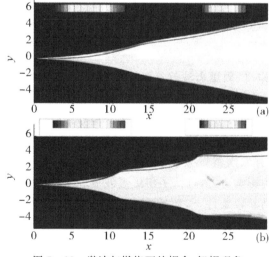

图 7-28 激波与燃烧面的耦合-解耦现象

斜爆轰波发动机是将激波驻定在燃烧室的进气口,可燃的超声速来流跨越该波后迅速燃烧,其产物经膨胀管加速后达到预定的出口速度从而产生推力,可以看出,斜爆轰波发动机实质上是超燃发动机的一种极限情况:由于斜爆轰波的反应区极短,因此无须很长的燃烧室,可以大大减小发动机自身的质量以及由壁面引起的各种波系损火。如果驻定斜爆轰波稳定,则无须采用火焰助稳系统。与超燃发动机相比,在飞行速度较高的情况下,斜爆轰波发动机的推进效率优于超燃发动机,且体积小、结构简单,具有极大的潜在应用前景。

7.4.3　连续旋转爆轰发动机

连续旋转爆轰发动机(CRDE)是一种基于爆轰燃烧方式的新概念发动机,具有一次起爆、燃烧速度快、热效率高、结构紧凑等优点,有望带来航空航天推进技术的跨越式发展,近年来受到世界各主要国家的高度关注。

连续旋转爆轰发动机的燃烧室通常为同轴圆环腔结构,如图 7-29 所示。在进气壁中,燃料和氧化剂通过细缝或圆孔喷入。试验中,多采用预爆轰管起爆爆轰波;一个或多个爆轰波在燃烧室头部沿圆周方向旋转传播;燃烧后的高温高压产物经膨胀几乎沿圆轴方向迅速喷出,产生推力。此外,在爆轰波斜后方伴随有斜激波和接触间断。在爆轰波传播过程中,可燃混合物从头部连续不断地充入燃烧室,在爆轰波面前形成三角形的未燃推进剂供爆轰波燃烧。相比于之前的爆轰发动机,连续旋转爆轰发动机的优势主要体现在以下几个方面:首先,它只需要初始起爆一次,爆轰波便可持续地旋转传播下去,其次,由于爆轰波的自维持和自压缩性,可燃混合物可由爆轰波增压到一定压强,可以在较低的增压比下产生更大的有效功。此外,爆轰波传播方向与进气、排气方向独立,爆轰波被封闭在燃烧室内不喷出,主要用来进行可燃混合物燃烧产生高效工质,避免了爆轰波喷出管外而造成的巨大能量损失。CRDE 在亚声速至超声速入流速度下都可以实现稳定工作,入射燃料的平均流量大幅可调。

美国惠普洛克达因公司自从 2010 年开始,开展了超过 520 次 CRDE 热态实验,尝试了多种气态和液态燃料与不同氧化剂的组合,燃料包括 H_2、CH_4、C_2H_6、JP-8、JP-10,氧化剂包括氧气、空气和富氧空气等;利用 CRDE 替代传统燃气轮机提供同等热量输出可以减少 14% 的燃料消耗。

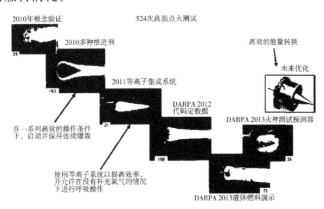

图 7-29　美国惠普洛克达因公司的 CRDE 研究进展

日本名古屋大学 Kato 等人对 C_2H_4/O_2 连续旋转爆轰发动机进行推力测试(见图 7-30),在总质量流量变化范围为 $104\sim209$ g/s,当量比为 $1.07\sim1.84$ 时,获得的推力范围为 $307\sim614$ N,相应的比冲为 $248\sim353$ s。随后他们研究了不同尾喷管对发动机性能的影响,收缩扩张喷管能够有效增加发动机推力性能。Ishihara 等人在内径为 63 mm,宽度为 3 mm,带有尾部中心锥的乙烯/氧气 CRDE 上进行了推力测试,结合高速摄影从燃烧室尾部观测爆轰波传播过程,获得了 $101\sim308$ N 的推力,对应比冲为 $101\sim139$ s,发现尾部安装中心锥后,发动机推力性能提升了 $6\%\sim10\%$。为了解决 CRDE 的高热量问题,他们采用 C/C 复合耐热材料,开展 $6\sim10$ s 的长时间实验,分析了不同工况下,热流量和温度的变化特性,获得最大推力和比冲分别为 301 N 和 144 s。

图 7-30　推力测试系统图

第8章　固体火箭发动机试验技术

8.1　概　　述

进入 21 世纪以来，美国、欧洲着力在航天、反导和战术领域研发了多个固体火箭发动机新型号，促使固体航天运载和反导防空成为固体火箭发动机应用领域的两大发展亮点，同时美国还通过开展推进系统应用计划大力推动下一代战略导弹技术预研。随着超大型航天固体发动机和新型固体战术导弹的研制，固体火箭发动机试验技术也在不断地改进、发展，试验标准也在不断完善。

8.2　国外固体火箭发动机整机试验技术的发展近况

美国是世界上拥有最多和最庞大的火箭发动机试验机构和试验装置的国家。目前，美国拥有 19 个用于大型固体火箭发动机试验的机构（见表 8 - 1），共包括 111 个试验台。

表 8 - 1　美国固体火箭发动机试验机构地区一览表

机　　构	位　　置
阿诺德工程发展中心	阿诺德空军基地
航空喷气公司（Aerojet）	卡姆登
航空喷气公司	盖恩斯维尔
航空喷气公司	奥兰治
航空喷气公司	萨克拉门托
空军实验室	爱德华空军基地
陆军推进实验室（AMRDEC - WDI）	红石兵工厂
ATK 公司（阿勒格尼弹道实验室）	火箭中心，西弗吉尼亚
ATK 公司（前 Thiokol）	克利尔菲
莫哈韦试验区	雷斯特
NASA 马歇尔飞行中心	亨茨维尔
NASA 坦尼斯航天中心	斯坦尼斯航天中心
NASA 白沙试验厂	拉斯克鲁塞斯
海军空战中心（NAWC - WPNS）	中国湖

续表

机　　构	位　　置
海军水面战中心	印第安霍德
普拉特和惠特尼空间公司(化学空间分部)	圣何塞
普林斯顿燃烧研究实验室	普林斯顿
红石试验中心	红石兵工厂
白沙导弹试验靶场	拉斯克鲁塞斯

2000～2010年,美国低、中、高推力(44.48～444.8 kN、444.8～4 448.2 kN和大于4 448.2 kN)三个范围内的固体火箭发动机环境试验台总数呈下降趋势,尤其是低推力范围的试验台数量下降最多。目前,美国仅剩9个固体火箭发动机高推力试验台,其中7个属国防部,2个为企业所有。美国低推力和高推力高空模拟试验台数量也呈减少趋势,分别降至6个和1个;中推力高空模拟试验台数量保持不变,仍为2个。

美国空军阿诺德工程发展中心(AEDC)是世界上最先进、最大的飞行模拟试验装置联合体,在高性能/高面积比喷管发动机试验、高空点火和多次点火、级间分离、旋转试验领域拥有独特的试验能力。AEDC用于固体火箭发动机试验的试验台目前只有J-6试车台。随着最近一次"民兵3"导弹发动机在AEDC的J-6试车台完成试验,已经有2 500台固体火箭发动机在AEDC进行了试验(截至2015年8月)。

目前,国外固体火箭发动机的试验台、试验舱达到了集成化和系统化,试验能力和试验种类已非常完善。其主要特点是集测试技术、试验工艺、试验过程实施、数据分析和处理及试验故障分析于一身,且根据发动机的类型和考核内容分成不同种类的硬件设施及相应的软件系统,形成一套科学的、规范化的、综合的试验管理模式。

(1)试车台系统柔性化,一台多用;伴随着大推力发动机的研制,试验领域不断拓展,试验能力持续提高;重视试验设备的研制,如蒸汽系统对美国J-6试车台的正常运行具有重要作用。

(2)测量系统会进一步发展,以满足各种不同的测试要求,进一步提高测试精度;数据采集系统的能力不断扩大,可最大限度获取信息,减少试车次数,降低研制成本。

(3)测量方法会有新的突破,随着各种新型的测量设备的研制,测量方法将会有新的突破,如国外已经开展了大量微型超声波传感器、嵌入式传感器及多种新型传感器研究。不断应用新产品、新技术提升试验能力,高速工作站、网络技术、光缆通信、集散控制。

(4)重视高空环境模拟试验,试验能力不断增强。随着发动机性能提高,不仅模拟高度要提高,同时还要模拟温度环境、宇宙射线环境及微重力环境,甚至还要模拟宇宙的冷、黑等环境。

(5)计算机辅助及仿真技术的应用。随着大型计算机技术的发展,模拟能力也愈来愈强,可以用仿真来代替一部分试验,节省试验经费。

(6)不断完善试车台环境,增强安全防护措施,发动机试车健康诊断系统研究进一步深入。

8.3　卧式/立式航天超大型发动机点火试验

在阿里安 3 火箭之前,欧洲的固体助推器一直采用卧式静态点火试验轨道,ATK 公司普罗蒙特利拥有两处固体火箭发动机试车工位,分别为 T–24 和 T–97。其中,仅 T–97 能支持五段式固体助推器的静态试车(见图 8–1)。T–97 试验设施于 1987 年 10 月 17 日建设完工,2002 年为适应 NASA 重型火箭五段式固体助推器试车要求接受改造,成为世界上最大、最先进的固体火箭发动机试验设施,设计可试验推力 1 814 t 的大型固体火箭发动机。该试验台曾为美国航天飞机试验固体助推器进行热点火试车。为研制 SLS 重型运载火箭,该试验设施自 2009 年 9 月起用于五段式固体助推器点火试车。

图 8–1　T97 试验设施

由于对捆绑式助推器与运载火箭主体的连接界面的测试需求越来越明显,研究人员需要确保这两部分结构兼容,所以建立了立式试车台,如图 8–2 所示。立式试车台可以很好地模拟重力对发动机工作的影响,较真实地模拟发动机工作时的热环境、压力环境、金属粒子对流场,甚至其对发动机结构的影响,获得的试验数据更真实可靠。在对美国固体火箭发动机地面试验台进行研究时,发现有近 50% 的试车台(尤其是大型试车台)为正立式结构。资料显示,国外大力神(Titan)火箭助推器、阿里安 5 火箭助推器、"织女星"火箭三级发动机都进行过立式静态点火试验。

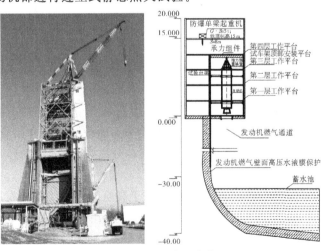

图 8–2　立式试车台

美国大力神Ⅳ SRMU 发动机改进计划的主导思想是"像飞行一样进行试验"。点火时，SRMU 发动机的推力与尾部载荷测量系统发生相互作用，尾部推力吊架偏转使整个结构离开了地面界面。SRMU 发动机实际上在试验台内进行了静态飞行。欧空局固体助推器立式试验台从 1993 年起就成功进行过阿里安 5 火箭固体助推器的试验。该试验台包括一个 50 m 高的试验塔，塔下面有一条长为 200 m、宽为 35 m、深为 60 m 的深坑，用于排放燃气。试验台配备了安全系统，以防止助推器脱离试验台并离开地面。由于阿里安 5 火箭助推器直径为 3 m，长为 31.2 m，而"织女星"火箭 P80 发动机长仅有11.7 m，因此，试验台也进行了一些改进，以便可以进行 P80 发动机的静态点火试验。2006 年 11月 30 日，"织女星"火箭 P80 发动机在试验台成功进行了首次立式静态点火试验，产生的平均推力为 190 t，持续 100 s 以上，试验中产生的最大推力为 250 t，持续了 7 s。点火试验中，记录了 600 多个参数，检验了 P80 发动机的多项新技术。

8.4　发动机高空模拟试验技术

高空模拟试验是在地面上进行的、使发动机在人为形成的高空低气压环境中点火工作并进行参数测量的试验方法。在高空条件下工作的发动机需要进行模拟高度（低环境压力）条件下的试验，如图 8-3 所示，主要是出于以下五点因素考虑：

（1）火箭发动机为提升性能通常会采用具有高膨胀比的喷管。当这些喷管在显著高于其设计的环境压力条件下工作时，喷管内部的流动会从喷管壁分离，进而导致推力下降。分离的流动也会导致以下现象发生：由分离点处存在的冲击波导致喷管燃烧；由非对称的压强分布导致喷管损伤；由分离点不规律地绕喷管移动导致过度振动。

（2）固体推进剂的点火特征会显著发生变化。在海平面环境压力条件下能够可靠点火的固体火箭发动机在真空环境下可能不能获得足够的压强来进行推进剂点火。

（3）环境压力条件下发动机点火可能会掩盖点火时引发的燃烧不稳定现象。美国白沙试验场（White Sands Test Facility，WSTF）进行的一个发动机试验表明，燃烧不稳定现象存在于环境压力点火 10% 的脉冲过程中和真空点火 80% 的脉冲过程中。燃烧不稳定会导致显著的部件损伤。

（4）在环境压力条件下容易存在的对流热传递在太空环境中几乎不存在。那些成功通过环境地面试验的发动机和环境设备在太空工作环境中可能会由于缺乏对流冷却而变得过热。

（5）采用摆动方式的推力矢量控制受试验高度影响。由于喷管在环境压力条件下被截短以便发动机点火，因此不能使作动器和柔性接头加载到全尺寸喷管条件下的水平。相反，全尺寸喷管内部存在由环境压力引起的流动分离，能够向摆动作动器和柔性接头传递显著的（有时是破坏性的）载荷。

由以上 5 点因素可以看出，高空模拟试验对于高空条件下工作的发动机性能评估来说非常重要。高空模拟试验的主要目标是观察高面积比喷管性能、系统推力和脉冲、发动机的热传递特性、推力矢量控制性能、点火启动瞬态、羽焰特性。高空模拟试验的好处包括：飞行器无任何风险、成本低、可采用更多的仪表、可进行密切观察、壳体/发动机喷管可回收、真实的点火、精确的脉冲、更准确的耐久度。

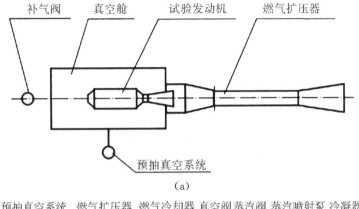

（a）

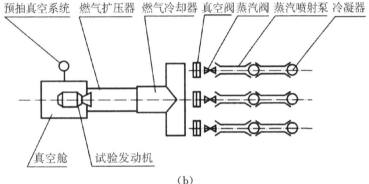

（b）

图 8-3　高空模拟试验技术原理图

（a）被动引射试验台；（b）主动引射试验台

美国 AEDC 的 J-6 水平试车台于 1994 开始投入运行，已经稳定运行了 20 年，是目前世界上最大的固体火箭发动机试车台，同时也是美国唯——个针对大型固体火箭发动机进行高空试验的试车台。J-6 试车台的技术水平代表了目前固体火箭发动机试验与测量技术的最高水平。

J-6 试车台直径为 7.92m，长为 18.9m，模拟高度为 30.5 km，能够测试 1.3 级或 1.1级大型固体火箭发动机，质量可高达 45 359.2 kg。数字数据采集系统的采样速率达到500 000 子样/s，温度调节系统能使试验舱内空气温度从发动机安装到点火前抽到高空条件并一直保持在规定范围－9.4～43.3℃（±2.8℃）。该试车台采用了多项顶尖技术，包括宽频带红外与紫外成像、辐射/吸收探测、激光诱导荧光检测、羽焰分析、实时 X 射线照相、声学测量、高速摄像等技术。

J-6 试车台支持长时间的高面积比喷管的高空试验，包括：具有动态载荷的延伸喷管展开操作、热点火试验、级分离试验、热传递、试后热反浸试验、振动和动力学试验与失效分析。J-6 试车台的独特能力包括：采用了蒸汽系统的排气设备，具有模拟高度和软停车功能，防止对试验发动机的反吹；推力测量范围高达 2 225 kN，不确定性为 0.25％；旋转发动机的速度可达 90 r/ min。J-6 试车台在民兵（Minuteman）、和平卫士（Peace-keeper）导弹的发动机研制过程中发挥了重要作用，同时还支持了奥巴斯（ORBUS）、卡斯托 30（Castor 30）以及星 37（STAR37）等多个型号发动机的鉴定试验。

除了 AEDC 的 J - 6 试车台外,美国白沙试验场(WSTF)还拥有 5 个大型高空模拟试车台,3 个高空模拟系统,推力 111.25 kN 内的发动机都可以在 WSTF 进行试验。

8.5 寿命评估贮存环境试验

固体火箭发动机寿命评估是一项具有持续时间长、研究难度大、经费投入高、综合效益显著等特点的重大、长效工程。固体火箭发动机寿命评估需要长时间跟踪监测固体火箭发动机性能变化情况,研究需持续十几年乃至数十年,其各部件失效的主要模式见表 8 - 2。固体火箭发动机结构复杂,贮存环境多样,其寿命评估研究涉及基础学科多、领域广、技术难度大。固体火箭发动机状态跟踪监测、试验分析技术依赖于国家工业基础发展状况,尽管需要投入经费量大,但美、俄等军事大国都投入大量人力、物力开展固体火箭发动机寿命评估工作。其主要原因是通过寿命评估研究,不仅可延长固体火箭发动机的贮存使用寿命,节省新投入的巨大经费,更能为新型导弹的长寿命设计奠定基础,推动国家导弹整体水平跃升,综合效益显著。

表 8 - 2 发动机各部件主要失效模式

部组件	失效模式	失效机理	失效影响
燃烧室	壳体与绝热层脱黏	黏结剂老化,黏结强度下降	壳体过热失强,发动机壳体烧穿
	绝热层与衬层脱黏	黏结剂老化,黏结强度下降	燃烧面积增加,燃烧压强加大,发动机内弹道异常及高压
	衬层与绝热层脱黏密封失效		
	药柱裂纹	推进剂力学性能下降	内弹道异常,压强增高,发动机爆破失效。
	药柱变形	推进剂力学性能下降	内弹道异常,压强增高,发动机爆破失效。
喷管	扩散段脱黏	结构变形,黏结剂黏结强度下降	喷管烧穿
	密封失效	密封圈永久变形,回弹性能下降	喷管穿火,发动机失效
点火发动机	药柱裂纹	推进剂老化、力学性能下降	点火发动机压强过高,导致发动机失效
	点火壳体与药柱脱黏	黏结强度下降	点火发动机压强过高,导致发动机失效

国外固体火箭发动机寿命评估研究方法主要有以俄罗斯(含苏联)为代表的分层次递进研究方法和以美国为代表的性能监控分析方法。

从国外导弹超期服役情况来看,战术导弹可以达到服役 20 年以上的水平,战略导弹可以达到服役 30 年以上的水平。一般来说,超期服役的主要手段是对导弹进行贮存延寿,给出导弹的贮存期,利用平时维修和专项整修来延长导弹的服役期限。美国、俄罗斯等国在导弹的研制、使用过程中普遍开展了贮存延寿研究。

8.5.1　俄罗斯方面

俄罗斯的固体火箭发动机寿命评估研究是在摸清固体火箭发动机原材料性能参数基础上,利用热加速老化对部组件层次、发动机整机层次开展寿命评估,在每一个层次上都进行了大量的研究。在原材料层次,俄罗斯对所有固体火箭发动机使用的材料都要求进行大量的物性参数测试,其固体火箭发动机材料在各种环境条件下力学性能试验项目完备。对于部组件的加速老化,俄罗斯主要使用热加速老化的试验方法。对所有的应用到非金属材料的部组件,都要求测试材料的活化能,针对活化能数据确定加速寿命与实际寿命之间的函数关系,然后给定部组件的寿命。用加速老化试验方法可找出设计中寿命最短的结构,而且快速海选出寿命最优的设计结构。

俄罗斯最有特色的寿命评估方法是整机加速老化试验,整机加速老化试验的类型多种多样,包括热加速老化、气候加速老化、应力加速老化等多种试验类型。俄罗斯已经把加速老化试验作为常规试验的一部分,在发动机设计定型前要求必须完成整机加速老化试验,从而确保在定型前就能大致判断出发动机的使用寿命。典型的做法是定型前取一批发动机,进行加速老化试验;然后其中 1 台发动机试车,1 台发动机分解,剩余的发动机进行温度循环试验;试验完成后其中 1 台发动机试车,1 台发动机分解,最后剩下的发动机都进行振动、冲击等力学试验;再通过试车来验证其工作能力。

俄罗斯在进行试验设计时非常注重从实际出发,无论热加速老化试验、气候加速老化试验还是应力加速老化试验,都需要先了解发动机实际的贮存历程,然后有针对性地进行试验。加速老化试验存在两种策略,其一是所有部组件都按照同样的寿命期进行加速,其二是针对寿命最短的部位进行加速,其他部位可过老化或欠老化。在研制期间一般采用第一种策略,而在定型阶段一般可采用第二种策略。

8.5.2　美国方面

美国导弹贮存试验以自然贮存试验为主,加速贮存试验为辅,在研制、生产部署初期就制定了贮存试验计划。为保证发动机工作的可靠性,美国一直以来都十分重视对发动机的老化进行监测,拥有完整的老化检测和评估计划。评估发动机制造可靠性以及实施老化检测的基本方法是破坏试验,虽十分有效,但成本很高。发动机老化监测试验每年需要消耗四台发动机(三台静态点火试验,加上一台解剖发动机,分别取自于一级、二级、三级发动机)。数十年来,通过对上百发"民兵 3"导弹固体火箭发动机进行试验,已经建立了老化可靠性数据库,结合固体火箭发动机环境监测以及建模模拟,目前的洲际弹道导弹可靠性是有保障的。如果未来洲际弹道导弹使用更新更先进的固体推进剂混合物,就要求重新建立老化可靠性数据库。近年来,在固体火箭发动机建模和模拟方面取得的进展,将可能减少所需破坏试验的次数,但仍需花费一定的成本。

8.6　钝感弹药性能试验

钝感弹药的好处在于对于加热、撞击、弹药攻击等剧烈的外界激励表现出良好的稳定性,可以大大提高作战人员、武器装备的生存能力,大幅降低对存储、运输、维护的需求,减轻后勤保障的压力。

国外从 20 世纪 90 年代起就已经开始战术导弹钝感弹药技术的研究。响尾蛇和改进型海麻雀导弹发动机钝感试验表明,在战术发动机上应用复合材料壳体和钝感固体推进剂可有效地降低发动机的敏感度,能够完全达到钝感弹药测试的技术要求。目前,美、英、法、德、澳、加等国均要求新装备的弹药必须使用钝感弹药,如爱国者-3 和标准-3 导弹等战术导弹都需要经过钝感弹药试验的考核。针对各种威胁、危险因素,国外建立了一系列标准和模拟试验来进行弹药钝感性的等级评定。目前,世界上主要有 3 个弹药安全性试验标准,分别是美国的《非核弹药危险评估试验标准》(MIL—STD—2105C)、法国的《弹药需求测试试验标准》(DGA/IPE),以及北约《钝感弹药评估和试验标准》(STANAG4439)。

美国的《非核弹药危险评估试验标准》(MIL—STD—2105C)中规定,在弹药危险评估过程中,要进行基本安全试验、钝感弹药试验及一些附加试验。基本安全试验包括 28 天温度-湿度试验、振动试验、4 天温度-湿度试验和 12 m 坠落试验。钝感弹药试验主要包括快速烤燃、慢速烤燃、子弹冲击、破片撞击、殉爆、聚能射流冲击和聚能射流热碎片冲击试验。这些标准要求弹药在生产、贮存、运输及战争时期的弹药系统受到热刺激(快速烤燃试验和慢速烤燃试验)、机械刺激(子弹撞击、破片撞击、热破片撞击和聚能射流撞击试验)及综合威胁(殉爆试验)时,不发生爆轰,只发生燃烧,从而避免造成重大损失。

《非核弹药危险评估试验标准》(MIL—STD—2105A)建议最小规模的钝感弹药试验计划应至少包括 20 枚试验弹药,其中 3 枚用于基本安全试验、2 枚用于快速烤燃试验、2 枚用于慢速烤燃试验、2 枚用于子弹冲击试验、2 枚用于破片撞击试验、5 枚用于一次或多次殉爆试验、2 枚用于聚能射流冲击试验、2 枚用于聚能射流热碎片冲击试验。

2011 年,美国国防部颁布《美国非核弹药危险性评估试验标准》(MIL—STD—2105D),该版本中基本安全性试验与之前版本一致,不敏感性试验中删去了热破片撞击试验。

依据最新颁布的 MIL—STD—2105D,美国共建立了包括快速烤燃、慢速烤燃、子弹撞击、破片撞击、殉爆、射流撞击 6 项安全性试验装置及试验测试方法,且分别对其进行了试验验证,试验装置如图 8-4 所示。其中,快速烤燃要求火焰平均温度不低于 800℃,慢速烤燃温度升温速率为 3.3 ℃/h,子弹撞击采用 12.7 mm 穿甲弹以(850±20) m/s 速度撞击,破片撞击采用 18.6 g 破片以(1 830±60) m/s 速度撞击,特殊情况下以(2 530±90) m/s 速度撞击,殉爆要求主发弹药一发,被发弹药至少两发,其余采用模拟弹药进行替代试验,射流撞击采用标准聚能装药口径为 81 mm。

为便于分析弹药在各种危险刺激源作用后的反应变化,美国对弹药安全性反应等级进行了划分,主要分为 6 个等级,并从弹药自身变化及对外界响应两方面进行了综合分析,形成了反应等级判定依据。

(1)Ⅰ级反应:爆轰(Detonation),最剧烈的弹药反应,含能材料以超声速分解消耗;

(2)Ⅱ级反应:部分爆轰(Partial detonation),仅次于Ⅰ类反应的最剧烈的弹药反应,含能材料以超声速分解消耗;

（3）Ⅲ级反应：爆炸（Explosion），次于Ⅱ类反应的弹药反应，含能材料有大量的破碎；

（4）Ⅳ级反应：爆燃（Deflagration），部分或全部的含能材料燃烧，导致金属壳体破裂，形成大块碎片；

（5）Ⅴ级反应：燃烧（Burning），含能材料燃烧，不产生推力；

（6）Ⅵ级反应：无反应（No reaction），在除去外部刺激后，弹药无任何反应。

依据弹药反应等级判定结果，同时结合《法国不敏感弹药评价标准》，对弹药在不同危险刺激条件下可接受反应类型进行了界定，见表 8-3。

表 8-3　弹药安全性评估

反应条件	评 估		
	一星	二星	三星
快速烤燃	Ⅳ	Ⅴ	Ⅴ
慢速烤燃	Ⅲ	Ⅴ	Ⅴ
子弹撞击	Ⅲ	Ⅲ	Ⅴ
破片撞击	Ⅰ	Ⅲ	Ⅴ
殉爆	Ⅲ	Ⅲ	Ⅳ
射流撞击	Ⅰ	Ⅰ	Ⅲ

从表 8-3 可看出，弹药安全性达到三星标准，除殉爆、射流撞击外，其余安全性试验反应等级均应处于燃烧以下。

快速烤燃　　　　　　子弹撞击　　　　　　射流撞击

慢速烤燃　　　　　碎片撞击　　　　　　殉爆

图 8-4　常见的不敏感试验

8.7　相关试验技术进展

8.7.1　试验信息综合系统

随着通信技术的高速发展，发动机试验数据和信息的存取与传递也随之发生变化。美国在 AEDC 建立了综合试验信息系统（Integrated Test Information System，ITIS）。

ITIS 是向远程用户传递数据和信息的新一代系统,目标是提供 AEDC 的内、外用户所需的试验信息无缝存取,通过应用远程用户的网络接口,能够近于实时地存取试验数据、元数据和信息。

ITIS 采用了最先进的通信系统、自动数据传递、元数据搜集和管理、数据/信息融合等关键技术,以此为中心,向地理位置不同的发动机用户、发动机制造公司、发动机各子系统、部件研制单位提供必要的信息,提高试验数据和信息的传递速率、利用率,加速发动机研制过程。元数据搜集和管理改进了试验过程,使产品开发周期和费用减少高达 20%。

8.7.2　试验仿真技术

固体火箭发动机工作过程的数字仿真研究是 20 世纪 80 年代以来固体火箭领域里最活跃的研究方向之一,对发动机的理论研究、设计、试验研究都起着有效的辅助作用和指导作用。

对于发动机试验研究这一领域来说,随着仿真技术的不断发展和完善、功能的增强、预测精度的提高,利用仿真技术能够起到模拟发动机工作过程、减少实验次数、提高实验成功率的作用,从而缩短研制周期,降低研制成本。同时,随着计算机仿真研究的不断深入,能够使极为复杂的大型固体火箭发动机工作过程及其内弹道性能得到准确的预示。三维内流场与性能仿真是整个发动机仿真研究的核心和难点。

美国国家航空航天局(NASA)对下一代重型运载火箭——太空发射系统(SLS)也开展了大量计算机仿真研究。到目前为止,SLS 所采用的五段式可重复使用固体火箭发动机(Reusable Solid Rocket Motor,RSRM)的静态点火试验结果显示,助推器和推力试验台动力学之间的相互作用有可能使试验数据受到影响,尤其是发动机点火期间关键的推力上升速率。研究人员利用 NASA 的超级计算资源开展了时间精确的三维计算流体动力学(Computational Fluid Dynomics,CFD)仿真,试图模拟 RSRM 点火瞬态的第一个半秒。RSRM 点火瞬态的 CFD 仿真是采用 Loci/CHEM 程序进行的,包括了瞬态压强-时间边界条件(施加于发动机点火器上)。该仿真中加入了一个改进的 Loci/CHEM 点火模块,通过一个一维热方程确定了每个推进剂表面单元何时应当点火。当点燃后,利用基于推进剂配方和局部压强的经验边界条件,模拟的推进剂进行"燃烧"。燃烧产物被模拟为同质的、单种类气体。CFD 头端压强结果和推力计算与静态试验数据非常吻合。模拟的可视化有助于研究人员确定影响发动机压强上升速率的流动机理,并将其从推力试验台动力学特性对测量的推力的影响中分离出来。研究人员将 100 多个数值探头放置在喷管入口的轴平面上,按照固定的时间间隔捕获气体的流体特性。利用这些数据生成的 3D CFD 分布图可以作为 SLS 发射诱导环境各种辅助仿真的输入边界条件,从而为其研究发射诱导环境与点火瞬态相互作用提供具有高保真度的输入数据。

8.7.3　用于全尺寸发动机试验的超声波传感器技术

近年来,国外出现了将超声传感器直接安装在发动机外壳的超声波测量技术,用来研究各种试验发动机以及装药量达几吨的全尺寸发动机的推进剂燃速特性和绝热层热烧蚀行为。

法国国营火炸药集团公司自 20 世纪 90 年代开始对大型战略导弹固体发动机推进剂的退移速率和内绝热层性能进行监测研究,采用微型超声波传感器技术,1998 年首次对全尺寸固体发动机进行了推进剂测量,测量了当地燃烧速率特征和前沿火焰位置,后又开发了高性能超声波传感器,可靠测量深度达 60 cm,其目的是对性能预测模型进行研究。

20 多年来,美国和法国将超声传感器测量技术应用于其大型固体火箭发动机的地面点火试验中,不仅测量到了推进剂的实时燃速,还测量了绝热层的降解过程,有助于研究人员更好地了解绝热层材料的性能和发动机壁上的热载荷。由法国宇航材料研究局开发出来的非干涉型超声波测量设备是基于超声波在发动机结构和内绝热层(ITI)中的传播,目前已经成功地用于静态点火试验中以及全尺寸地面点火试验中。

2001 年 11 月,法国国家空间研究中心(Centre National d'Etudes Spatiales,CNES)在阿里安 5 火箭 MPSP230 助推发动机的地面点火试验中成功采用了超声波传感器。MPSP230 发动机为钢壳体,长为 25 m,外径约为 3 m,装有 238 t 的 AP/HTPB 推进剂。发动机上共装有 19 个超声传感器,分布在发动机两个不同的分段沿发动机圆周方向的几个平面上,旨在研究推进剂药柱燃速的不同特性。发动机总燃烧时间约为 130 s,通过传感器仅观测到了最后 15 cm 推进剂的火焰前沿的退移数据,也就是发动机点火实验最后 30 s 的数据。这次试验得到了不同时间端焰的位置,并确定了全尺寸发动机推进剂的当地燃速。在测量的区域内当压强为 4.5 MPa 时,浇注点平面和融合线平面的燃速差别大约为 6%。

2004 年,法国发动机与火箭完善和试验中心在阿里安 5 火箭 P230 发动机的点火实验中首次使用了一种名为大深度传感器的新型超声传感器,可以跟踪并记录更深推进剂的端焰退移数据,使研究人员更好地了解局部燃速的变化及其与浇注工艺的关系。通过这种新型超声传感器可以观测到 70 cm 推进剂的火焰退移数据,也就是点火实验 85 s 期间推进剂的燃烧,并确定了推进剂燃速的变化。试验结果表明,利用新型的超声传感器所测得的推进剂深度远大于传统的超声传感器,研究人员了解到了点火试验 85 s 期间推进剂燃速的变化情况,也就是大约 700 mm 推进剂的端焰退移情况。

8.8　固体火箭发动机试验技术未来发展

8.8.1　地面静止试验技术展望

固体火箭发动机试验与测量技术是根据火箭发动机技术发展的需要,随着科学技术水平的提高而发展起来的。由于现代科学技术的发展,发动机技术的快速发展,新型的高强度、低密度材料、新型试验装备及测试仪器的应用新的设计理念的突破,计算机辅助设计的应用等等,对发动机的试验技术提出了更高的要求。试验技术将会呈现以下发展趋势:

(1)随着发动机技术的不断向"高能化""实战化""组合化"方向发展,试验技术向着集成化、系统化方向发展,要求具备多工况、复合环境方面的试验能力,以满足各种不同的测试项目和测试精度要求。

(2)试验技术的发展与测试技术的进步密切相关,随着新型的测量设备、测试装备,如自动化超声检测系统、高性能超声波传感器技术以及嵌入式传感技术的应用等,使得发动机试验过程具有了实时显像和监测能力,从"黑箱状态"向"透明化"方向发展。

(3)随着大型计算机技术的发展,模拟仿真能力也愈来愈强,可以用仿真来代替一部分试验,节省试验经费。

8.8.2 安全性试验技术的发展与展望

随着现代战争的快速变化,由于战场环境的日益恶化以及恐怖袭击手段的多变和不可预测性,各国日益重视常规导弹弹药及其动力系统固体火箭发动机的安全性问题,北约等军事强国的经验证明,制定常规导弹弹药安全性考核标准规范常规导弹弹药及其子系统—固体火箭发动机的安全性试验项目和试验方法,是健全常规导弹弹药考核的范畴,也是提高军队生存力和战斗力的重要保障。

安全性考核是通过一系列安全性试验来完成的,为保证试验评估的有效性,试验应该由专门的机构来完成这类机构不仅要有承担常规导弹弹药安全性考核试验的技术实力和试验条件,还应该具备军方认可的资质。所以,在具备相应技术能力的单位增加试验测试条件,建立跌落、快烤、慢烤、射流、殉爆碎片撞击及子弹撞击等试验设施,提升试验机构的仿真计算、数据分析和试验破坏机理及危害评估分析能力,最终成立安全性试验评估中心,可以对固体火箭发动机,甚至对全弹进行安全性试验,为固体火箭发动机和常规导弹弹药的评定、改进、包装及防护配置、堆放要求及弹药架的设计提供依据,并最终为武器弹药定型及装备决策提供服务。

固体火箭发动机安全性试验技术研究的内容包括试验需求和环境分析技术、单项试验方法及其测试技术、试验数据分析及试验结果评估技术、试验工装激励装置、测试装置和综合评价等技术。为减少试验成本,降低试验危险性,并大幅度提升试验效率,需要建立仿真模型通过数值仿真预估其安全性试验的反应剧烈程度;同时研究缩比试验的有效性;最终建立综合评价技术,通过危险性评估流程实现对常规导弹弹药安全性的预估。建立试验数据库,合理外推试验数据对大型固体火箭发动机安全性试验数据进行补充。试验件选取方面,由于控制部件是成本最高的部分,开展等教试验方法的研究,在试验中保留含能部件。其余部件可以用等几何尺寸和导热率的材料替代,以降低试验成本。在单项试验方法研究中,研制碎片发射装置使其碎片撞击速度能够达到(2 530±90)m/s并以一定的角度攻击常规导弹的薄弱部位等。

尤其近几年,在传统试验项目方面,由于民众对环境保护的意识越来越强,北约国家纷纷研制可以有效减少污染的试验装置如快速烤燃。其中,瑞典"博福斯试验中心"设计了一种利用液化丙烷气体(LPG)作为燃料的小型试验装置(见图8-5)。该装置由若干LPG火炉钢支架钢丝网钢杆点火控制等组成通过调节钢杆可以实现LPG火炉高度和角度的调整。系统的点火和熄灭采用远程控制。该装置环境污染小、燃料消耗低、安装快捷。

图 8-5　LPG 火炉试验装置

美国海军空战中心武器开展了可控制热通量燃烧器的设计和研制。该装置(见图 8-6)能够提供均匀的和恒定的热通量水平,对小比例的样品进行加热,以模拟原尺寸设备在燃料着火试验中经历的热流渗透。燃烧室可重复使用。一台五马力风扇电动机使空气运送通过直径 12 cm 的不锈钢空气管道,空气质量流率约为 0.5 kg/s(1.01 b/s)。燃料通过 8 个喷射器从位于空气管道尾部的铝进气管注入。

图 8-6　可控热通量燃烧器

另外,随着新材料和新技术的应用,钝感弹药的发展逐渐面临新的技术挑战,其动力装置—固体火箭发动机的安全性测试和评估都必须进行适时的修改和完善。针对正在发展的超声速/极超声速武器弹药和太空武器弹药,发动机的评估可能需要增加一系列新的试验项目,包括激光加热试验、光子鱼雷爆炸试验等,如图 8-7 所示,具体应该根据弹药的服役和作战环境分析来增加试验项目。

激光加热　　光子鱼雷爆炸　乘离速率热稳定性　涡孔变形　　反物质污染

图 8-7　未来可能增加的安全性试验项目

因此对于从事安全性试验的人员来说,安全性试验依然还有很多技术有待研究和突破。

"没有生存就没有战斗力",随着现代战争的快速变化,高新武器的发展,弹药载体的存储量倍增,武器平台的大规模扩容,尤其是随着社会的不断进步,人的生命愈加珍贵,弹药发射平台(舰艇、战机、航母等)也愈加先进,价格日益高昂。一旦弹药在受到恐怖袭击以及外军远程攻击,由于固体火箭发动机的安全性引发安全事故,将对部队造成不可估量的损失,甚至成为影响战争胜负的重要因素。可以预见,安全性考核将不仅仅局限于个别固体火箭发动机型号的研制需求,而是关系到整个常规导弹弹药的评估和定型工作,必将会成为未来武器装备技术发展的热点。因此开展固体火箭发动机和导弹弹药安全性考核及技术研究已迫在眉睫以技术研究为依托,建立健全试验考核标准体系,不仅可以对武器装备进行更加全面的考核,还可以促进钝感弹药的研制降低弹药在勤务过程中由于意外因素和在战争环境中受到敌方武器攻击发生安全事故的可能性最大限度地保证人员和装备安全,提升弹药及武器平台的生存力和战斗力,最终为赢得未来战争奠定坚实的基础。

8.8.3　试验测量与控制技术展望

近年来航天科技工业迅猛发展绕月探测工程和载人航天工程等一系列国家重大科技专项和重点型号任务的陆续实施将逐步实现运载火箭升级换代。新型号的研制对固体火箭发动机的试验技术提出了更高的要求,要求拓展测试领域开展测试关键技术攻关,建立适应型号需求的测试系统和校准装置形成满足型号研制和批量生产任务需求的计量测试和保障能力。试验测量与控制技术将会呈现以下发展趋势。

(1)新型传感器的使用。借鉴新型传感器在别的领域应用的成功经验将其用于发动机试验参数测量中。比如近几年来,国外出现了将超声传感器直接安装在发动机外壳的超声波测量技术,用来研究各种试验发动机以及装药量达几吨的全尺寸发动机的推进剂燃速特性和绝热层热烧蚀行为;嵌入式传感器用来精确监测推进剂药柱和壳体之间黏结面的应力大小;光纤光栅传感器用于温度、应变、振动等参数的分布式测量;等等。

(2)现场、在线、动态、综合测试技术应用。航天型号试验测试具有复杂性、系统性、动态性的特点装置、设备大多集成化、模块化、大型化。传统计量检测方式已经不能完全适应需求,航天计量要由传统的实验室测量向现场、在线测量转变,由静态校准向动态实时校准转变,由单一参数测量向多参数综合测量转变,由独立的仪器、设备计量校准向系统综合计量校准转变。

(3)测量方法的突破。随着各种新型的测量设备的研制。测量方法将会有新的突破红外、超声波和激光等非接触式测量方式将应用于试验参数测量中。

(4)环境模拟试验技术的发展。导弹在空中高速飞行时受到的热力、振等多种因素共同作用,传统试验方法仅考虑单一因素对导弹发动机的影响,不能真实模拟导弹飞行的真实环境及载荷情况。环境模拟试验技术就是通过在地面等效模拟发动机飞行状态下的热环境和气动载荷,考察多种因素对发动机结构的影响。

(5)仿真技术的应用。由于发动机制造成本较高,若能在试验前对发动机工作情况进行分析研究,可以很好地指导试验,获得宝贵的数据。一方面,仿真试验可以模拟不同类型试验条件,获得发动机在复杂条件下工作情况。另一方面,仿真试验可以为静止试验提供指导,在试验时根据仿真结果重点测量敏感部位的关键参数,另外可以用仿真来代替一部分试验,节省试验经费。

第9章 固体火箭发动机生产制造与检测技术

9.1 固体火箭发动机先进制造工艺发展概述

9.1.1 固体火箭发动机制造工艺发展现状

固体火箭发动机作为航天与军工最为常见的动力系统之一,其机械结构相比液体火箭发动机十分简单,但是其制造工艺则十分复杂,涉及多项学科,并且由于其推进剂需要在制造时直接装填完毕,所以其推进剂装药技术是火化工专业,属于易燃易爆行业。因此,对固体火箭发动机的装药工艺技术的发展,首先考虑的是本质安全,然后是工艺技术的创新。固体火箭发动机的检测过程如图 9-1 所示。

图 9-1 固体火箭发动机的检测过程

在推进剂装药工艺方面,目前大型固体火箭发动机的装药技术仍然是目前世界各国发动机装药技术研究的主要方向。美国、欧洲的运载火箭的大型固体发动机(助推器)大都采用中、大型立式混合机分批混合和推进剂真空(插管/花板)浇注工艺。此外,美国和欧洲也研制了固体复合推进剂连续混合、挤出/直接浇注工艺,并获得了一些成功经验。

在材料制造工艺方面,从国外壳体研制技术状况可以看到,第一代固体火箭发动机壳体都采用高强度金属材料,主要是钢,如法国的 903 发动机采用的钨钒钢,美国的"民兵 3"第一级壳体采用的 D6AC 钢。第二代固体火箭发动机壳体较多采用玻璃纤维缠绕。第三代固体火箭发动机复合材料壳体,美、法等国采用杜邦公司研制的 Kevlar 有机纤维缠绕,俄罗斯采用自己研制的有机纤维 Armos,但材料性能超过 Kevlar。到了第四代固体火箭发动机复合材料壳体,美国在三叉戟 II 导弹第一级和第二级上采用高性能碳纤维/环氧树脂。其总的发展趋势是追求高的比强度、比模量,尽可能降低消极质量,力争获得最大的质量比。

9.1.2 固体推进剂装药工艺关键技术

固体推进剂装药工艺过程包括氧化剂制备、推进剂混合、浇注、固化、脱模和整形等生产工序,由于推进剂组分所具有的爆炸特性,所以固体火箭发动机的装药过程存在着固有的危险性。自20世纪50年代以来,美国和欧洲国家的固体火箭发动机制造厂频繁发生安全事故。近年来,由于美、欧等主要固体推进剂生产厂采取了先进的制造工艺和检测手段,严格遵循美国国防部和各军种针对爆炸物生产所制定的专用安全标准,因此发生爆炸事故的概率大幅减少,固体推进剂生产过程中的可靠性明显提升。

(1)装药工艺生产线大量应用自动化控制和在线监测技术。美、法、日等国的固体推进剂装药工序自动化水平很高,实现了自动化和计算机数据采集与控制。在固体推进剂装药生产过程中,当温度、压力、真空度、流量和液位等工艺参数,以及力矩、混合锅间隙等设备的参数超过某界限时,极有可能会有爆炸危险,因此,需要通过设置控制系统对这些参数进行实时监测,并与停料、放料、消防等安全装置连锁。

位于法国圭亚那库鲁地区的Regulus装药厂是世界上最大的固体推进剂生产厂,主要负责欧洲大型固体发动机推进剂的生产,包括"织女星"P80发动机以及阿里安5MPS第二、三级发动机的装药。Regulus装药厂拥有目前世界上最大的两台6 800 L立式混合机。发动机装药生产的整个工艺过程通过综合控制中心实现全自动或半自动化循环控制。每个工艺过程都设计开发了专门的软件和配套硬件。

综合控制中心设置中央主控制器,通过监视器可以同时对Regulus装药厂不同分厂的工作状态进行监视。每个分厂都有自己的工作站负责特定的工艺过程。大多数生产装置都与网络进行了连接,不仅可以实现对各个工艺过程进行实时监测,而且可以对各项运行参数进行及时记录,保证了产品质量和生产安全。

经验表明,落后的固体发动机制造工艺以及无损检测方法可能会使固体火箭发动机存在安全隐患。据报道,美国CSD公司的2 270 L混合锅中曾混杂铅颗粒,在发动机固化后的CT扫描中,没有显示出异物夹杂,但在后来研发成功的高能CT(HECT)扫描中,这种夹杂就显露出来了。由此可见,先进的制造工艺及无损检测技术是提高固体推进剂装药安全和可靠性的关键。

(2)应用可拆卸芯模技术以及免整形发动机芯模技术。国外很多先进发动机在整形方面采用的是免整形技术。法国在"织女星"运载火箭发动机中采用了具有专利技术的可拆卸芯模技术,使发动机药柱自动成型,不必进行任何的机械整形和加工,增强了安全性并降低了成本。而美国的航天飞机先进固体火箭发动机采用的是水溶性芯模进行浇注,通过用水溶解填料的方法进行脱模,可大大提高装药的安全性,避免了大型芯模脱模时的拔出力、摩擦以及中心芯模和成型翼间的相对运动,不仅可增加装药的安全性,使得推进剂药柱的设计更为灵活,而且这种可溶性芯模采用的多数是可重复使用的材料,制造成本低。目前这些新技术、新工艺都已经应用在了型号发动机的生产中。

(3)连续混合装药工艺技术。与传统的批次混合装药工艺相比,连续混合装药工艺最大的特点是它所具备的安全性优势。连续混合设备在任何一段时间内混合的推进剂量很少,最多有几千克的含能材料,而立式混合机混合时有数百千克含能材料。因此,在采用连续混合设备生产含 1.1 级组分的高能推进剂时,危险性大大降低。此外,如果发生意外,采用这种工艺可很大程度上减少对周围环境的影响。

在连续混合装药工艺用于大型发动机大量推进剂的混合过程中,所涉及的具体关键技术包括:

1)采用双螺杆混合工艺时推进剂组分的调整;

2)在连续混合操作中化合物的再填充;

3)精确在线计量供料监控技术;

4)推进剂的混合并除气;

5)从双螺杆出料口直接浇注推进剂药柱;

6)两次浇注之间设备的清理。

9.1.3　固体火箭发动机材料技术发展概述

随着技术的发展,固体火箭发动机壳体采用高性能的复合材料是基本趋势,主要原因是复合材料具有比强度、比模量高等优点,在军事方面符合导弹武器追求高的质量比的要求,而在航天方面则能提高火箭运载能力。

目前,美国、俄罗斯、法国以及我国的战略导弹固体火箭发动机壳体大都采用了复合材料,法国的"里塔-1"发动机(用于 M-1 潜对地导弹第二级)采用 E 玻璃纤维缠绕壳体,"里塔-2"发动机采用了性能更好的 S 玻璃纤维,其 402 固体发动机壳体(用于 M-4 潜对地导弹第二级)采用 Kevlar 有机纤维缠绕成型(见图 9-2)。美国 1957 年开始研制的 M57 发动机(用于"民兵 1A"地对地洲际弹道导弹第三级)采用 HTS 玻璃纤维,随后的 M57E-1SRM(用于"民兵 1B"第三级)发动机壳体改用性能较好的 S-994 玻璃纤维,1976 年 3 月开始研制的 MX-1 固体发动机壳体采用 Kevlar49/UF-3283 环氧树脂,1984 年开始研制的 SICBM-1 固体发动机壳体(用于侏儒小型地对地导弹第一级)采用了 IM-7 石墨纤维/HBRF-55A 环氧树脂。苏联 1970—1980 年研制的 PCM-45 固体火箭发动机壳体(用于 SS-N-17 战略弹道导弹第二级)采用了玻璃纤维缠绕,1976—1984 年研制的 SS-24 战略导弹第一级、第二级固体火箭发动机壳体采用有机纤维缠绕。而在航天领域,欧洲的 Vega 火箭的全部三级固体火箭均采用了复合材料的发动机壳体和喷管,而美国即将用于 SLS 重型运载火箭的五级分段式助推器,也采用了复合材料的壳体。

图 9-2　大型固体火箭发动机壳体缠绕过程

9.1.4 固体火箭发动机装配与测试技术发展概述

固体火箭发动机试验在试验装配时不仅工装数量较多,而且涉及多种测试、加载设备的安装,因此,目前国内外都在积极推进自动化、智能化的装配设备甚至装配生产线。通过固体火箭发动机虚拟试验技术的应用(见图9-3),可以实现试验工装的三维可视化,并开展装配顺序规划,有利于探索多种试验方案,帮助工艺人员获得最优化的装配方案,同时可以验证安装的准确性,极大地避免实际试验装配过程中可能出现的各种异常现象,简化试验装配中检测与诊断过程,提高试验的安全性与经济效益。

图9-3 使用虚拟试验检验固体火箭发动机安装干涉情况

固体火箭发动机装药是固体火箭动力系统的核心。固体火箭发动机从工厂生产制造到靶场试验,再到作战使用,发动机装药往往要经过各种加工工艺、长期贮存、长途运输、超负荷装卸与舰载等过程,经受各种地面和飞行中环境条件的考验。在这些过程中,固体火箭发动机各组成部分都可能发生变化,导致脱黏、裂纹、缩孔等缺陷的产生。这些缺陷严重到一定程度,可能导致发动机点火失败,或者使内弹道性能(如燃烧室的压力和推力)偏差超过规定要求,甚至使发动机壳体烧穿、爆炸。因此,在固体火箭发动机的制造、贮存和服役过程中,必须注重对其质量和缺陷的检测,以确保其工作可靠性和安全性。

由于推进剂组分所具有的爆炸特性,所以固体火箭发动机的装药过程存在着固有的危险性。

固体火箭发动机装药表面的缺陷,肉眼容易发现;而当缺陷出现在装药内部时,则只能借助于无损检测技术。发动机装药的主要成分是 C、H、O、N 等非金属材料,其中虽然添加了少量金属氧化物或盐类,但装药密度却只有 1.6 g/cm³ 左右,成像对比度远远小于金属材料,这给装药的无损检测带来了困难。目前,国内外研究和应用较多的固体发动机装药无损检测技术有目视、敲击、超声、微波、红外、激光全息、X 射线切线照相和 CT 等。我国对发动机装药的无损检测一直沿用超声波探伤仪和 X 射线探伤仪等设备。

9.1.5 固体火箭发动机制造工艺未来发展趋势分析

通过对国内外火箭动力系统的研究可以发现,为满足火箭发展的需求,适应火箭任务规划和弹道规划的需要,固体火箭发动机的制造工艺需要有更多的提高。

(1)高性能碳纤维壳体缠绕工艺。新一代固体发动机壳体应具有高强度、高刚度、高质量比,在复杂飞行条件下,承受高过载和各种外载荷。碳纤维/环氧复合材料是壳体材料的首选。以整体结构复合材料壳体与裙的应用为代表 P80FW 整体式碳纤维复合材料固体发动机直径为 3.005 m、长为 10.56 m、装药量达 88 t。因此未来需要研制大型分段复合材料壳体以具有更强的适应性；通过采用具有自防护功能复合材料柔性接头实现伺服机构的减重。

此外，结构工艺的设计也将更加精细化，如复合材料壳体采用不同的增强纤维以实现高质量比；为实现质量的精细化控制，研究碳纤维预浸渍带缠绕技术（干法缠绕）、复合材料裙采用纤维铺放技术等。

与之对应的，未来还将发展复合材料壳体缠绕的大型装备技术。目前亟须开展大型壳体缠绕成型设备、大型 C/C 喉衬成型用高温处理、高压致密设备以及大型喷管组件的自动化组装装备的研制，使装备技术与材料同步发展。

（2）低成本化。为进一步降低火箭飞行成本，提升火箭竞争力，这就对低成本固体动力提出了技术需求。为进一步降低固体发动机成本，就需要固体发动机从设计、材料、工艺、制造、试验等综合进行考虑，探索形成低成本固体发动机的研制流程。

固体火箭发动机中，推进剂占成本比重较高。为此在推进剂材料选择方面选择性价比更高的原材料，如采用非球形铝粉、粗粒度 AP、工业级 AP 或 AN 等。所用各项材料的牌号、技术标准在满足性能要求的条件下，选用民用级别，能够随时大量供应的材料，可显著降低成本。

在装配环节中，为了适应不同尺寸发动机药柱浇注需求，国外研发人员在不断探索可以减少浇注环节的新装配工艺，未来固体火箭发动机装配还将会更加简洁和安全。

（3）智能化。固体火箭发动机的制造过程充满危险性，因此未来固体火箭发动机的装配在朝着全程无人化、自动化、智能化发展，无论是在装药阶段的推进剂混合、浇注工序，还是在之后的无损检测，都在朝着即时跟踪、在线反馈、自动分析等方向发展，甚至未来更可能将诸多传感器设备与云数据结合，形成信息共享，可以通过共享不同发动机的数据来发现更多的问题，提前预知发动机可能出现的缺陷与损伤。国外在航空领域目前已经有较为成熟的工业化流程，称为全生命周期健康管理系统，未来固体火箭发动机领域，甚至整个航天领域也将不断推进智能化的概念。

9.2　固体火箭发动机推进剂药浆制备与混合工艺

9.2.1　固体推进剂连续双螺杆混合工艺

在固体火箭发动机的生产过程中，复合推进剂的混合是关键工序之一。复合推进剂的混合工艺经历了卧式混合、立式混合、连续混合三个阶段的发展，混合效率和混合过程中的安全性不断提高。

美国和欧洲早在 20 世纪 60 年代就开始探索用连续混合生产工艺生产固体推进剂，欧洲已确定在其新一代运载火箭阿里安 6 和"织女星"后续改进型上采用双螺杆连续混合工艺。双螺杆连续混合工艺研发状况见表 9-1。

表 9 − 1 双螺杆连续混合工艺研发状况

20 世纪 60 年代	—	美国成功地开发了连续混合工艺,建立了两条生产线用于北极星战略导弹发动机固体推进剂的生产
1993 年	美国航空喷气发动机公司	在航天飞机助推发动机推进剂生产中采取连续混合工艺
1995—2010 年	法国 SNPE 公司	建立了三条双螺杆混合机连续生产线,用于汽车安全气囊挤出复合推进剂药柱的连续生产
1998—2000 年	法国 SNPE 公司	开始研发和验证用双螺杆连续生产工艺加工高能推进剂,并进行了试验,得到了较好的结果
2001 年	SNPE 与法国 DGA	在波尔多建成用于先进高能 NEPE 推进剂连续生产的双螺杆设备试验厂,以提高连续生产工艺生产含 1.1 级组分的高能推进剂技术成熟度
2015 年	SNPE 与法国 DGA	双螺杆连续混合工艺的技术成熟度将达到 TRL6

连续混合装药工艺的原理是采用连续式双螺杆机器混合各种组分,并以高质量流速将药浆直接浇注到绝热壳体中。当采用双螺杆工艺生产推进剂时,要求准确地调整每种组分的机器进给率,确保配方的正确。

为了便于控制,应最大限度地减少进料器的数量。一般来说,推进剂的组分被预先混合,以便仅有三种化合物被进给到双螺杆混合机中,见表 9 − 2。

表 9 − 2 化合物成分对比

化合物种类	成 分
化合物 1	粗 AP 和细 AP
化合物 2	聚合物＋增塑剂＋添加剂＋铝粉
化合物 3	固化剂

一旦进入双螺杆机器,化合物被螺杆传输和混合。通过调整螺栓的外形,推进剂的各种组分可以得到最优化的混合,并使推进剂药浆除气。双螺杆设计外形如图 9 − 4 所示。

图 9 − 4 双螺杆设计外形

批量化生产实践以及研发和验证项目均证明,双螺杆连续生产线性能稳定,如 2010

年 7 月,SNPE 采用双螺杆混合工艺生产的阿里安-5 缩比发动机在 ONERA 进行了首次点火试验,如图 9-5 所示,其推进剂的力学性能和弹道性能见表 9-3 和如图 9-6 所示;与大型立式混合机相比,尽管推进剂药浆停留时间短,但双螺杆的混合效率与立式混合机相当,而且热交换效率优于立式混合机。根据推进剂配方的要求,其可以实现精确计量和供料,投资大幅降低,生产时间缩短 3 倍,最为重要的是生产安全性进一步提高。

图 9-5 SNPE 公司的试验缩比双螺杆设备

目前,美国和欧洲已经开展了双螺杆连续混合生产线的研发和工业验证工作,法国已建成双螺杆设备试验厂,预计未来几年内双螺杆连续混合工艺的技术成熟度达到 TRL6。采用双螺杆连续混合设备生产含 1.1 级组分的高能推进剂所具备的安全优势尤为明显。

表 9-3 推进剂力学性能及弹道性能比较

工 艺	模数/MPa	应力/MPa
双螺杆连续混合工艺	6.2	1.1
立式混合机	6.9	0.9

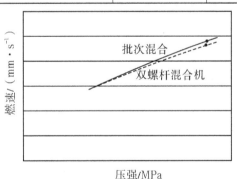

图 9-6 燃速压强关系对比

法国已经考虑在 2020—2025 年更换新型运载火箭。法国国家空间研究中心(CNES)汇聚了固体推进工业伙伴为未来运载火箭进行新技术的准备工作。其中,采用双螺杆连续混合工艺替代批次混合工艺是混合工艺的技术突破。

2013 年 7 月,法国和欧洲航天局批准了将于 2020 年初替代现役的阿里安 5 重型运载火箭和俄罗斯的联盟中型运载火箭的下一代阿里安 6 运载火箭的最终设计方案。为此,CNES 资助一项双螺杆连续混合验证项目,其目的是使连续混合及浇注工艺达到所要求的技术成熟水平,并在 2015 年选择这种工艺进行发动机研制。

双螺杆连续混合工艺的安全性、效率等完全适用于未来下一代主级和助推级固体推进运载火箭所需大容量推进剂批量生产的要求。双螺杆设备能够大幅降低连续生产成本,显著降低生产相关的危险性,将是一种长远的工业解决方案。双螺杆设备功能图如图 9 - 7 所示。

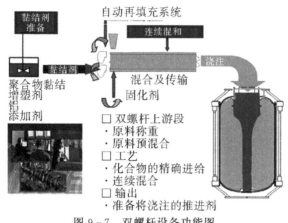

图 9 - 7　双螺杆设备功能图

9.2.2　高强度硝胺丁羟推进剂配方与工艺

丁羟系列推进剂以其良好的高、低温力学性能,耐水防潮性能和优良的弹道性能,以及药浆起始黏度低、浇注性能优良、固体氧化剂容量大、相对密度高、成本低的优势,被国内外广泛应用于各种型号的战略、战术及宇航固体发动机。

(1)试验配方设计。对于固体含量≥88% 的 HTPB 推进剂,既要有高强度力学性能,又要使工艺为浇注式,这对配方设计提出很高的要求。设计思想首先考虑燃烧剂铝粉用量<10%,用硝胺类炸药 RDX 替代部分 AP 用量,减少推进剂燃烧产物烟雾,以提高固体含量来保证推进剂能量要求。

当推进剂密度 ρ>1.76 g/cm³,铝粉含量<10% 时,一般情况取固体含量>88% 进行配方设计计算。设计推进剂配方进行密度计算如下:$\rho = 100/\Sigma(m_i/d_i)$。式中:$m_i$ 为配方组分质量百分数;d_i 为配方中组分密度值。

设计计算配方见表 9 - 4。计算结果密度为 1.767 7 g/cm³,大于指标。

表 9 - 4　设计配方组分百分比及密度

组　分	HTPB	固化体系	燃速催化剂体系	增塑剂体系	键合剂体系	RDX	AL	AP
百分数/(%)	6.6	0.8	0.6	3.1	0.6	18	9.6	60.7
密度/(g·cm³)	0.95	1.22	1.12	0.91	1.165	1.818	2.7	1.95

配方的理论比冲计算见表 9 - 5,计算结果表明,推进剂能量满足要求后,高固体含量的 HTBP 推进剂装药成型的难点为工艺性能,要使推进剂药浆在真空下流动流平,必须选择最佳的固体颗粒级配。

表 9 - 5　热力学计算结果

$\rho/(g \cdot cm^{-3})$	T_c/K	$* I_{SP}/(N \cdot S \cdot kg^{-1})$	$C^*/(m \cdot s^{-1})$
1.768	3 142	2 610.6	1 565.6
注:$P_C=9.9$ MPa;$P_a=0.101$ MPa;膨胀比=16			

(2)配方调试试验。由推进剂试验配方表知,形成推进剂网络结构的黏结剂仅占7%,因此黏结剂必须是一种性能优异的弹性材料。选用综合性能较好的 HTPB 为黏结剂,TDI 为固化剂,不同分子量、羟基的 HTPB 对推进剂强度力学性能存在影响:HTPB 胶相对分子质量大,推进剂力学性能延伸率 ε_m 高;固化参数 R_t 高,推进剂强度高。但固化参数 R_t 太高,过多的 TDI 游离小分子残留在推进剂中还会起到短期的增塑作用,宏观表现为推进剂没固化、发软;长期高温存放过程中,推进剂中—NCO 基进行二次动力学反应或与环境空气中 H_2O 反应,观察推进剂的表观现象为表面约 2 mm 硬层,内部仍为发软没固化。

为了有效地增强推进剂力学性能,HTPB+TDI 体系加入 SRT 增强剂和复合型键合剂,SU-1 工艺助剂改善高固体含量、RXD 四组元少烟药浆流动流平性,使药浆黏度低,黏度增长速率缓慢,达到:20℃时力学性能 $\sigma_m \geqslant 2.3$ MPa,延伸率 $\varepsilon_m \geqslant 16\%$;60℃ 时 $\sigma_m \geqslant 1.7$ MPa,-40℃时延伸率 $\varepsilon_m \geqslant 20\%$;推进剂力学性能良好。推进剂性能数据见表 9-6。

表 9 - 6　推进剂性能数据

锅　次	R_t	20℃力学性能			40℃力学性能			60℃力学性能			燃速 $r/(mm \cdot s^{-1})$ (10.3 MPa)
		σ_m/MPa	$\varepsilon_m/\%$	$\varepsilon_b/\%$	σ_m/MPa	$\varepsilon_m/\%$	$\varepsilon_b/\%$	σ_m/MPa	$\varepsilon_m/\%$	$\varepsilon_b/\%$	
目标值			$\geqslant 15$			$\geqslant 12$			$\geqslant 1.6$		
M1T7-1-1	1.30	2.33	16.6	17.2	4.85	19.3	21.0	1.70	15.4	16.1	12.57
-2		2.35	17.3	18.0	4.84	21.6	22.8	1.75	15.0	15.8	
-3		2.32	17.2	17.8	4.84	20.4	22.0	1.77	12.8	13.1	
M1T7-2-1	1.40	2.44	15.4	16.0	5.02	12.8	13.5	1.90	12.6	13.1	12.35
-2		2.41	15.1	15.7	5.22	13.4	15.1	1.91	12.6	13.1	
-3		2.44	14.2	14.6	5.30	13.5	15.3	1.90	14.1	14.6	

对于固体含量大于 88% 的推进剂配方,当要求具有较高推进剂燃速时,通常调节方法是在配方中加入较多的细 AP 和燃速催化剂。此配方设计采用优化 AP 级配比,选定球形 AP 和细 AP 填充级配比,以催化剂 T27 含量调试推进剂燃速方式,使固体含量>88%,密度 $\geqslant 1.76$ g/cm³,燃速可调范围广(20℃,6.86 MPa 条件下,12~22 mm/s),详见表 9-7。

表 9 - 7　燃速催化剂与 AP 级配对燃速影响结果

锅　次	燃速催化剂/(%)		AP 级配/(%)		燃速/(mm · s⁻¹) 6.86 MPa
	T27	GFP	AP2	AP4	
3-1	1.1	—	22.5	17.0	13.11

续表

锅次	燃速催化剂/(%)		AP 级配/(%)		燃速/(mm·s⁻¹)
	T27	GFP	AP2	AP4	6.86 MPa
3 - 2	1.2	—	23.5	16.0	12.98
3 - 3	1.3	—	24.5	15.0	12.5
3 - 4	—	2.0	17.7	22.0	22.58

9.2.3 含硝化石墨烯的纳米复合含能材料制备

固体推进剂的能量水平对固体火箭的推力有着重要影响,固体推进剂的能量释放又对其能量水平起着关键作用。为了获得高能量水平的固体推进剂,常采用添加燃烧催化剂去促进固体推进剂的能量释放,从而去提高固体推进剂的能量水平。传统的燃烧催化剂由于反应活性低、催化性能不理想,已不能满足现代军工事业的发展需要,目前正向纳米含能燃烧催化剂发展。纳米含能燃烧催化剂的反应活性高、所占比重小,且含有大量的含能基团,具有较高的催化性能。

国内西南科技大学课题组制备得到新型纳米含能燃烧催化剂硝化石墨烯(Nitrated Graphene Oxide,NGO),对高氯酸铵(AP)的热分解展现出了良好的催化效果,但 NGO 对固体推进剂中其他主要单质炸药的热分解催化性能还缺乏系统研究。

所以该课题组将 NGO 作为纳米含能燃烧催化剂,分别与固体推进剂中主要的单质炸药硝化纤维素(Nitro Cellulose,NC)、黑索金(通用符号为 RDX)和奥克托今(通用符号为 HMX)进行复合,研究了 NGO 对它们热分解的催化性能。主要研究内容如下:

(1)NGO/NC 纳米复合材料的制备与表征。该课题组采用溶剂-反溶剂法制备了不同质量比的 NGO/NC 纳米复合含能材料。采用 SEM 和 FT - IR 分别对 NGO/NC 纳米复合含能材料进行了形貌和结构表征,采用同步热分析仪(TG - DSC)和热重质谱联用仪(TG - MS)研究了 NGO 对 NC 热分解的催化性能和机理,如图 9 - 8 所示。结果表明,NGO 的加入不会明显改变 NC 的结构,NGO/NC 纳米复合含能材料为多孔的三维网络状。NGO 能明显提高 NC 的表观分解热,并改善其热稳定性,当 NGO 添加量为 1% 时,NC 的放热峰温度由 201℃升高至 213℃,表观分解热由 339 J/g 提高至 2 132 J/g。

(2)NGO/RDX 纳米复合材料的制备与表征。该课题组采用溶剂-反溶剂法制备了不同质量比的 NGO/RDX 纳米复合含能材料。采用多功能 X 射线衍射仪和 SEM 分别对 NGO/RDX 纳米复合含能材料进行了结构和形貌表征,采用 TG - DSC 和 TG - MS 研究了 NGO 对 RDX 热分解的催化性能和机理,如图 9 - 9 所示。结果表明,NGO 的加入不会导致 RDX 晶体结构的改变,且包覆在 RDX 表面。NGO 对 RDX 展现了较好的催化效果,其中当 NGO 添加量为 2% 时,RDX 的放热峰温度由 246℃提前至 226℃,表观分解热从 761 J/g 提高至 1651 J/g。

(3)NGO/HMX 纳米复合材料的制备与表征。采用溶剂-反溶剂法制备了不同质量比的 NGO/HMX 纳米复合含能材料。采用 XRD 和 SEM 分别对 NGO/HMX 纳米复合含能材料进行了结构和形貌测试,采用 TG - DSC 和 TG - MS 研究了 NGO 对 HMX 热分解的催化性能和机理,如图 9 - 10 所示。结果表明,HMX 颗粒附着在 NGO 片层上,且 HMX 的晶体结构不会发生改变。NGO 对 HMX 的催化效果不明显,其中当 NGO 添加量为 1% 时,HMX 的放热峰温度提前了 2℃,表观分解热从 1 686 J/g 增加至 1 918 J/g。

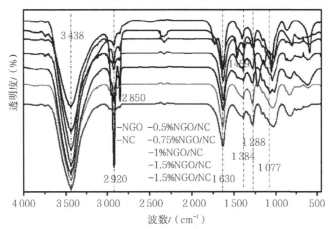

图 9 - 8 NGO、NC 和不同质量比 NGO/NC 纳米复合含能材料的 FT - IR 谱图

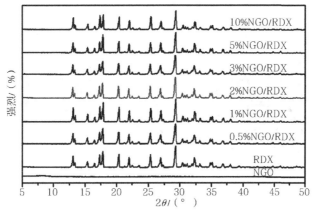

图 9 - 9 NGO、RDX 和不同质量比 NGO/RDX 纳米复合含能材料的 XRD 谱图

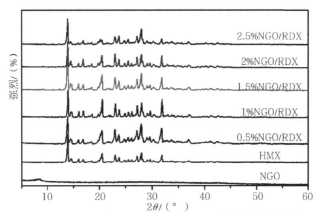

图 9 - 10 NGO、HMX 和不同质量比 NGO/HMX 纳米复合含能材料的 XRD 谱图

总之,含硝化石墨烯(NGO)的纳米复合含能材料制备研究将解决传统燃烧催化剂反

应活性低、所占比例大且不能提供能量等问题,研究 NGO 对固体推进剂中主要单质炸药的催化作用,从而促进其能量释放,能为新型纳米含能燃烧催化剂及其在高能固体推进剂的应用提供依据。

9.2.4　衬层料浆声共振无桨混合工艺

在固体火箭发动机燃烧室内,推进剂与绝热层的有效黏结是通过衬层来实现的。衬层是牢靠黏结推进剂与绝热层的黏弹性缓冲、过渡层,其作用至关重要。固体火箭发动机衬层的制作(涂覆、包覆)过程中,其料浆混合是关键工序之一。衬层料浆混合工艺,直接决定衬层料浆混合的均匀性,直接影响界面黏结性能的好坏,也决定了混合效率的高低。

声共振混合是一种新型的无桨混合方式,基于机械共振原理,在混合过程中,智能化控制,使机械能转化为振动声波,实现在最小驱动力作用下产生最大振幅的振动,使包含物料的系统达到并保持共振状态,实现最佳的混合效果。湖北航天化学技术研究所李亚等研究利用声共振混合机(见图 9 - 11)对 LN106 衬层料浆进行无桨混合,如图 9 - 12 所示,针对投料量、加料顺序、混合加速度和混合时间等工艺参数进行了研究,通过元素分析与胶片力学性能测试结果比对,且进行单因素实验,确定了声共振无桨混合工艺(见表 9 - 8),并在实际衬层料浆配制过程中进行了试用。

图 9 - 11　声共振混合机

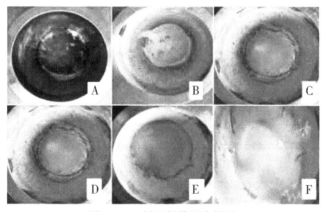

图 9 - 12　衬层料浆混合情况

表 9-8　衬层声共振混合工艺

工　步	工艺事项	工艺参数
1	填料＋黏结剂基体＋固化剂依次加入容器中	—
2	手工预混	混合时间 60～80 s
3	声共振混合机混合	混合加速度 80g；混合时间 10 min
4	出料	—

实验结果表明,声共振混合工艺可有效的混匀衬层料浆,力学性能亦满足指标要求,混合工艺的边界条件为:投料量 100～1 000 g;加速度为 80～90g;混合时间 8～12 min。确定的工艺参数为:手工预混 60～80 s(与原工艺相同)、混合时间 10 min,混合加速度 80g。

经过对该工艺的研究得出:

(1)采用声共振无桨混合方式配制高黏度衬层不需要调整现行的称量加料顺序;

(2)LabSEM 型声共振混合机混合高黏度 LN106 衬层配方,其适用混合投料量范围在 100～1 000 g(占混合机有效容积的 3%～33%);混合加速为 80～90g;混合时间仅为 8～12 min;

(3)用声共振无桨混合的衬层,料浆混合均匀,料浆适用期、胶片性能与原工艺相当,且性能稳定性、重现性好。

9.2.5　固体推进剂高能氧化剂的合成

(1)高有效氧含量,高氢含量或正生成焓氧化剂。该类氧化剂以高密度含氧源无机小分子[如 ADN、三硝酰胺(TNA)、$FN(NO_2)_2$]与固体单质氧化剂为代表。

1)高有效氧含量、高氢含量氧化剂。AP 的优点是有效氧含量高、氢含量较高,缺点是生成焓低、含卤元素。取代 AP 必须使推进剂燃烧放热量的增加能够抵消因做功效率降低对推进剂比冲的不利影响,反之亦然。

高氯酸根离子是一个高密度含氧(原子)源,4 个氧原子围绕中心氯原子的排列方式是高效和稳定的,开发具有类似结构的氧原子围绕某一中心原子排列而能够取代高氯酸根离子的原子团是一个挑战。因此,早期的高能推进剂攻关重点研究的是各种高氯酸盐氧化剂,包括高氯酸肼、二高氯酸肼、高氯酸羟铵和高氯酸硝酰等。但是,这些在有效氧含量、生成焓、氢含量等方面综合能量性能优于 AP 的氧化剂,在吸湿性、安全性和相容性方面均不能满足固体推进剂加工和贮存条件要求。

二硝酰胺铵(ADN)的研发成功,使人们发现氧原子以氮原子为骨架结合而成的氮氧阴离子($N_3O_4{}^-$)具有很好的稳定性,并且也是一个高密度含氧(原子)源。ADN 取代固体推进剂中 AP,能大幅提高推进剂的能量,降低特征信号和减少环境污染。然而,ADN 的生成焓(-1 130 kJ·kg^{-1})虽优于 AP,但依然较低。2005 年,美国专利报道了 ADN 的制备方法:将 N-脒基脲二硝酰胺盐(GUDN)与 KOH 反应得到二硝酰胺钾(KDN)后,再与硫酸铵反应得到 ADN。2015 年,瑞典防务局 FOI 改进了该方法,申请的专利公开了目前的最佳合成工艺,即由 GUDN 同铵盐在异丙醇中发生离子交换反应,一步法得到

ADN，如图 9－13 所示。该工艺更为简单，降低了 ADN 的副产物，提高了纯度，避免了产物中钾离子的存在，降低了成本。

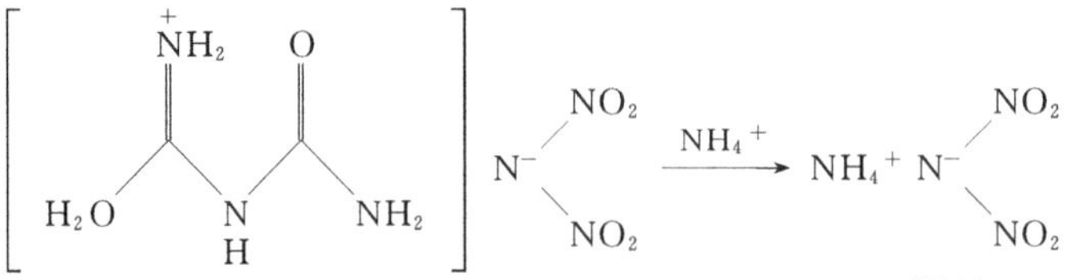

GUAN　　ADN

图 9－13　ADN 的制备工艺

2)高有效氧含量、正生成焓氧化剂。固体推进剂氧化剂参与氧化还原反应的能力取决于化合物氧含量、质量生成焓及密度。根据分子结构理论，提高化合物生成焓、氧含量和密度的技术必然使其燃气生成量下降，提高氧化剂参与氧化还原能力(即提高氧化剂燃烧反应的焓变)，必须使推进剂燃烧反应放热量的增加能够抵消因做功效率降低对推进剂比冲的不利影响。

三硝酰胺(TNA，$N(NO_2)_3$)，分子中只含有氮和氧两种元素，燃烧后只形成氮气和氮氧化物，密度为 2.0 g·cm^{-3}，预估生成焓为 156～292 kJ·mol^{-1}。瑞典皇家工学院(KTH)的研究人员以 ADN 或 KDN 为原料通过电化学法和直接硝化法两种方式合成了 TNA，如图 9－14 所示，但 TNA 在－10℃以上即发生分解。

$$\overset{\ominus}{N}(NO_2)_2 \xrightarrow{OX} NH(NO_2)_2^{+} + B^{-} \xrightarrow{NO_2^{+}} N(NO_2)_3$$

$$\overset{\ominus}{N}(NO_2)_2 \xrightarrow[CH_3CN]{NO_2BF_4} N(NO_2)_3$$

图 9－14　TNA 的合成

美国南加州理工大学 Christe 等通过 KDN 和 NF_4SbF_6 在－30℃的乙腈溶液或－64℃的液体二氧化硫中反应制备了含氟的化合物 $FN(NO_2)_2$，19F NMR 谱图结果表明产品在高于－20℃时就不能稳定存在。

$$NF_4SbF_6 + KN(NO_2)_2 \longrightarrow FN(NO_2)_2 + NF_3 + KSbF_6$$

此外，Christe 等试验了以氨硼烷和二硝酰胺酸为原料在乙二醇二甲醚或乙腈中反应，脱氢制备了两种二硝酰胺的硼氨化合物 $NH_3 \cdot BH_3DN$ 和 $NH_3 \cdot BH_3(DN)_2$，并通过单晶和 NMR 表征了结构，如图 9－15 所示。其中 $NH_3 \cdot BH_3DN$ 是一种正氧平衡的高能量化合物，含有还原性的硼氢键和强氧化性的二硝酰胺根，但该化合物依然存在热稳定性差的缺陷。

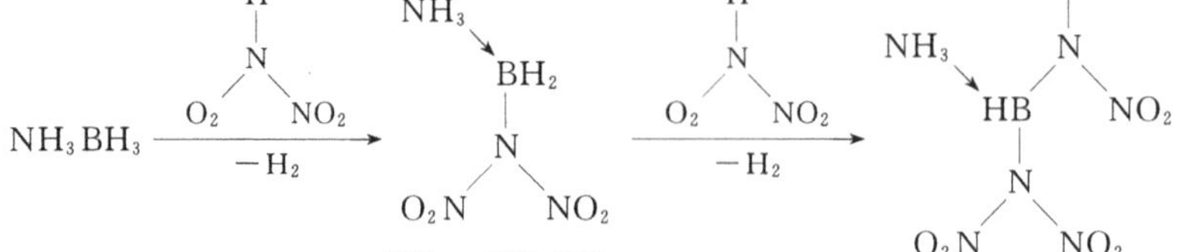

$NH_3 \cdot BH_3DN$　　$NH_3 \cdot BH_3(DN)_2$

图 9－15　二硝酰胺的硼氨化合物的合成

固体单质氧化剂 O_4 是比传统臭氧更强的氧化剂，其已在 20 GPa 的高压下成功制备

（红色固体）。这种氧分子能够稳定存在，但具体结构还有待进一步研究。O_4 内集中了更多的氧原子，液化后的能量密度高于普通液态氧，用作火箭推进氧化剂可大幅度提高比冲，可能达到 $500 \sim 700$ s。高有效氧含量，高氢含量或正生成焓类氧化剂的研发需要向有效氧含量高（大于 20%）、熔点高（大于 100 ℃）、热稳定性好（分解温度大于 150 ℃）、生成焓高的方向发展，应重点解决高氧、高氢氧化剂生成焓提高及高氧高生成焓氧化剂稳定性的技术难题。

（2）高生成焓、高氢含量的离子盐氧化剂。理论计算表明，在 20% 含铝固体推进剂体系中，增加 1% 的氢含量获得的比冲增益为 6.5 s，相当于增加了 $2\,000$ kJ·kg^{-1} 的生成焓。因此，提高氢含量对提高含金属的固体推进剂体系的比冲非常有效。增加氧化剂中的氢含量将导致化合物生成焓降低，同时使推进剂燃烧反应放热量降低。平衡氧化剂提高放热量与降低燃气平均分子量的技术途径是选择高生成焓、高氧含量含能阴离子的羟胺盐、铵盐或肼盐。

呋咱环（$1,2,5$-噁二唑）作为氮杂环含能基团，是设计高能量密度材料的一个有效的结构单元，能够显著提高化合物的密度、生成焓等性能。美国爱达荷大学和海军研究实验室合成了高度敏感的 $3,4$-二硝胺基呋咱（DNAF）。为了改善其安全性能，制备了一系列相应的富氮盐。在这些离子盐中，$3,4$-二硝胺基呋咱的肼盐（Hy_2DNAAF）的氢含量达 3.97%，密度为 1.873 g·cm^{-3}，计算生成焓 1360 kJ·kg^{-1}。为了安全高效地制备该化合物，美国学者避开了从敏感度高的 DNAF 制备 Hy_2DNAAF 的方法，开发了通过 N-乙氧羰基保护 Hy_2DNAAF 的安全合成路线，如图 $9-16$ 所示。俄罗斯科学家报道了 $4,4'$-（二硝胺基）偶氮呋咱及其铵盐的合成，并详细分析了晶体结构。

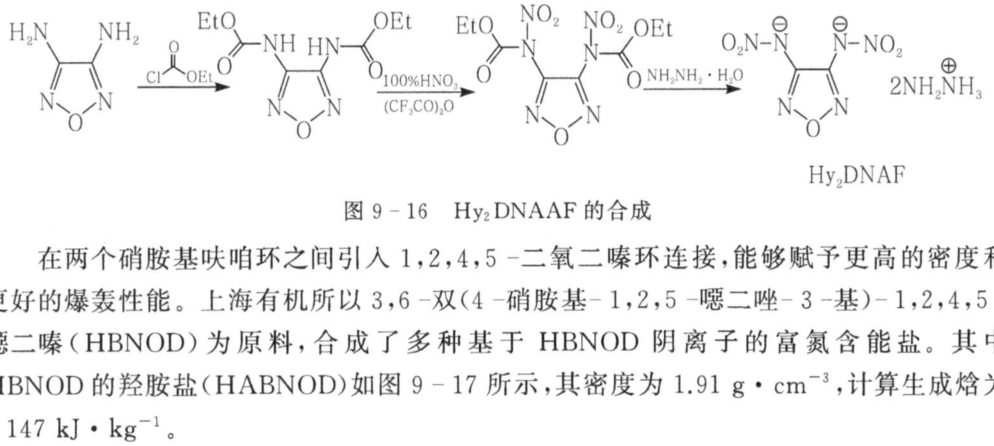

图 $9-16$　Hy_2DNAAF 的合成

在两个硝胺基呋咱环之间引入 $1,2,4,5$-二氧二嗪环连接，能够赋予更高的密度和更好的爆轰性能。上海有机所以 $3,6$-双（4-硝胺基-$1,2,5$-噁二唑-3-基）-$1,2,4,5$-噁二嗪（HBNOD）为原料，合成了多种基于 HBNOD 阴离子的富氮含能盐。其中 HBNOD 的羟胺盐（HABNOD）如图 $9-17$ 所示，其密度为 1.91 g·cm^{-3}，计算生成焓为 $1\,147$ kJ·kg^{-1}。

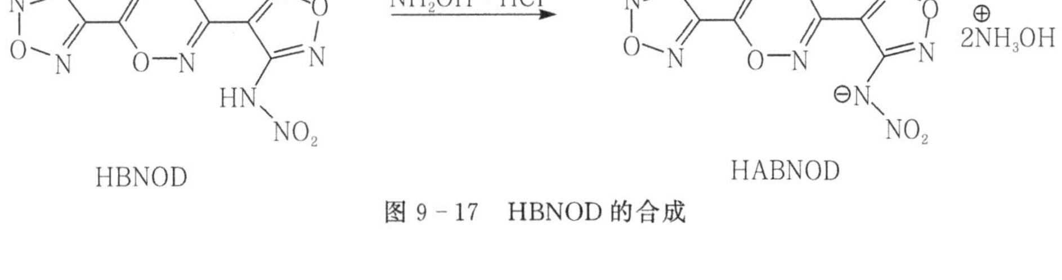

图 $9-17$　HBNOD 的合成

偕二硝甲基中 2 个强吸电子基团—NO₂ 的存在使其结构中的氢具有较强的活泼性，容易失去质子氢，形成偕二硝甲基阴离子，可与多种碱性化合物反应合成含能离子盐。因此，偕二硝甲基唑类化合物的合成及性能研究引起了含能材料领域的广泛关注。

俄罗斯科学院泽林斯基有机化学研究所 Semenov 等首次以 2 -丙酮基- 5 -硝基四唑为原料经过硝化、水解制备了 2 -偕二硝甲基- 5 -硝基四唑（HDNMNT），并利用 HDNMNT 的强酸性分别与醋酸钾、水合肼及醋酸铵进行中和反应，制备出相应的钾盐、肼盐、胺盐。其中，2 -偕二硝甲基- 5 -硝基四唑肼盐（HyDNMNT）（见图 9 - 18）的实测密度为 $1.81 \text{ g} \cdot \text{cm}^{-3}$，计算生成焓为 $1\,553 \text{ kJ} \cdot \text{kg}^{-1}$。西安近代化学技术研究所张敏等用 HDNMNT 与羟胺的甲醇溶液反应得到 2 -偕二硝甲基- 5 -硝基四唑羟胺盐（HADNMNT）（见图 9 - 18），计算其密度为 $1.87 \text{ g} \cdot \text{cm}^{-3}$，生成焓为 $1\,186 \text{ kJ} \cdot \text{kg}^{-1}$。

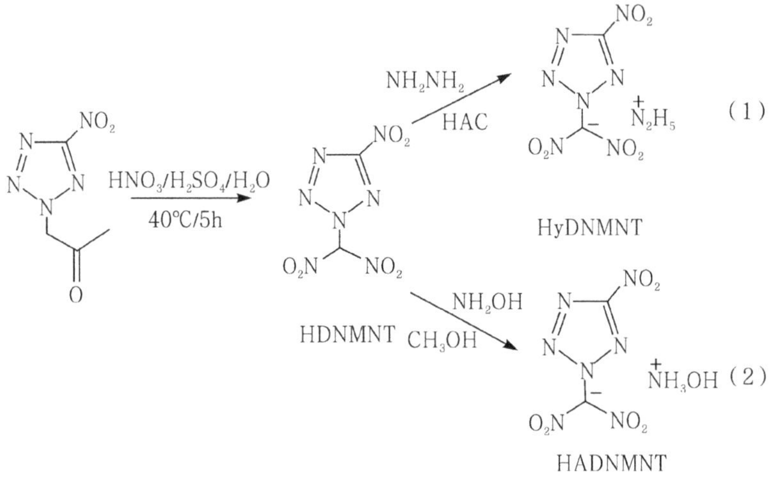

图 9 - 18　HyDNMNT 和 HADNMNT 的合成

德国慕尼黑大学的 Klapoötke 等发明了氢含量达 3.41% 的 5,5′-联四唑- 1,1′-二氧二羟铵（TKX - 50），以二氯乙二肟和叠氮化钠为原料通过叠氮化和环化反应得到中间体 1,1′-二羟基- 5,5′-联四唑（1,1′- BTO），再与盐酸羟胺反应得到 TKX - 50，合成路线如图 9 - 19 所示。该物质曾被认为是能量性能超过 HMX，接近 CL - 20 的能量水平。然而，后续美国、俄罗斯等科学家对此提出了质疑，认为忽视了羟胺（$-114 \text{ kJ} \cdot \text{mol}^{-1}$）与双氧化四唑成盐反应（$-67 \text{ kJ} \cdot \text{mol}^{-1}$）热效应对生成焓等能量性能的巨大影响，TKX - 50 的能量是低于 HMX 的，见表 9 - 9。此外，胺的生成焓为 -133 kJ/mol，肼的生成焓为 50.6 kJ/mol（往往存在安全性问题）。因此，氢含量高的氧化剂实现高生成焓很困难。

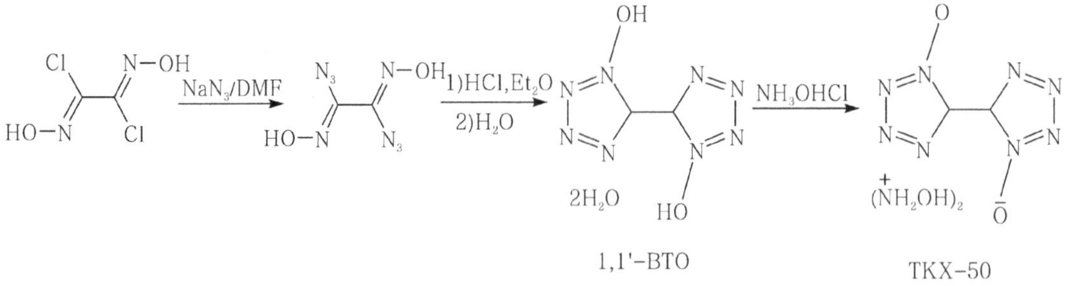

图 9 - 19　TKX - 50 的合成

在氧化剂元素组成、化学结构确定的情况下,生成焓的精确预测及测试就显得尤为重要,文献报道的生成焓的准确性需要验证,与真实值的偏差将产生大量徒劳的工作,此外还存在缺乏数据库及高通量的高能物质筛选程序,含能离子盐的密度、生成焓预测难度大、准确度不高等问题。高生成焓、高氢含量离子盐氧化剂需要重点解决生成焓预测及测试的精确度问题,避免最终艰难合成出产品并开展了大量推进剂配方试验后才发现并未得到预期的结果。

表 9 - 9　TKX - 50 生成焓的预估及测试

研究机构	实测燃烧热/(kJ·kg^{-1})	生成焓/(kJ·mol^{-1})	
		由燃烧热计算	理论计算
GER	—	439	446
RUS	8 704±53	111±16	105~130
USA	—	—	193
南理工[1]	9 091	204	—
北理工[1]	9 152	218	—

注:1)航天 42 所提供样品。

(3)高生成焓、正(零)氧平衡氧化剂。这类氧化剂应是具有高生成焓(最好达到 2 000 kJ·kg^{-1},然而在无需外界供氧的固体推进剂中氧元素对能量的贡献相当大,因此高有效氧含量的化合物对生成焓的要求可适当降低)、良好稳定性的高氮杂环与笼型化合物类共价键型有机高能氧化剂。RDX、HMX 是通过分子内氧化基团和可燃骨架的氧化还原反应来获取能量;CL - 20、ONC 在此基础上,利用环状或笼型分子骨架的张力能进一步提升分子的能量。从结构的紧密和规整性、电荷的分布和化学键的对称平衡方面分析,突破 CL - 20、ONC 的能量密度很困难。高氮结构的优势在于 N—N 或 N==N 断裂形成 N_2,释放的能量高;而且在能量转换过程中,N_2 是随燃气温度变化影响最小的优质工质。

硝基官能团可有效改善含能化合物的氧平衡,因此硝基、高氮含量化合物一般具有高密度、高生成焓和良好的氧平衡等特点。如八硝基立方烷(ONC),分子式为 $C_8(NO_2)_8$,完全零氧平衡,预估密度为 1.9 ~ 2.2 g·cm^{-3},生成热可达 333 ~ 593 kJ·mol^{-1}。ONC 的合成工艺复杂,条件也较为苛刻。

俄罗斯科学研究院的学者在多硝基含能材料上做了大量工作,Sheremetev AB 课题组发明了一种含有 10 个硝基的联吡唑结构的新型含能材料——4,4′,5,5′-四硝基-2,2′-双(三硝基甲基-联吡唑)(TNTMBP)。由 4,4′,5,5′-四硝基-2H,2′H-3,3′-联吡唑(TNBP)与市售的溴丙酮进行 N-烷基化反应,再与 100% 的 HNO_3/H_2SO_4 完成硝化反应得到该化合物(见图 9 - 20),并通过 X 射线单晶衍射证实了其结构。该化合物室温下显示出 2.02 g·cm^{-3} 的高结晶密度,具有正的氧平衡(10.5%),和 CL - 20 相似的重量生成焓(850 kJ·kg^{-1}),有望成为绿色氧化剂的替代物。TNTMBP 的撞击感度为 9 J,

摩擦感度为 215 N,感度介于 AP 与 ADN 之间。

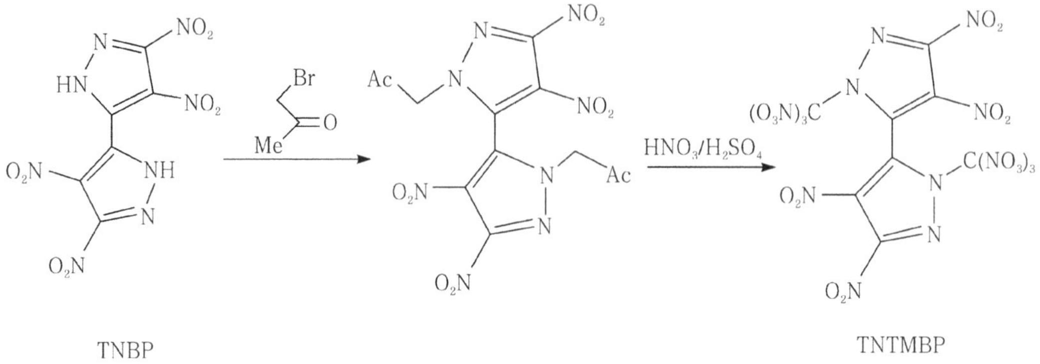

图 9 - 20　TNTMBP 的合成

此外,俄罗斯科学研究院还制备了结构式如图 9 - 21 所示的含 8 个硝基的含能材料 5,5′-二硝基- 2,2′-双(三硝基甲基)- 2H,2′H - 4,4′-双(1,2,3 -三唑)(DNBT),其氧平衡为 12.2%,密度为 1.92 $g \cdot cm^{-3}$,生成焓为 900 $kJ \cdot kg^{-1}$。

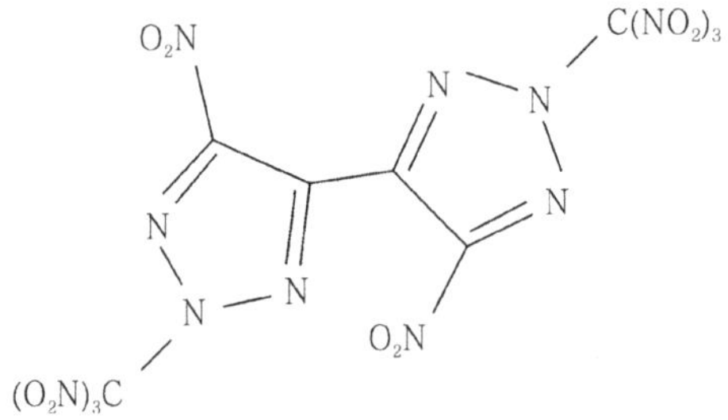

图 9 - 21　DNBT 的结构式

唑环、嗪环或呋咱环中引入偶氮基,不仅可以明显提高高氮杂环化合物的含氮量以及生成焓、密度,而且偶氮基的共轭结构能增加整个分子的稳定性。2018 年,西安近代化学研究所通过 3,5 -二硝基- 1,2,4 -三唑(DNT)与氢氧化钾的乙醇溶液反应,再与 MSH 发生胺化反应,得到中间体 1 -氨基- 3,5 -二硝基- 1,2,4 -三唑(ADNT)。采用一定摩尔比的叔丁基次氯酸钠将 ADNT 偶氮化后得到零氧平衡化合物的 1,1 -偶氮(3,5 -二硝基-1,2,4 -三唑)(ABDNT),如图 9 - 22 所示。该化合物密度为 1.93 $g \cdot cm^{-3}$,计算生成焓达 2 831 $kJ \cdot kg^{-1}$。

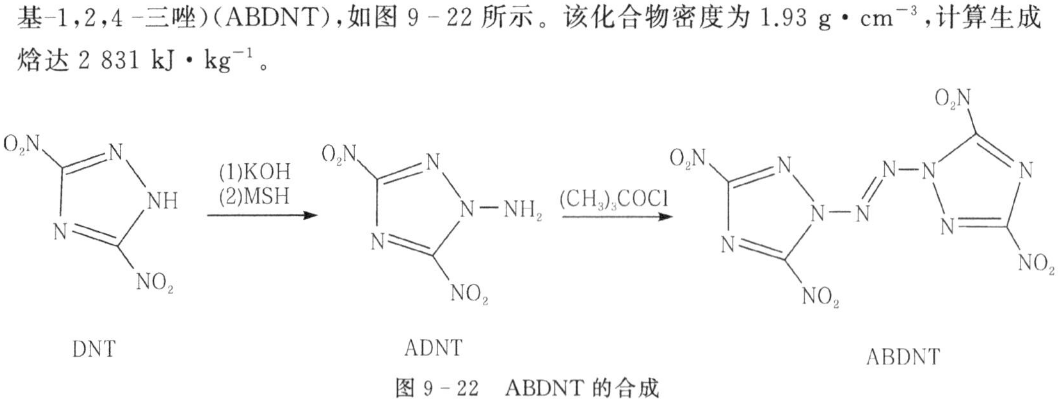

图 9 - 22　ABDNT 的合成

表 9 - 10 涉及几种零氧平衡或正氧平衡的硝基四唑衍生物,均具有较高的计算生成焓和密度,但与同样条件下的 HMX(撞击感度为 21 cm)相比,预测的撞击感度均较高。

表 9 - 10　多种四唑衍生物的计算性能

序　号	结构式	氧平衡/(%)	生成焓/(kJ·kg⁻¹)	密度/(g·cm⁻³)	撞击感度/cm
1	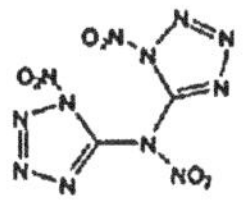	11.11	2 724	1.95	5.65
2	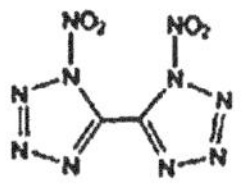	0	3 140	1.88	7.24
3	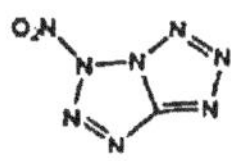	0	4 339	1.96	4.52
4	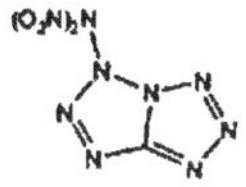	14.81	2 819	1.88	5.93
5	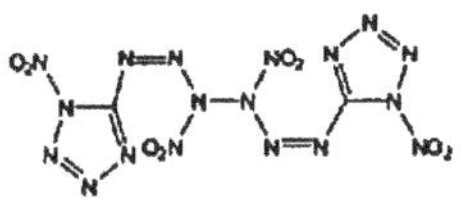	15.84	2 995	1.95	5.15
6	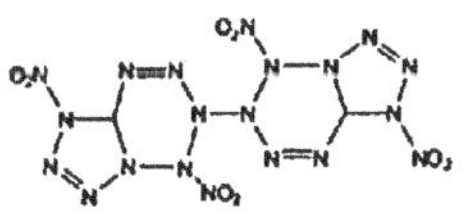	11.06	2 935	1.92	8.27

　　硝胺基团能够显著增加化合物的生成焓,进而提升分子的能量水平。德国 Thomas M Klapoötke 课题组报道的 1,5 -二硝胺基四唑(DNATZ)是一种新型的正氧平衡的含能材料,以碳酸二甲酯和水合肼为起始原料,通过环化和硝化反应得到,其合成路线如图 9 - 23 所示。DNATZ 密度为 1.93 g·cm⁻³,生成焓为 2 559 kJ·kg⁻¹,然而 DNATZ 相当敏感,实测撞击感度为 1 J,摩擦感度<5 N。

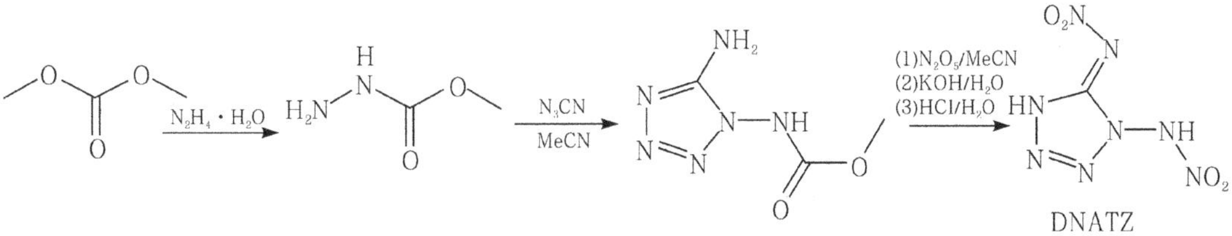

图 9 - 23　DNATZ 的合成

　　在含能氧化剂中引入配位氧基团即 N→O 键,既可以进一步提高其密度、氧平衡,又能加强分子的稳定性。3,3′-二硝基- 4,4′-偶氮二氧化呋咱(DNAFO)是零氧平衡化合物,同时也是目前已知的爆速最高的高能化合物之一,其密度达 2.002 g·cm⁻³,生成焓为 2 316 kJ·kg⁻¹,实测爆速为 10 km·s⁻¹。航天 42 所何金选等以丙二酸单酰肼单钾盐为原料,合成了中间体4-氨基-3-叠氮羰基氧化呋咱(ANFO),再经偶氮化、重排和氧化等反应合成了DNAFO,合成路线如图9-24所示。DNAFO的实测安全性能表明,其感度远高于RDX,已达到测试极限。

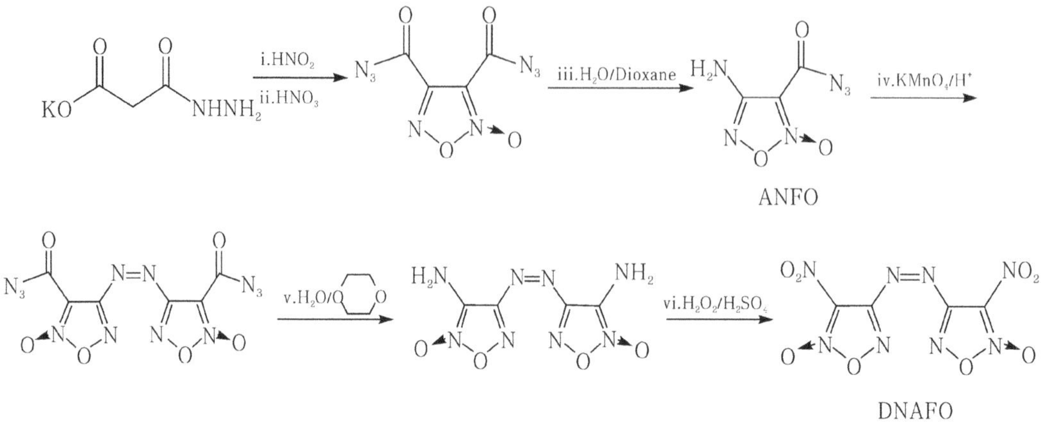

图9-24 DNAFO的合成

零氧平衡化合物1,2,3,4-四嗪并[5.6-e]-1,2,3,4-四嗪-1,3,5,7-四氧化物(TTTO)的理论计算密度为1.98 $g \cdot cm^{-3}$,生成焓为4 305 $kJ \cdot kg^{-1}$,表明其能量水平有望达到传统CHON含能材料的能量极限。俄罗斯科学院泽林斯基有机化学研究所以2,2-二(叔丁基-NNO-氧化偶氮基)乙腈为原料,经过多步反应得到中间体TDO,再在$HNO_3/H_2SO_4/Ac_2O$体系中硝化得到TTTO,合成路线如图9-25所示。

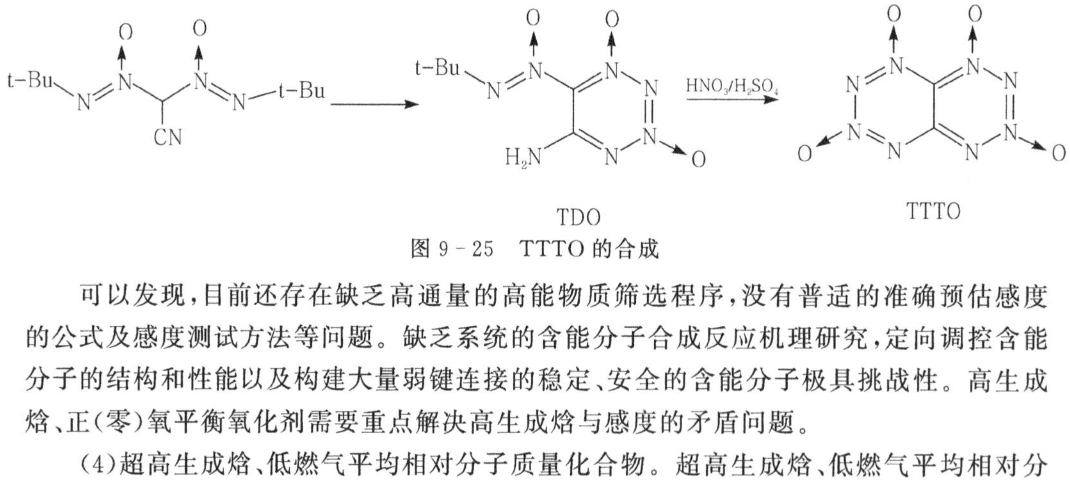

图9-25 TTTO的合成

可以发现,目前还存在缺乏高通量的高能物质筛选程序,没有普适的准确预估感度的公式及感度测试方法等问题。缺乏系统的含能分子合成反应机理研究,定向调控含能分子的结构和性能以及构建大量弱键连接的稳定、安全的含能分子极具挑战性。高生成焓、正(零)氧平衡氧化剂需要重点解决高生成焓与感度的矛盾问题。

(4)超高生成焓、低燃气平均相对分子质量化合物。超高生成焓、低燃气平均相对分子质量物质,如全氮、聚CO、聚CO-N_2、金属氢等无需外界供氧、依靠热分解释放能量,分解产物为双原子小分子的优质工质,在固体推进剂中可将其作为氧化剂组分研究。

1)全氮化合物。1999年,美国空军研究实验室Christed KO等在超低温下合成了第一个N_5^+阳离子盐,并根据分子模拟计算结果指出:弯曲的N_5^+结构具有较好的稳定性。$N_5^+AsF_6^-$的合成方法为:NaN_3与硬脂酸反应生成HN_3,经过分离提纯得到高纯无水的HN_3,HN_3与$N_2F+AsF_6^-$反应消除一分子的HF生成几乎定量的$N_5^+AsF_6^-$。2001年,Ashwani Vij等经过多步反应合成了更为稳定的N_5^+盐——$N_5^+SbF_6^-$。$N_5^+SbF_6^-$

合成已达到 5 g/批的规模。它是一种无色吸湿性固体，稳定性远高于 $N_5^+AsF_6^-$，在 70℃才开始分解，撞击感度低，但具有较强的氧化性。其他 N_5^+ 盐也已合成出来，如 $(N_5)_2SnF_6$、$N_5B(CF_3)_4$，但它们的稳定性并未超过 $N_5^+SbF_6^-$。

2017 年，南京理工大学陆明教授课题组公开报道了人类第一个全氮五唑阴离子——N_5^- 的稳定盐类化合物，分子式为 $(N_5)_6(H_3O)_3(NH_4)4Cl$，分解温度为 117℃。该化合物是由间氯过氧苯甲酸和二甘氨酸亚铁在多取代芳基五唑中直接裂解 C—N 键而产生的，相当于 3 个 $N_5^-N^+H_4$、3 个 $N_5H_3^+O$ 和 1 个 $N^+H_4Cl^-$ 的离子混杂结晶。N_5^- 质量比 71.86%，N_5^- 阴离子水合酸和铵盐质量比＞91%。这可能是目前全氮结构最有可能进入实用的物质。计算得出该 N_5^- 盐类化合物的生成焓为 ＋785.2 kJ·kg^{-1}，氧平衡系数为 －26%，低于 HMX 和 CL - 20。其作为单质推进剂理论比冲不到 200 s，在 HTPB 中能量效益逊于 HMX 等硝胺炸药。

科研人员运用量化理论对部分全氮化合物的能量性能和推进剂比冲进行了计算，详见表 9 - 11。

表 9 - 11　部分全氮化合物的性能预测

序　号	化合物	密度 g·cm^{-3}	生成焓 kJ·kg^{-1}	爆速 km·s^{-1}	I_{sp}/s
1	N₄	1.75	20 083.2	13.24	461.7
2	N6	1.97	17 154.4	14.04	439.7
3	N8	2.15	15 271.6	14.86	424.0
4	N10	2.21	7 531.2	12.08	322.2
5	N60	2.67	5615	10.97	282.5

氮原子簇化合物为亚稳态物质，即使在低温下也迅速分解。理论研究显示氮原子簇化合物沉积在碳纳米管（CNTs）内部，在常温常压下是稳定的。碳纳米管提供了一个使氮原子簇稳定存在的势阱，从而可以制备内部沉积氮原子簇的碳纳米管（Nx/CNTs）。Nx/CNTs 的制备方法主要有物理化学沉积和电化学沉积法。美陆军研究发展与工程中心于 2009 年就开发出碳纳米管/聚合氮/氮原子簇固定物。

1985 年，美国学者最早提出预测，在超高压和高温下氮分子中的氮叁键会发生解离，转变为氮双键或氮单键，分子（态的）氮会转变为一种晶态的聚合氮。随后，有人进一步指出，含能最高的稳定聚合氮是具有空间群为 I213 的独特立方体偏转结构，并将此结构命名为 Cubic Gauche Nitrogen（cg - N）。理论和实验结果均表明，cg - N 密度达 3.9 g·cm^{-3}，生成焓为 20 794 kJ·mol^{-1}。

2004 年，德国 MaxPlank 研究所采用激光加热金刚石压砧（LHDAC）技术，最先制备出首个 cg - N 样品。2007 年，美国 Lawrence Livermore 国家实验室、英国爱丁堡大学的 Gregoryanz 等对高压氮直接进行激光加热，相继在 120～150 GPa、2 000 K 的条件下成功合成了透明的 cg - N。2014 年，美国华盛顿州立大学在 150 GPa、3 000 K 下截获了另外一种聚合氮，取名为 LP - N。2018 年，四川大学雷力等基于自行搭建的极端条件光谱平台,以普通氮气为原材料,通过超高压 LHDAC 技术在 134 GPa、2 000 K 的高温高压条件下,成功合成了国内首个 cg - N 样品。

2)固态聚合物。美国 LLNL 国家实验室于 2005 年采用金刚石压砧技术(DAC)首次合成出 Poly - CO,并实现了数克级放大合成。2011 年,德国 ICT 研究院同样采用该技术以 CO/He(体积比 25/75)混合气体为原料在 5.2 GPa 下制备出 Poly - CO。美国陆军研究实验室(ARL)联合华盛顿州立大学(WSU)开发出一氧化碳-氮气固态共聚物新型炸药,该共聚物的密度可达 $3.98 \text{ g} \cdot \text{cm}^{-3}$,能量是常规炸药 HMX 的 3 倍。

3)金属氢。氢气在一定压力下可转化为固态结晶体,在室温下无需密封可保持很长时间并具有超导特性,这就是金属氢。其能量密度达 $218 \text{ kJ} \cdot \text{g}^{-1}$,比 HMX($5.53 \text{ kJ} \cdot \text{g}^{-1}$)高约 40 倍,比 TNT($4.65 \text{ kJ} \cdot \text{g}^{-1}$)高约 50 倍,爆速约为 $15\,000 \text{ m} \cdot \text{s}^{-1}$,做功能力极强,是迄今已知化学能最高的化学爆炸物。

1935 年金属氢在高压下有存在的可能从理论上被证明。2017 年,美国哈佛大学自然科学系教授 Isaac F · Silvera 等利用 DAC 技术,在 495 GPa 超高压、超低温条件下成功制得首个固态金属氢样本,具有高达 0.91 的反射率。虽然有学者提出质疑,但他们认为发现的新的过渡相和高反射率就是氢转变为金属相的证明。

全氮化合物、聚 CO、聚 $CO - N_2$、金属氢为代表的这类化合物面临的实际问题是,制备热稳定性适合使用的凝聚态化合物是非常困难的;然而,这些新概念高能量密度材料具有推动武器装备动力系统性能跃迁、武器装备形态变革的巨大潜能,因此世界各国积极开展制备技术研究。

9.2.6 真空技术在药浆制备中的应用

(1)氧化剂真空干燥。氧化剂主要指高氯酸铵(AP)等含能材料。细高氯酸铵(AP)的粒度仅为几微米,吸湿性强,易结块,不易分散,吸潮严重会改变 AP 的粒径和粒形,直接影响黏结剂对 AP 表面的包裹、推进剂制造过程氧化剂加料的顺畅性、推进剂混合的均匀性、药浆的流变性能和推进剂燃速的稳定性能等。所以在使用前对 AP 的干燥是推进剂生产前原材料准备的重要环节。

氧化剂(AP)的干燥就是使其内部所含的水分从固体内部借扩散作用达到表面,而汽化的过程。由于 AP 在较高温度下容易分解,并具有一定的潜在危险性,又由于水的沸点随真空度的增大而降低,因此现在通常采用真空干燥。真空干燥的优点是物料表面温度低,干燥速度快,物料在较低温度下干燥,不易发生分解,更易使化学性质保持稳定,生产操作安全可靠。经过烘干处理的 AP 在真空罐内贮存,以备待用。

(2)氧化剂真空贮存。氧化剂的真空贮存系统主要用于超细氧化剂在真空状态下的长期贮存,使贮存罐内部的有限空间处于长期与大气隔绝的真空状态。通过真空泵将贮存料罐内的空气排出,使罐内形成相对的真空,罐内真空环境保持相对稳定,从而保证物料在罐内贮存后,其状态(粒度、水分)保持相对稳定,延长贮存时间,满足装药生产的需要。在氧化剂的真空贮存过程中运用自动控制技术,多个真空罐之间互相并联,同时对多个真空罐进行抽真空控制,也可对单台进行抽真空控制,实现发动机装药前氧化剂的批量贮备。

应用表明,真空压力保持在中低真空条件下,氧化剂可存放数个月,有效降低结块现象。提高真空度,可有效延长氧化剂的存放时间和贮存效果,为固体火箭发动机批量装药提供有效保障。

(3)氧化剂料桶真空搬运。在固体发动机装药原料准备前,要将 40 多千克重的氧化剂原料桶搬抬到过筛处理设备上,以前依靠人力搬抬,劳动量大、劳动强度高。由于安全因素,采用机器手,实现机械化程度受到限制。近年,真空技术被应用于这一氧化剂处理过程,许多学者研究了氧化剂吸管式真空提升搬运装置。操作人员单手操作系统控制手柄,该装置就可完成氧化剂原料桶的提升、平移、摆台操作。由于该项技术比较成熟,充分考虑了人体工效学等,使得操作简洁、轻松,人工劳动强度大大降低。该装置的提升高度、提升重量、安全性能等各项技术指标均能满足使用要求,在实现球形氧化剂处理全过程的机械化方面,取得了良好的效果。

(4)高能推进剂的真空混合。固体推进剂的混合是推进剂制造中的一个关键工序,混合的目的就是把大量的固体组分如氧化剂和铝粉等与少量的黏稠液体如黏结剂相混合,使固液界面润湿,固体颗粒被良好包覆,各组分分散均匀、一致,形成工艺性能良好的高黏度药浆。真空混合能够除去混在药浆里的气泡,又利于固体颗粒的包覆,从而可减少剪切力,提高混合效率;还可以抽除混合机内产生的挥发性易燃易爆气体和粉尘,有利于安全生产。

9.2.7　固体推进剂混合过程安全性保证

复合推进剂混合是装药中重要工序,也是危险性较大的工序。将各固体、黏流体、液体物料捏合成非牛顿假塑性黏流体药浆的过程,呈现了装药工艺过程的危险性和推进剂性能均匀稳定的两重性。混合程序前期为物料加料捏合段,存在着最大扭矩产生的不安全因素,改变加料模式,以低转速小加料量、分批分步加料或加工艺助剂等均能回避(错过)加料扭矩最大值峰;但改变加料模式直接牵连物料捏合均匀性和装药性能,两者关系以谁为重。有专家认为避免混合加料最大扭矩峰,将它控制在稍高于混合过程平均扭矩10%,以加料完成后增长捏合时间来保证物料均匀性;即在加入固化剂前,物料无肉眼可见的 AP 团聚、胶团或其他团聚物,以求安全,保质量为最佳混合工艺。

为达到固体推进剂混合过程安全性保证,可采取如下措施:

(1)不同固体含量对推进剂混合过程扭矩影响较大。如图 9 - 26 所示,当混合锅内固含量超过 85%时,药浆黏度变化显著,扭矩随固含量的增加急剧上升,新加入的固体组分由于界面润湿不完全容易产生团块,物料间干摩擦导致扭矩值增加,此时改变加料模式,随着混合时间的增长,桨叶/锅壁挤压作用下,使团聚的固体颗粒分散,降低固体组分团块对桨叶的冲击;同时克服固-液界面阻力,增加润湿,降低推进剂的黏度,混合机承受的扭矩降低,趋于平坦。

(2)增大混合量时,混合过程的扭矩相应平行增加。在加料完成后扭矩最大值峰出现,随着混合时间的延长,扭矩降低趋于平坦,此时扭矩表现为与推进剂黏度有关,如图9 - 27所示。因此,对于同一配方增加混合量,应适当延长加固化剂前的捏合时间。

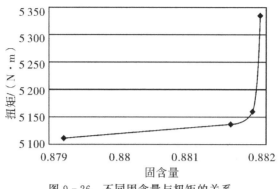

图 9 - 26 不同固含量与扭矩的关系

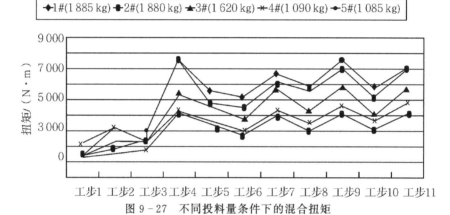

图 9 - 27 不同投料量条件下的混合扭矩

（3）当调整固体含量、混合量因素难降低扭矩时，为保证装药安全，适当提前加入固化剂，可降低扭矩，但要注意混合物料均匀性。

表 9 - 12 加固化剂前后最大扭矩值对比

型　　号	加固化剂后减少固体含量/（%）	加固化剂前扭矩最大值/（N·m）	加固化剂后扭矩最大值/（N·m）	减少百分比/%
配方 1 - 1	0.38	11 320	6 547	42.17
配方 2 - 1	0.36	8 598	5 814	32.38
配方 3 - 1	0.36	11 434	9 535	16.61

9.3　固体火箭发动机推进剂药柱浇注工艺

9.3.1　固体推进剂药柱浇注流程

固体推进剂浇注是指将固体推进剂药浆经过真空除气后浇入发动机壳体或模具中，使之成为具有所要求形状的药柱的工艺过程。

内孔燃烧型固体发动机药柱通常是在插入芯模后的发动机壳体内直接浇注推进剂药浆。待其固化后脱芯模，再整形到设计尺寸。

端面燃烧的自由装填式药柱通常采用真空花板浇注或插管加压浇注,直接将推进剂浇入带包覆套的模具中,然后固化成形。复合改性双基推进剂采用的配浆浇注工艺,其操作更为复杂。双基推进剂的拉伸成型工艺如图 9-28 所示。双基及改性双基推进剂的浇注工艺如图 9-29 所示。

图 9-28　双基推进剂的压伸成型工艺

小型战术型号发动机也可采用底部抽注,即将除气后的药浆通过发动机底部连续浇入抽真空的发动机中。

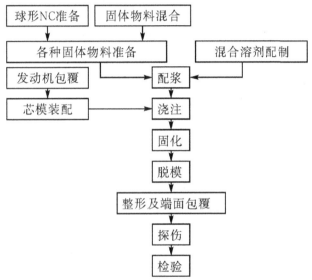

图 9-29　双基及改性双基推进剂的浇注工艺

固体推进剂的浇注工序是装药制造过程的关键工序。在采用卧式混合机混合时,由于药浆在混合过程未经除气,因此必须在浇注时排除药浆内部的气体,以保证装药的质量。真空花板浇注工艺,将浇注发动机置于真空缸内,药浆通过花板,分成细药条,在下落时经过真空排除内部气体,落入发动机内。此时浇注的推动力是大气压强与真空缸内的绝对压强之差以及药浆自身重力形成的压头之和。药浆在发动机内流平则依靠堆积药浆的静力压头。对于固体含量不高,黏度不大的推进剂药浆,利用真空花板浇注工艺可以满足要求。但对于能量要求高的推进剂,若其固体含量增大;或者高燃速的推进剂,若其细氧化剂含量增大,都会使推进剂药浆的表观黏度增大,工艺性能变差。另外,用真空花板浇注容易在药柱中形成气孔。固体推进剂振动浇注工艺正是针对上述问题而开展的。

固体推进剂振动浇注,主要是利用复合固体推进剂药浆的假塑性和振流性。目前,国内外研制和生产的复合推进剂药浆,绝大部分属于假塑性体。复合推进剂制造工艺如图 9-30 所示。

图 9 - 30 复合推进剂制造工艺

9.3.2 大型固体助推发动机装药无缸浇注技术

（1）无缸浇注工艺流程。大型固体助推发动机装药无缸浇注工艺分 8 步走，具体如下（见图 9 - 31）：

1）将壳体翻转后竖直吊入地坑内，壳体对中放置在底座上并连接锁紧；

2）在地坑内的分层平台上完成芯模及头部密封装置的装配；

3）壳体头部及尾部端面上安装成型板及密封工装，将真空管线与密封工装上的抽空口连接；

4）在密封工装上安装浇注料斗、胶管阀、真空热水管线、控制线路等；

5）通过安装在浇注坑内壁上的散热器对浇注坑进行升温、保温，设定保温温度 50℃，保温 10 h 以上。料斗采用保温夹套设计，来料前通 50℃ 保温水保温；

6）控制壳体及料斗的真空度及必要的抽空、放气速率；

7）来料后使用翻锅装置将推进剂料浆倒入一次料斗内，调整料斗下料胶管阀的开度控制推进剂稀浆浇注，控制二次料斗的加压等操作，完成发动机燃烧室的装药。配套设计的隔离监控系统，能够对壳体尾部、料斗内及胶管阀开关的情况进行实时监控；

8）浇注完成后，将料斗和其他浇注工装吊走，关闭浇注坑，燃烧室继续在地坑内恒温固化，在药柱各项技术指标达到工艺要求后，按照一定的降温速率对固化系统进行降温至室温后，在地坑内完成脱模操作。

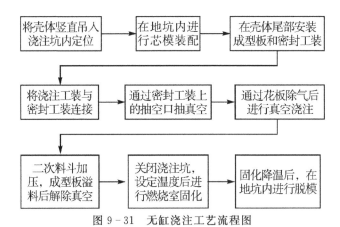

图 9 - 31 无缸浇注工艺流程图

（2）无缸浇注系统组成。浇注系统主要由包括浇注工装（密封工装、定位锁紧机构、下料装置、胶管阀、混合锅翻转装置等）、循环水系统、真空系统、压空系统和浇注控制系统等组成。固化系统主要由固化控制系统、循环水系统等组成。系统采用隔离控制及手动控制结合的方式（见图 9 - 32），全系统实现计算机控制。

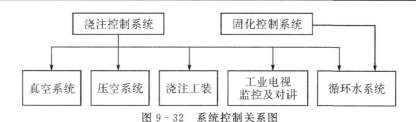

图 9 - 32　系统控制关系图

（3）采用无缸浇注的优、缺点。对比传统的真空缸插管浇注工艺，在大型固体助推发动机装药使用无缸浇注固化系统存在以下优缺点。

优点：无缸系统相对真空罐系统一次资金投入少，运行费用节约。如采用真空罐浇注固化工艺，要满足直径为 $\Phi 3.5\ m$ 燃烧室的浇注固化条件，需要加工尺寸为 $\Phi 5\ m \times 11\ m$ 真空罐一套，与之配套的地坑尺寸和设备基础承重、为抽真空和壳体保温配套的真空系统、热水系统的电容量均要增加，造成一次性投资和日常运行费用提高。

缺点：由于真空罐的直径和容积更大，致使真空罐系统设计难度加大，真空罐的加工、运输和安装问题都需要解决。此外，每次抽真空，整套气密封检查工作量大，难查出漏气部位。

9.3.3　小型固体火箭发动机药柱连续浇注工艺技术

（1）连续浇注技术方案。连续浇注技术是研究发动机装药浇注速度，并对浇注过程进行自动控制，实现发动机装药快速、连续浇注，满足发动机装药批量生产的需求。连续浇注工艺流程路线如图 9 - 33 所示。

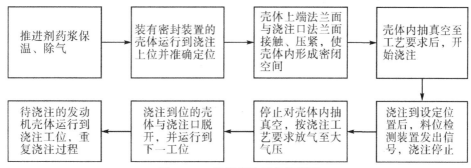

图 9 - 33　连续浇注工艺流程图

（2）关键技术。

1）密封技术。采用壳体外接带密封圈的过渡工装，气缸上行运动夹紧发动机壳体与真空罩，实现发动机壳体端口密封，并使浇注口与发动机壳体自动对接，在浇注口与发动机壳体内腔形成密闭空间，满足燃烧室浇注的真空度要求。

2）下料速度控制技术。在药浆除气及药浆灌装到发动机壳体内的过程中，采用气动阀控制药浆的流动速度，该阀门能够进行远距离控制，开度大小任意可调，开关动作速度平缓，开度信号有反馈功能。

3）药浆浇满料位控制技术。推进剂药浆的固体颗粒分散在高聚物溶胶内，在静止时保持其内部的不规则次序，并具有相应的反抗流动的内应力，当施加力时，药浆中固体颗粒在黏胶体系沿受力方向流动。推进剂药浆流动曲线如图 9 - 34 所示。

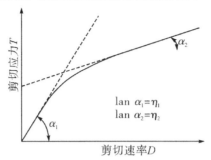

图 9 - 34　药浆剪切应力与剪切速率关系

燃烧室浇满的检测方法是实现连续浇注的关键。采用能在真空状态下使用、防爆、体积小、探测距离大的红外光电转换检测仪,实现药浆料位控制。

4)发动机壳体自动运行及对中定位技术。研制带导向定位装置的工作转台,来完成浇注真空罩与壳体密合分离,实现壳体的自动运行和对中准确定位。

5)残留药浆滴落处理技术。浇注完成后,燃烧室从浇注工位运行到下一工位和待浇注的发动机壳体运行到浇注工位期间,为防止浇注口残留的药浆滴落到导轨或平台上,采用了机械接料装置来收集残滴药浆。

6)自动控制技术。自动控制系统选用 PLC 主控单元和气动控制装置,对浇注过程动作进行程序控制,保证浇注过程正常进行。

9.3.4　非真空浇注工艺

通常,可以在没有真空铸造的情况下制造良好的推进剂颗粒,但真空铸造的优点在于它降低了由于空气间隙而发生挤压晶粒的可能性。法国航天局评估了非真空浇注工艺的可能性,该工艺无需复杂的浇注坑,类似无缸注入。

CNES 为了确定下一代欧洲重型消耗性发射器的最佳候选者而进行了一系列的技术评估,之后提出了基于固体动力系统的可行解决方案(见图 9 - 35)。

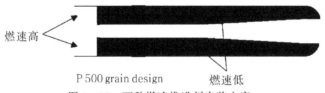

P 500 grain design

图 9 - 35　两种燃速推进剂串装方案

对于固体发动机的制造工艺方面,CNES 主要追求稳定性能和低成本。较大的推进剂质量设计指标意味着需要设计新的推进剂工厂和新的制造工艺。CNES 探索出两个创新的想法:简单的颗粒设计,允许使用低成本芯棒和易于脱模操作,使用双组分颗粒;使用一种不需要“真空浇注”的新工艺(因此没有复杂的铸造坑)并允许推进剂不需要“固化”阶段。此外,以前的基于 1 800 加仑混合器(10 t)会导致与计划成本和铸造时间不相匹配,因此连续铸造工艺也需要进行改进。

9.3.5　推进剂药浆的输送和除气工艺

推进剂组分在混合机捏合完成后,药浆在机械翻动的装置内除气,同时在真空环境中依靠挤压差连续注入(流入)燃烧室或模具内,改进传统的浇注药柱成型方式。

(1)新型除气装置的探索。经资料查询,美国的 Rotofeed 除气机,德国的耐驰NEMO 泵工作原理,与高流量固体推进剂除气、浇注一体机设计思想的除气装置接近。对除气装置的自主创新思维是:在真空环境中,该设备带搅拌齿的旋转装置,通过旋转将从料斗流入圆柱状的推进剂药浆分割成纵向或横向"薄片",利用真空泵抽除药浆内气体,除气后的药浆在离心力的作用下,运动到输送泵的入口,由连轴杆带动定位送料叶片实现药浆输送。

(2)高弹性推进剂药浆机械输送的可行性。机械输送药浆产生的气泡受到绝热压缩、温度升高影响会产生巨大危险。而经真空除气的药浆,填满储料仓,转子旋转推动药浆前进,可以避免机械输送夹带的气泡。采用假药开展输送工艺试验,进行可行性论证,探索输送过程中药浆温度、压强的变化情况,输送精度,使用后药浆的清理技术,以及其他安全技术研究。

9.3.6　大型燃烧室装药尾部人工脱黏层缝隙抽真空装药技术

大型燃烧室翼型翼展大,人工脱黏层在装药前进行了封口处理,这导致燃烧室在推进剂料浆的真空浇注过程中,人工脱黏层与绝热层夹层间的真空压力大于燃烧室内腔的真空压力,最终导致人工脱黏层迅速向燃烧室内腔鼓起而与翼片接触,而人工脱黏层上喷涂有半硫化状态的衬层,装药翼片上涂有脱模剂,在人工脱黏层上的衬层接触翼片后,翼片上的脱模剂便黏附在衬层与推进剂的黏结界面上,造成药柱脱黏,继而对发动机正常工作造成影响;或者衬层黏在翼片上导致固化后推进剂翼槽上有衬层,这一方面影响了衬层与推进剂的黏结界面黏结性能,另一方面影响了推进剂的表观质量。

大型燃烧室装药尾部人工脱黏层缝隙抽真空技术就是在燃烧室内腔抽真空前,先期对近似密封的尾部人工脱黏层缝隙抽真空,在真空浇注过程中保持人工脱黏层与绝热层贴紧,避免人工脱黏层鼓起而造成一系列的质量问题。真空技术在固体发动机装药过程中体现了非常重要的作用。

9.3.7　高氯酸铵氧化剂射流式真空输送工艺

射流式真空(负压)输送高氯酸铵(AP)方式(见图 9 - 36)优化了工艺,提高 AP 的处理工艺水平,对发动机装药很有必要。

负压输送是利用真空吸力使固体物料像流体一样在管道中流动。其优点为密闭性好,设备简单拆装容易,运行安全稳定,对物料破坏程度小,自动化程度高,降低了工人的劳动强度。工作原理为压缩空气经进气口流入环形腔,然后从环布在环形腔的细孔通道中高速喷出,在气力输送器的出气端形成正压气流,同时在气力输送器的另一端形成负压区域,这样物料被负压吸入输送管道并被正压气流吹送到指定地点。

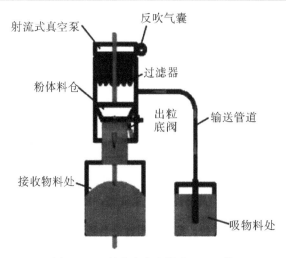

图 9-36 射流式真空输送 AP 工艺

利用射流式真空泵产生真空,出料底阀关闭,使粉体料仓及输送管道内负压,物料从吸物料处经输送管道及进料口被吸入粉体料仓。经过滤器分离气体与粉料粒子,气体排入大气中。

在输送粉料的同时,压缩空气充入反吹气囊中,当所吸物料达到设定的输送量时射流式真空泵自动停止运行,出料底阀打开,物料下落至出料位置;同时反吹气囊内的压缩空气释放,自动清洁黏附在过滤器上的粉体颗粒。射流式真空泵再次工作开始新一轮的循环。整个输送过程中吸料和出料时间由控制器控制。

采用与现有工艺不同的射流式真空(负压)输送 AP 方式,经输送距离(垂直距离 4.5 m,水平距离 1 m)的试验测定(见表 9-13),AP 粒度 d_{43} 变小约 3 μm。推进剂装药试验结果显示,球形 AP 粒度 d_{43} 变化 10 μm,推进剂燃速变化约 0.1 mm/s。针对 AP 用量大,耗费大量人力的问题,提出了 AP 处理的优化组合新工艺,为解决 AP 输送难题探索出了可行的方法。

表 9-13 试验前后 AP 粒度数据

取 样	$d_{43}/\mu m$	
	提升前	提升后
1	335.97	335.61
2	337.97	334.24
3	338.44	334.88
4	337.76	335.24
5	337.77	334.11
平均粒度	337.60	334.82
平均偏差	0.942	0.641

AP 射流式真空输送装置试验成功地实现了球形 AP 取料、提升、加料,给装药提供

了 AP 处理优化组合的技术支持。AP 处理新工艺设计思想为研究射流式真空输送 AP 物料,封闭负压过筛、预混装置,贮罐热风沸腾预热 AP,负压加料输送 AP 入混合机,负压贮存 AP 等优化组合,减少(去)人工搬桶;吸枪入口加 2 mm(10 目)筛网,去掉机械过筛体力劳动;贮罐抽真空贮存将用物料时,对贮罐内通热风去掉前期预热装置,达到节能;从贮罐内直接提升 AP 到混合机内,解决加料难题。

9.3.8　加压固化工艺

随着固体火箭发动机装填分数的不断提高,常压固化降温带来的药柱残余应力应变也明显增大,直接影响药柱结构完整性。另外,在常压下进行药柱成型时,可能会残余少量气体,使药柱内部形成气孔,降低药柱的成型质量。为解决高装填带来的药柱完整性问题及提升药柱的成型质量,工程上常采用加压固化成型技术。

加压固化成型技术是一种消除药柱外表面变形限制的有效方法,即在固化成型时,对推进剂药浆施加压力,使壳体产生一定的膨胀,固化后撤销内压,以壳体的收缩量来补偿推进剂药柱的收缩量,并谋求用来抵消因冷却而在药柱内产生的起张力作用的热应力。

固体火箭发动机药柱加压固化原理示意图如图 9 - 37 所示,在固化时通过对推进剂药浆加压,使发动机壳体产生弹性膨胀变形。推进剂固化后撤销内压,如果撤销内压后壳体向内收缩量等于推进剂在无约束状态下自由收缩时的收缩量,则可消除限制药柱外表面变形的约束条件,从而消除中孔应变。发动机应加的压强可根据下列平衡条件求得:

$$\Delta Vc = \Delta Vp$$

式中:ΔVc——可自由收缩药柱因冷却产生的体积变化量;

ΔVp——加压后发动机壳体的体积变化量。

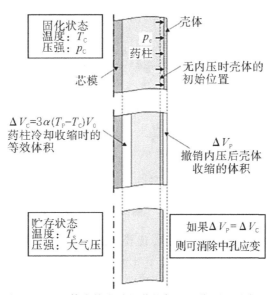

图 9 - 37　固体火箭发动机药柱加压固化原理示意图

固化加压方法有两种:借助胶膜对药浆进行加压(以下简称胶膜加压);用氮气直接加压(以下简称直接加压),根据加压固化后的推进剂力学性能、密度以及与乙丙橡胶绝热层间的黏结性能。具体可对上述两种方式进行适当的选择。

9.4 固体火箭发动机喷管先进材料制造技术

9.4.1 Naxeco 碳/碳复合材料技术

喷管喉部采用基于针刺碳纤维预制件的碳/碳材料。Naxeco 预制体采用碳布/碳纤维网胎针刺,通过针刺将商用碳纤维直接置入,纤维比例为 30%~35%。Naxeco 预制体针刺时纤维沿 ±45°方向铺设,进针时带入纤维,退针时纤维留在原位,形成 Z 向纤维。经过叠层针刺,制成准三维预制体。

Naxeco 碳/碳复合材料的成功关键在于采用了特殊的直接耦合化学气相渗透(Chemical Vapour Infiltration,CVI)工艺。在直接耦合 CVI 工艺过程中,轴对称部件(由碳纤维制造具有导电性)通过外部感应器所导致的楞次效应而自加热,使中心致密,恰好有利于提高喉部耐烧蚀性能,特别适用于喉衬的制造。直接耦合 CVI 的优点是:部件中心部位的密度高;致密化速度高,工艺周期短;机械加工量少。直接耦合致密化工艺降低了成本,提高了生产效率,致密化交付周期下降了 40%。由于这种工艺提高了部件的中心密度,因而实现了烧蚀性能的重大改进。

9.4.2 Naxeco 酚醛树脂材料技术

Naxeco 树脂技术适用于喷管的柔性密封防热罩和尾部出口锥绝热层。2D 碳(采用人造丝)/酚醛适用于高烧蚀区域,同时需要一定的力学支撑来承受力学载荷。Naxeco 树脂则不同,适用于低烧蚀和有显著力学载荷的区域。采用整体式 Naxeco 树脂柔性密封防热罩,可以减少两个部件,简化总装,尤其是黏结工艺。采用 Naxeco 树脂的尾部出口锥绝热层的好处主要体现在原材料成本(采用聚丙烯腈)和绝热层的制造方法上,如图 9-38 所示。

图 9-38 Zefiro 23 混合复合球形加强垫片原型

Naxeco 树脂技术的关键在于树脂传递模塑法(Resin Transfer Molding,RTM)工艺,例如图 9-39 所示。RTM 工艺避免了纤维浸渍和存贮问题,可以节省成本。RTM 工艺的原理如下:纤维增强材料被置于芯棒上,然后放入高压釜内,加热到注射温度。注射系统在压力下将树脂传送到部件的底部,由于真空的作用,达到部件的顶部。当部件全部被树脂包围,树脂进给关闭,固化周期开始。对于喷管的出口锥和外罩,由于点火过程中,这两个部件的位置和经受的侵蚀不同,每个的增强方向不同。因此,RTM 工艺开发了两种不同的注射结构以制作不同形状和大小的部件。对于罩体,增强件与部件轴线平行放置,树脂从部件的底部注入预制件,由于真空向上的吸力和注射压力的推动,树脂沿轴线达到部件的顶部。对于出口锥,由于出口锥比罩体更高,且增强方向不同,树脂相继从几个端口注入,由于真空作用,达到顶部。渗透预制件前,树脂沿流媒流动。采用这种方法可以制造非常高和厚的部件。

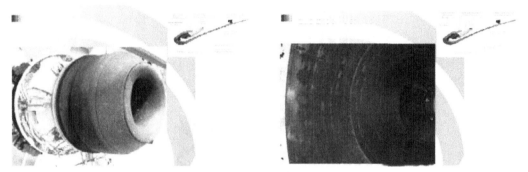

图 9-39　P80 发动机喷管使用了 RTM 技术

9.4.3　芳香酰胺纤维

传统的固体火箭发动机包括固体推进剂,限定推进剂燃烧室的壳体,以及排气喷管及其他用于点燃推进剂的装置。针对火箭发动机的每个主要部件的研究继续努力降低成本,减少自重并增加发动机推力。硬件的最严重加热发生在排气喷管处。高温下的高速气体会氧化,软化,磨损和侵蚀喷管材料。带或不带保护罩的金属喷管可用于短时间灼伤。陶瓷喷管嘴已经成功了很长一段时间。碳/碳喷管也取得了成功。

无喷管火箭发动机是为了在许多专业应用中取代传统的喷管电动机而开发的,其示意图如图 9-40 所示。无喷管马达较便宜,需要较少的绝缘,消除火箭喷管的自重,在给定的外壳体积内接受更多的推进剂,并去掉整体火箭冲压发动机系统中的喷射器。无喷管火箭发动机包括主要部分的主要物料推进剂和较小部分的较慢燃烧喷管推进剂。喷管推进剂用于形成喉部并为废气提供膨胀表面。

在这些无喷管火箭发动机中,需要喷管部分燃烧得足够慢以便达到喷管保持状态,但又足够快以有助于整体推力。如果喷管推进剂的燃烧速率太慢,则喷管的减少由上游气体提供的腐蚀环境决定。如果喷管推进剂的燃烧速率太快,即大于由腐蚀性上游气体确定的最小速率,则喷管喉部打开得太快。

美国空军提出一种改进的无喷管固体火箭发动机,它包括用于减少喷管部分中的腐蚀燃烧效应的装置。具体包括具有封闭前端和开口第二端的火箭外壳,以及包括主要部分和喷管部分的中心开口推进剂颗粒,其中主要部分是成形并固化的第一推进剂,其中喷管部分包括成形并固化的第二推进剂组合物,具有分散在其中的多个芳族聚酰胺纤维。在喷管部分中存在的 Kevlar 纤维增加了发动机性能。喷管中有无 Kevlar 纤维性能参数对比见表 9-14。

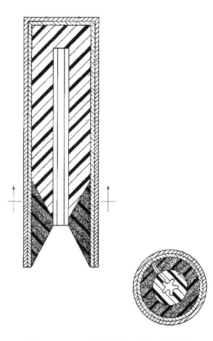

图 9-40　无喷管发动机示意图

表 9-14　喷管中有无 Kevlar 纤维性能参数对比

样本	Kevlar 纤维含量	$I\mathrm{sp}/\mathrm{s}$
1	None	192.7
2	0.09	204.6
3	0.09	202.5
4	0.14	203.9

9.4.4　碳化铪和氮化铪陶瓷聚合物

市售的高温陶瓷基复合材料限于碳纤维/碳基质,碳纤维/SiC 基质,SiC 纤维/SiC 基质,以及最近在氮化硅/碳化物基质中的碳或 SiC 纤维。除了碳/碳以外,其他所有温度都限制在 1 600℃以下,碳/碳非常容易在 400℃以上氧化。碳/碳可以在超高温(2 000℃以上)下使用,但仅限于非氧化环境。

生产纳米复合材料而不是纯相 HfC 或 HfN 的合理性在于碳和氮的存在阻碍了长程有序的形成,并使 HfCN 纳米复合材料在高温下以无定形"玻璃态"加工在结晶之前,在氮化硅/碳化物(SiNC)系统中将"玻璃态"保持在高温(>1 400℃)。在 HfCN 的情况下,由于铪在 HfC 中是四价且在 HfN 中是三价的,因此结晶温度应该更高。此外,HfC 和 HfN 的熔点显著高于碳化硅和氮化硅的熔点。HfCN 与其他几种材料的高温性能对比如图 9-41 所示。

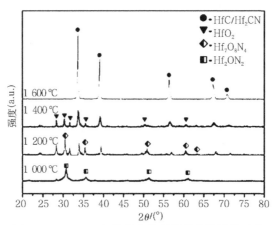

图 9 - 41　HfCN 与其他几种材料的高温性能对比

美国学术界已经充分认识到 HfC 和 HfN 在超高温应用中的理想性能。近几十年来,已知铪碳化物的高熔化温度,通常通过热压制备碳化铪和氮化物以获得单片 HfC 陶瓷,或制备 CVD 以获得涂层。目前,没有商业上可获得或正在开发用于研究的碳化铪纤维的实例。

HfCN 结构陶瓷纤维和基质的商业应用包括但不限于以下:商业和军用固体火箭发动机喷管衬里和喷管部件、液体火箭燃烧器和喷管延伸部分;液体火箭罐和管道、液体火箭涡轮泵组件、战术导弹罐系统和高超声速前缘。

9.5　固体火箭发动机复合材料壳体先进制造工艺技术

9.5.1　Zefiro 40 复合材料壳体制造工艺与设备

发动机壳体是 SRM 的燃烧室和承受运载器机械载荷的结构。轻质结构对于获得阶段所需的优化质量比是必要的,因此由于燃烧室中经历的高压,需要具有高极限应力的材料。该情况所需的另一个重要特征是刚度,以便限制在推进剂上引起的应力。

由于这些原因,在固体火箭箱设计中使用具有高 E/ρ(弹性模量对密度)和 σ/ρ(应力对密度)的材料。在 Vega 计划的框架中,Avio 开发并认证了大尺寸的复合材料箱,采用纤维缠绕技术制造。Zefiro40 中实施的主要设计和技术改进是使用欧洲碳-环氧预浸材料,并为裙边制造引入自动胶带铺设。

Avio pre - pregA 开发计划的目的是在意大利生产碳环氧预浸料,在环境温度下具有更高的稳定性,其生产线如图 9 - 42 所示。该公司开发并测试了一种特定的树脂,发现增加的玻璃化转变温度能够进一步降低在复合材料外壳内部和外部安装的热保护厚度。该树脂将用于浸渍上一代的高强度/低密度碳纤维,从而减少惰性质量。在 Avio 场所进行了大规模的技术和实验活动,以改进和设置预浸料设施,并获得树脂系统和预浸料的所需特性。

图 9 - 42　Avio pre - pregA 生产线

　　预浸料生产线已经过充分验证,可为胶带和丝束生产不同的材料批次,足以进行参数设置,材料表征以及首次大规模生产的大规模材料交付。Avio 已经进行了权衡以选择纤维和第一次材料表征。对于丝束表征和权衡,Avio 已对两种不同的样品进行了机械性能评估(见图 9 - 43)。

　　标准小容器样品测试:直径 150 mm 的小容器,用于评估由于工艺过程导致的性能衰减;

　　1:5 试样测试:内径等于满量程发动机的 1/5,用于评估大直径发动机应考虑的比例系数。

图 9 - 43　小型项目与 1:5 缩放项目

　　丝束主要用于制造马达壳体的容器主体,该容器主体必须能够承受 SRM 最大预期操作压力。对于胶带纤维选择,最重要的特征是刚度和抗压强度,因为它用于裙部,主要面向来自运载火箭的压缩载荷并且需要足够的弯曲安全裕度。为了折中,已经进行了拉伸,压缩和短梁剪切(SBS)测试。采用 Avio pre‑preg 的卷绕工艺和裙边制造的技术适用性已经在 Zefiro9 和 P80 规模化生产中得到验证(见图 9‑44)。NDI 测试证明这些物品几乎没有缺陷。这些容器已成功进行验收压力测试(1.1MEOP)和机械测试,达到资格等级。

图 9‑44　Avio 预浸料卷绕在 P80 主轴上

第一台 Zefiro40 IMC 装置(称为 DM00)首次采用全自动工艺制造车身和裙边。手工沉积碳纤维环氧树脂胶带,目前用于 Vega 发动机外壳用于裙边铺设,已经被自动胶带铺设(Automated Tape Laying,ATL)工艺取代,可以大大提高裙子制造质量并缩短生产时间,机器人手臂能够确保胶带层沉积和切割的高精度。此外,缺陷的减少将允许减少复合材料外壳的质量。ATL 机器人如图 9‑45 所示。

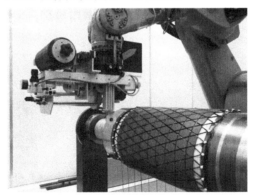

图 9‑45　ATL 机器人

DM00 项目最近成功完成了各种测试(2015 年 6 月 3 日的最后一次测试),包括高达 1.1MEOP 的加压和机械负载应用(牵引和压缩)。该结构可以承受非常高的压缩和拉伸通量(压缩下 2 000 KN/m,张力下 1 000 KN/m),实际上是 Zefiro23 IMC 实际最大能力的两倍(压缩时为 1 200 KN/m),并且在张力下 500 KN/m)。此外,该产品在聚合之前配备有由 Fiber Bragg 光栅传感器构成的测量系统,用于评估固化后的残余应变和机械测试监测。这部分活动是一个更广泛的计划中的一步,用于建立嵌入复合结构内部的健康监测系统。

9.5.2 NASA 石墨/环氧树脂固体火箭发动机外壳制造技术

NASA 开发出一种先进的复合材料的制造方法,通过对结构施加内部压力同时提供外部压力限制进行制造,而不使用高成本高压釜。理论上该方法可以达到无限大尺寸的高强度低重量层压结构。复合材料壳体内外增压示意图如图 9 - 46 所示。

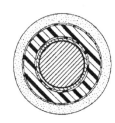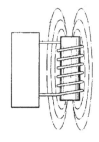

图 9 - 46 复合材料壳体内外增压示意图

NASA 在经过研究后已经证明,在采用先进复合材料的结构中,铝和钢合金可以实现显著的重量和成本节省。实际上美国的各种飞机和航空航天部件因此产生了 15%～40% 的成本降低。美国空军的生产计划中记录了 5%～25% 的成本节省。这些益处归因于低密度基质中的高强度、高刚度纤维,金属和非金属,其可以定向以解决最大负载条件。例如,由 KEVLAR 销售的聚芳酰胺纤维和环氧基质组成的复合材料的比强度约为不锈钢的 11 倍和铝的 3.75 倍,而比模量约为这些金属的两倍。高模量类型的石墨/环氧树脂复合材料分别是不锈钢强度的 7.5 倍或铝合金的 2.5 倍,并且具有约 30 的特定模量,分别是不锈钢和铝合金的 4.5 倍。KEVLAR 军用级纤维材料及其产品如图 9 - 47 所示。

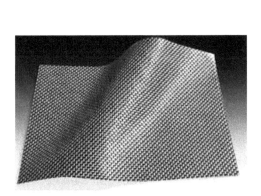

图 9 - 47 KEVLAR 军用级纤维材料及其产品

由于需要施加温度和压力,会遇到处理基质材料的困难。这些材料的加工或制造通常在高压釜中进行,允许同时施加压力和温度。不幸的是,高压釜的制造成本极高,而且只建造了小型高压釜。美国从未制造过足够大小的高压釜以制造直径约为 30 ft 的复合材料飞行器,因为成本太高。在实践中,最大的航空航天复合结构部件是由 Hercules

Aerospace,Inc 制造的直径为 14 ft 的石墨/环氧树脂固体火箭发动机壳。该结构的制造在烘箱中进行,使用收缩带和真空施加压力。

美国空军在 85 psi(1 psi＝6 894.76 Pa)压力的高压釜中进行的石墨/环氧树脂复合材料与在大约 15 psi 的压力下的非高压釜固化循环进行比较,发现结构强度降低 15％～45％,并且有孔隙/分层现象。通常添加额外的材料以通过增加树脂含量来改善这种情况,从而允许更好的流动,虽然这降低了强度/密度比,但可以通过添加更多的材料来实现所需的性能。然而,这两种解决方案都增加了这些结构的成本和质量。

另外,当对设置在心轴周围的厚层压板施加压力时使用复合材料的高压釜固化时,外部压力降低了体积参数并使复合结构更薄和更致密。具有固定周长的外层突然太长并且在它们被压缩时被扭曲或弯曲并被迫重新定位成较小的体积。这种变形导致对结构有害的缺陷。

而美国空军关于增压飞行器的研究(例如 NSTS 外部油箱,先进发射系统和 Titan II)表明,通过使用树脂基质先进复合材料(例如石墨/环氧树脂)可以实现显著的重量减轻。然而,目前美国尚未开发制造这种尺寸结构的技术。此外,确保长丝缠绕或复合结构的可生产性所需的高压釜的设计,制造和成本将使非经常性生产成本过高。

金属基复合材料制造带来了更多复杂性。通常,有两种类型的起始材料可用于制造单层带或多层片,板和结构形状,这些是长丝和金属或预先制备的带。有四种基本形式的编织结构:

(1)长丝用聚合物黏结剂黏结到箔片上,例如丙烯酸或聚苯乙烯,称为生带;

(2)通过等离子喷涂基质金属的覆盖层黏结到箔上的长丝,称为等离子喷涂带;

(3)夹在已经扩散黏结在一起的两片金属之间的细丝,称为扩散黏结带;

(4)加强长丝和编织在一起的基质金属丝,称为编织带。

通过这些材料经过扩散结合,钎焊结合或共晶结合形成片、板或结构形状。尽管使用钎焊接合和共晶接合已经开创了低于 200 psi 的低压工艺,但是材料性能与通过高压扩散接合获得的材料性能不可比。高压扩散黏结是已经应用于各种航天飞机结构的最发达的工艺。该方法在高压釜或压机中在 3 000～10 000 psi 的压力和 454～538℃ 的温度下进行。热压机通常限于生产具有恒定或变化横截面的平板,制造结构形状如管、帽、T 恤和类似形状的结构需要高压釜。

因此 NASA 提供了一种通过将复合结构夹在具有高热膨胀系数的材料(下文称为CTE)和具有低 CTE 的硬质材料之间来制造由复合材料构成的结构的方法。设置在心轴上的低 CTE 材料作为远离心轴的外包装设置在复合材料上,然后加热整个结构系统,使得夹层材料的热膨胀差异产生压力差,用于压缩复合材料。圆柱形复合结构可以在心轴上缠绕高 CTE 性能材料,以便在向包括夹层结构的系统施加热量时在复合材料内部施加压力。低 CTE 材料优选是石墨纤维外包装,这样其强度比复合材料更硬,并且可以紧密地设置在复合结构的外部周围,当高 CTE 材料膨胀时,在外部压力约束下将力施加到复合结构上。

9.5.3　使用原位消融传感、视频成像和数值模拟的 3－D 编织碳/酚醛树脂

Ariane Group 提供三维编织的碳/酚醛复合材料,用于表征表面行为和内部温度分

布的测量。Ariane Group 开发了一种三维编织碳/酚醛复合材料(称为 Naxeco® 锤酚醛树脂材料),由低成本,非航空级碳纤维制成,酚醛树脂已用于制造浸渍的 2D 烧蚀织物,但经过修改后成为与树脂传递模塑(RTM)工艺兼容。3D C/Ph 材料在三个不同的样品组中进行测试,每个样品组由三个测试组成。在测试中使用各种火焰条件持续 100 s,每个使用氧乙炔测试床(OTB),同时用电气和光学仪器监测。将一系列四个超细 K 型热电偶插入到距离表面不同深度的材料中。根据测试,热电偶提供了准确的监测结果。最接近火焰的热电偶被暴露,并且通过类似断线的机构产生足够的信息来计算该中等热通量环境中材料的衰退速率。远离火焰的热电偶不暴露并监测材料的内部温度。使用双色红外(IR)高温计,IR 摄像机和带滤光器的 HD 摄像机监测表面温度和行为。Ariane Group 使用其专有代码进行数值模拟和建模,该代码是为固体火箭发动机(SRM)操作条件的应用而开发的。

烧蚀材料是一种保护性炭层材料,当暴露于高热通量时会慢慢腐蚀掉。这与在高温下灾难性失效的其他材料形成对比,例如熔化或燃烧。这个过程背后的机制非常复杂。当材料暴露于超高温环境时,材料开始分解,释放出热解气体并留下碳质炭层。热解反应是吸热的,因此从其周围吸收能量,同时炭层使原始底层绝缘。该过程的示意图如图 9-48 所示。

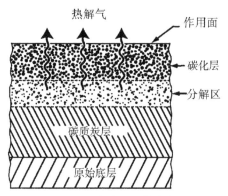

图 9-48 消融过程的示意图

由于这种独特的性质,烧蚀通常用于高温环境,例如火箭发动机喷管和大气再入飞行器的隔热罩。在文中,350 W/cm² 和 1 000 W/cm² 的热通量分别用于表示固体火箭发动机喷管和前缘的典型值。消融率,侵蚀率和衰退率在此处可互换使用。

(1)3-D C/Ph。Ariane Group 提供了一种用于测试的三维编织碳/酚醛(3D C/Ph)复合材料。与 2D 编织碳/酚醛树脂相反,其中 x 轴方向和 y 轴方向上的纤维编织在一起以形成层,然后压缩这些层中的几个以形成复合材料,3D C/Ph 具有第三纤维方向然后在 z 轴上浸渍酚醛树脂以形成复合材料,该实验在德克萨斯大学奥斯汀分校(UT)氧乙炔试验台(OTB)进行。Ariane Group 使用其专有代码进行数值模拟和建模,该代码是为固体火箭发动机操作条件的应用而开发的。

(2)原位消融传感。原位消融传感是由国外学者 Joseph H.Koo 等人开发的衰退和温度梯度测量技术。该技术需要将热电偶放置在距离材料暴露表面不同的深度处。当热量通过材料传导时,热电偶监测其相应深度处的温度并产生内部温度曲线。当材料凹陷时,最终热电偶将暴露于直接火焰,导致其破裂。得到的电信号以与断线技术类似的方式显示材料凹陷到该深度的确切时间。可以通过绘制热电偶断裂的时间,以计算在规定环境下材料的物理衰退率。

(3)氧乙炔试验台。Oxy‐Acetylene 试验台由安装在两个垂直导轨系统上的车床卡盘组成,如图 9‐49 所示。卡盘可以容纳不同尺寸和几何形状的测试样品。第一轨道允许样品暴露于割炬尖端的前部,而第二轨道控制与割炬尖端的距离。割炬刚性地安装在工作台上,每个气体的流速由流量计控制。样品经历的热通量是与焊矩尖端的距离、燃料比和每种气体的流速的函数。为了确保使用正确的热通量,由 Medtherm Corp.、Huntsville、AL 或 Vatell、Christiansburg、VA 制造的 Gardon 热通量传感器放置在样品架中并暴露于与样品相同的条件下。Gardon 压力表是一个水冷铜圆柱体,热电偶嵌在中心,周围是康铜的套管。高辐射涂料覆盖中心以吸收入射辐射。TC 信号被发送到DAQ,然后由 LabVIEW 程序将其转换为热通量。在调整各种参数后,获得所需的热通量,并且可以在相同条件下测试每个样品。

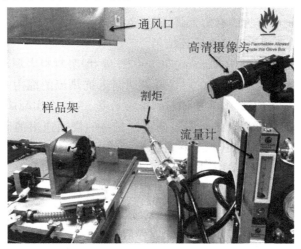

图 9‐49　Oxy‐Acetylene 试验台

在进行测试时,它由双色红外高温计,红外摄像机和高清摄像机监控,如图 9‐50 所示。双色红外高温计测量单点的表面温度。红外热像仪还可以测量整个样品的表面温度。高清摄像机用于观察表面特征的演变,以及提高光学消融率。

测量消融率有多种方法。最原始的方法是在测试之前和之后简单地测量样本的高度,减去两个,并除以测试的持续时间。这仅提供基于消融率的单个数据点,但是在三组测试的范围内该方法已经改进。最初使用一对卡尺,然后使用千分尺,现在使用针式百分表来精确测量陨石坑的最深点。还有相关学者试图进行 3D 扫描和蜡模塑,但收效甚微。接下来,可以使用原位消融传感器的 TC 来计算衰退。TC 断裂产生的电信号产生TC 暴露的确切时刻。将此信息与每个 TC 的已知深度相结合,可以类似地计算消融率。最后,HD 摄像机镜头可用于计算光学消融率。用相机的帧速率,首先可见热电偶孔的帧和每个 TC 的深度配对,实现光学烧蚀速率计算。

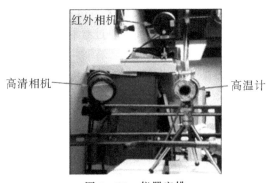

图 9-50　仪器安排

目前在 Ariane Group 喷管罩和后出口锥体中使用的 3D 烧蚀材料在 OTB 上测试到 1 000 W/cm² 和 350 W/cm² 的热通量,其分别代表通常在高超声速下 TPS 的前沿计算的热通量。位于德克萨斯州奥斯汀的 Koo 研究小组设计了 OTB,目的是建立航天器烧蚀热保护设计的行业标准。该项目的工作将作为未来消融调查的参考点和知识库。OTB 是表征材料热消融行为的有力工具,例如 Ariane Group 的 3D 碳/酚,它需要严格的方法学实验方法和补充理论支持来验证结果。

在 OTB 的三个系列测试中,Ariane Group 3D 碳/酚醛材料表现出与在 SRM 喷管上观察到的相似的行为,并且证明了在大气再入期间抵抗热流的能力与 TPS 所经历的相当。C/Ph 烧蚀缺乏显著的消融,表明该材料能够承受 SRM 在实际应用中所经历的真实测试条件。然而,发现原位消融传感器是测量该材料的烧蚀速率的无效方法,并且对于在法线方向上具有高导热率的其他材料可能是无效的。如果导热率足够高以允许热量以比衰退速率快得多的速度穿过材料,那么原位传感器将不能精确地测量烧蚀速率。这是因为原位传感器的主要工作原理是假设 TC 暴露在样品的前表面并同时断裂。因此,对于材料来说,这是错误的假设,其中热量以这样的速率传导到 TC,使得它们在暴露于前表面之前破裂。原位传感器仍然可用于监测材料的内部温度曲线,事实上,如果使用具有适当最高工作温度的热电偶,仍然可以产生准确的烧蚀数据。

9.5.4　波音公司固体火箭发动机复合材料壳体光纤损伤检测系统

目前世界各国的碳纤维供应商使用纤维缠绕制造许多重要的纤维增强复合结构。这些复合结构的尺寸范围很广,主要根据其应用进行分类。航空航天应用包括用于高压气体容器、液体推进剂罐和固体火箭发动机的容器。这种容器也广泛用于非航空航天应用,但通常设计得更加坚固,因为重量控制通常不那么关键。目前,波音公司已经制造出了直径达 5 ft 的固体火箭发动机箱,甚至可以制造更大的尺寸。它们通常在壳体壁的内侧具有弹性衬里/绝缘体。

在航空航天应用中使用的所有复合压力容器的共同特征是它们相对薄的结构壁和薄的金属或弹性衬里,其目的是使重量最小化并且使它们相对易受冲击和冲击损坏。用于纤维缠绕结构的优选纤维是碳(石墨)纤维,其特别坚固,但在破裂发生之前局部偏转受到限制,其示意图如图 9-51 所示。这些结构经历的表面撞击事件可能导致显著的局部偏转,导致纤维断裂。偏转本质上可以是弹性的,没有明显的地下纤维断裂或表面损伤的视觉指示。由破碎纤维引起的复合结构强度的降低可能具有从相对低成本修理的需要到容器的灾难性故障的范围,这可能导致飞行器的灾难性故障。

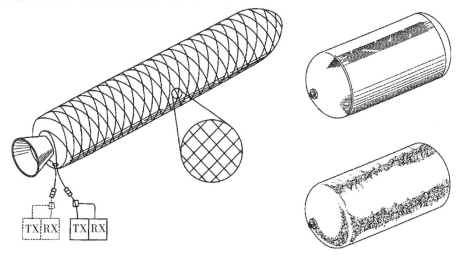

图 9-51　复合材料壳体缠绕示意图

　　通过设计,在发生可见冲击损坏后提供足够的强度并通过目视检查确认,可以在一定程度上减轻复合压力容器对冲击损坏的敏感性。然而,对于一些重要的高性能复合结构,这种措施是不可行的,因此需要多次检查以确保结构完整性。一些航天器计划每年可能花费非常大的金钱来重新检查固体火箭发动机箱,以便在发射前使用传统的非破坏性检查方法进行冲击损坏。由于这些方法成本过高,需要一些用于检测复合结构中的冲击或处理损坏的新设备和方法。

　　美国诸多材料供应商在该领域已经做出一些努力,以减少传统的非破坏性检查的时间和成本,包括将传感装置嵌入编织纤维布中,或者在层压板层之间共固化它们。这些所谓的智能结构配备了传感装置,指示帘布层何时受损。这些结构的缺点在于光纤传感器嵌入其中,所以光纤传感器通常比相邻的结构合股纤维大,并且因此可能对叠层的强度产生不利的影响或在固化过程中造成嵌入的纤维损坏。因此,需要一种用于检测复合加压结构的冲击、处理和运输损坏情况的低成本但可靠的方法和设备。

　　波音公司提供了一种可靠、低成本的装置和使用方法,用于检测由纤维缠绕复合压力容器引起的结构损坏。在一个实际的实施例中,损坏检测器包括缠绕在复合结构的外表面上并用黏结剂黏附到其上的光纤。光纤的纤芯可以是二氧化硅,以接近下面的复合结构的长丝的拉伸强度和易碎性。光纤可以缠绕在下面的结构上,同时用液体环氧树脂涂层润湿,然后树脂固化以将光纤黏附到结构上。光纤以规则的方式缠绕在复合结构上,其中相邻的绕组彼此隔开选定的距离,并且沿着光纤长度的点被映射到下面结构的表面上的特定的已知位置。绕组图案可包括螺旋或轴向绕组。

9.6 固体火箭发动机损伤的诊断探测方法

9.6.1 射线计算机断层扫描法

计算机断层扫描成像技术起源于 X 射线照相技术,应用于复合材料研究已有十几年历史。利用 CT 成像技术可以有效检测先进复合材料中的孔隙、夹杂、裂纹等缺陷,也可以测量材料内部的密度分布情况,如材料均匀性、微孔隙含量等。

早在 20 世纪 80 年代初期,美国就率先研制出了用于检测大型固体火箭发动机复合材料壳体的工业 CT 设备,并逐渐将该技术应用于其他先进复合材料结构的无损检测中。20 世纪 80 年代中期,美国军方将工业 CT 技术用于中小型固体火箭发动机的绝热层与壳体的黏结质量、药柱内部的裂纹、气孔、夹杂及药柱与绝热层之间的黏结等质量进行检测(100%检测或关键界面检测),发现了许多常规无损检测方法难以检出的质量问题,从而使故障率从 40%降到了 8%,大大提高了固体火箭发动机的安全性能。

1982 年,美国建成了世界上首台用于固体火箭发动机检测的工业 CT 装置 AF/ACT - I,其射线源为 420 kV 的 X 射线机,用于检测 1 m 以内的发动机。1984 年,美国又研制成功了第二型机 AF/ACT - II,其射线源为 16MeV 的直线加速器,用于检测直径为 2 340 mm 的 MX 导弹第二级固体火箭发动机。到 1992 年,美国空军莱特实验所与先进研究应用公司已经推出功率为 60MeV 的工业 CT 机,用于直径为 3.8 m、长为 13.71 m 的大型固体火箭发动机的无损检测。该机可以得到发动机内部的三维细化图像,能查明装药气孔、装药与绝热层界面脱黏等缺陷。

随后,英、法、日、印度等国也先后将工业 CT 检测技术应用于固体火箭发动机的质量检测。目前,工业 CT 技术已用于直径为 2 500 mm 固体火箭发动机的质量检测。国外将 CT 检测系统作为无损检测手段,应用于直升机纤维转子叶片的整个寿命周期即开发、生产和运行维护阶段,有助于提高复合材料构件的质量和监控动态载荷作用下的疲劳行为。在开发研制阶段,会产生降低强度的预浸层的偏移和波动的叠层,这些复合材料结构内部的层板变形只能通过 CT 来检测;为了优化生产过程,每个转轴叶片都要采用 CT 检测熟化过程后的偏析情况,断层扫描图像上可看到制造缺陷和纤维构件横断面的偏析情况;在转轴叶片的运行阶段,如发生超过极限载荷的应变损伤时,CT 用于检测受损叶片的内部结构。

我国也于 20 世纪 90 年代后期成功地将工业 CT 技术应用于 C/C 复合材料和碳/酚醛复合材料等的检测,解决了一些关键性的无损检测技术难题,取得了较好的经济效益与社会效益。研究人员用 CT 成像方法对一含钨丝碳/碳复合材料试样进行缺陷检测,从 CT 扫描图像中清楚地看到钨丝束的排布及断束缺陷;他们还在某种型号炮弹上进行了初步工业 CT 检测试验,结果发现某炮弹引信下面存在装药缩孔缺陷,这类缺陷用射线照相的方法难以检出。

将工业 CT 技术应用于固体火箭发动机的质量检测,实际测试证明,工业 CT 技术对固体火箭发动机的绝热层和药柱中的气孔、夹杂、裂纹及脱黏等常见缺陷具有很高的检测灵敏度,并能准确测定其尺寸和部位。用工业 CT 技术检测固体火箭发动机质量是可行的,可以满足较高的检测要求,尤其是对固体火箭发动机多界面的质量检测,是其他常规无损检测方法无法比拟的。工业 CT 检测技术的应用,不但是其他常规无损检测方法在固体火箭发动机质量检测上的补充,而且对固体火箭发动机的研制和生产工艺的制定具有重要作用。

9.6.2　超声波检测技术

超声检测技术,特别是超声 C 扫描,由于显示直观、检测速度快,已经成为大型先进复合材料构件普遍采用的检测技术。应用超声纵波多次反射法,对固体火箭发动机喷管金属与非金属复合构件黏结界面进行了无损检测,试验结果证明采用超声纵波多次反射法能比较准确地发现被测件内部的脱黏缺陷;经与喷管解剖结果对照,脱黏位置和脱黏面积也与检测结果吻合。

超声波脉冲发射法最早用于固体火箭发动机的无损检测,对检查固体发动机壳体与绝热层之间的脱黏情况十分有效。为解决阵地综合测试的技术问题,美国曾在 1976 年采用声全息法检测民兵导弹多层脱黏及药柱内部老化裂纹,但对发动机前、后端的脱黏及药柱内部的裂纹不适用。通过查阅文献发现,日本航空宇宙技术研究所"固体火箭发动机超声波探伤"中报道,他们曾采用超声波多次反射法成功地对非金属包覆层和钢壳体黏结面进行了检测;经过多年的研究,采用超声纵波多次反射法对喷管金属壳体与非金属黏结界面的黏结质量进行检测,现已成功地用于产品的批量探伤。

9.6.3　低频超声波检测方法

推进剂组分与橡胶材料类似,都是一种声阻尼高的材料。因此,以前研究人员普遍认为超声波通过推进剂传播是不太可能的,但是如果利用低频探头,这种方法就是可行的。研究人员目前研究了两种超声检测方法:第一种是接触法,第二种是非接触法,示意图如图 9-52 所示。因为超声波在通过裂纹时会发生反射并衰减,所以通过测量所接收到的经过推进剂的超声波强度,就可以检测出存在的缺陷。

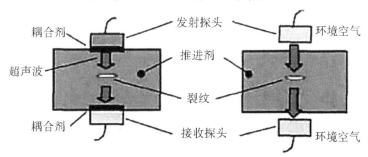

图 9-52　接触法和非接触法

研究人员利用试件对这种方法进行了评估。试件模拟了真实尺寸(厚约 1 000 mm)的固体推进剂,在试件中人工制造了一些缺陷,试件中人造缺陷设置的示意图如图 9-53 所示。在所有的人造缺陷中,超声波衰减了 5~10 dB。尽管发射波的强度随着传送距离的不同而不同,但研究人员还是能够检测出所存在的缺陷。这种方法的检测能力大约为

10 mm,因此其检测能力与 X 射线法相当。

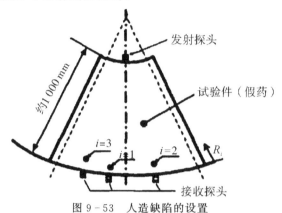

图 9-53　人造缺陷的设置

该方法已经应用于固体火箭发动机的产品中,试件与产品的差别在于固体推进剂的外部有绝热层和发动机壳体。接触法用于发动机产品的示意图如图 9-54 所示。

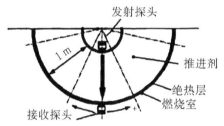

图 9-54　超声波接触法测试示意图

然而,这种方法操作时需要耦合材料。如果检测是手动进行的,接收的强度将会不断变化。为了解决这个问题,研究人员又开发了非接触检测法,其不需要耦合材料,还可以提高工作效率。

研究人员利用试件对这种方法进行了评估:首先测量超声波通过周围空气后被接受到的强度以了解存在多大的声阻尼;然后测量超声波通过周围空气和推进剂样品后被接收到的强度;最后,研究了利用此方法检测推进剂中所存在缺陷的能力。图 9-55 为非接触法对某试件的测量结果,由图可见,经过人造缺陷后,超声波衰减了 15～20 dB。因此,利用非接触法可以分辨出推进剂上是否存在缺陷。

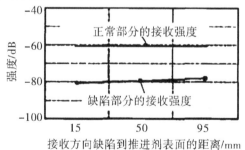

图 9-55　非接触法对某试件的测量结果

研究人员已经确定非接触超声波法可以应用于固体火箭发动机上,推进剂厚约 300 mm;利用非接触超声波法可以检测推进剂中 20 mm×20 mm 的缺陷。图 9-56 为非接触法测量某发动机的示意图。其测量设备型号为 Second Wave NCA1000；发射器脉冲为线性调频脉冲；发射和接收探头中心频率均为 100 kHz，在空气中的传播距离均为 20 mm。

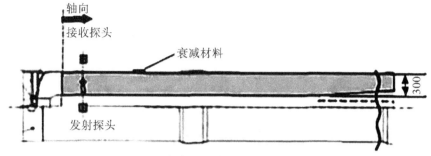

图 9 - 56　非接触法测量某发动机的示意图

在非接触超声波检测方法中，探头不直接与发动机接触，便于实现机械化，从而提高工作效率。未来的研究重点在于将非接触超声波法用于推进剂厚度约 1 000 mm 的大型固体火箭发动机的检测上。

9.6.4　声-超声检测技术

声-超声（Acousto - Ultrasonics，AU）技术又称应力波因子（Stress Wave Factor，SWF）技术。与通常的无损检测技术不同，AU 技术主要用于检测和研究材料中分布的细微缺陷群及其对结构力学性能（强度或刚度等）的整体影响，属于材料的完整性评估技术。采用声-超声振幅 C 扫描技术也能够对复合材料与金属材料间的黏结界面进行有效检测，而且克服了超声反射技术信号清晰度不高、超声透射技术传感器可达（及）性差的缺点。目前声-超声技术的研究主要集中在物理传播模型的建立上，以期在理论指导下合理解释接收信号，进一步改进评估方法。

针对固体火箭发动机的结构特点，研究人员设计了复合材料壳体/绝热层黏结结构的检测试件，并在试件上制作了一系列大小不等的圆形孔洞，以模拟发动机实际检测中的常见孔洞缺陷，考察 AU 检测技术对黏结结构中此类缺陷的检出能力。

试验使用的 HSD4 超声波发射/接收卡选定采样频率为 25 MHz。发射和接收探头都选用宽带窄脉冲纵波直探头。耦合剂为机油，利用探头和夹持支架的自重作为耦合压力，减小了耦合压力的变化对试验结果的影响。检测时，将孔洞缺陷置于两探头中间，发射探头和接收探头分别接入超声波发射/接收卡的信号输入和输出端。发射探头和接收探头的信号都被超声波发射/接收卡采集，然后通过 PCI 接口传到计算机中进行信号处理工作。声-超声检测系统框图如图 9 - 57 所示。检测试件由复合材料壳体和绝热材料黏结而成。复合材料为高硅氧玻璃纤维/环氧树脂基复合材料，绝热层为三元乙丙橡胶。试件长、宽均为 280 mm，复合材料厚度为 5 mm，绝热层厚度为 3 mm，孔洞缺陷直径由小到大分别为 10 mm、20 mm、30 mm。

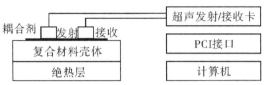

图 9-57 声-超声检测试验系统示意图

采用自适应滤波法可以实现对检测信号的噪声降解,采用小波变换则实现了对信号的多分辨率分析。通过计算不同频带上信号的能量占总能量的比重可得,第三级频带上信号的能量占比最大,代表了信号的主要特征信息,故定义这一级频带为信号的特征频带。构建能量积分 SWF,对信号的特征频带进行计算。通过 SWF 的数值可以判断试件有无孔洞缺陷,并对孔洞缺陷大小作定性判断。试验表明,AU 技术可以实现对固体火箭发动机结构黏结质量的有效检测。

9.6.5 激光全息(散斑)无损检测法

激光全息无损检测法的基本原理是:对被检测构件施加一定载荷后(加力载荷或热载荷),构件表面的位移变化与材料内部是否存在分层性缺陷及构件的应力分布有关,内部存在分层性缺陷及应力集中区的位移量大于其他区域的位移量。虽然该方法对复合材料内部宏观缺陷的检测能力与可靠性均低于超声波检测法,但它可全面检测复合材料构件承载状况下的应力分布情况,所获得的检测数据量远高于目前普遍采用的在构件部分点用电测方法获得的数据量。

与其他检测方法相比,激光全息无损检测是一种干涉计量术,其干涉计量精度与激光波长数量级相同,因此极微小(微米数量级)的变形也能被检测出来;由于激光作为光源,而激光的相加长度很大,可以检验大尺寸产品;对被检对象没有特殊要求,可对任何材料和粗糙表面进行检测;可借助干涉条纹的数量和分布来确定缺陷的大小、部位和深度;直观感强、非接触检测,检测结果便于保存。激光全息无损检测应用领域涉及航空航天产品中常见的蜂窝夹层结构脱胶缺陷、复合材料层压板分层缺陷、火箭推进剂药柱中的裂纹和分层及飞机轮胎中的胎面脱黏缺陷的检测等。

英国 Loughborough 大学 1978 年开发了电子散斑干涉技术,现已应用于许多复合材料,特别是剥离夹层组件的检测。目前该大学研发的电子散斑图案干涉仪可以进行特定的无损检测。

对于固体发动机来说,激光全息技术是利用光学干涉原理波前记录和再现的一门科学。当固体推进剂药柱受力时(机械力、抽真空和热应力等),药柱内部缺陷的外表面将发生异常变形,产生不同程度的位移。这在全息图相应部位会出现不连续的突变或一些封闭的不规则环形,观察变形前后的全息图,便可确定缺陷的有无。激光全息技术将激光全息照相和干涉测量结合起来,在量值(变形量)测量精确度上超过其他方法。该技术主要用于固体推进剂药柱的缺陷及包覆套脱落的检测,灵敏度较高。

9.7　固体火箭发动机智能化装配与检测技术

9.7.1　薄壁大开口分段固体发动机卧式对接装配

大型固体发动机受阻于起吊场地和装配环境影响,采用卧式组装为主。为增加发动机质量比,减轻结构质量,大型发动机分段燃烧室通常为薄壁壳体,存放和吊运存在形变。目前,大型发动机整体结构件变形的机理尚未完全知晓,校形仍是解决变形的重要途径。国内对于整体结构件变形的校正主要依靠操作者的经验,带有很大盲目性和随机性。为保证未来大型运载固体火箭发动机级(段)间顺利对接,需开展新的装配方法研究,制定薄壁大开口分段固体发动机对接面变形量大的对接方案,并计算安全校正值,设计出校形工装,消除装配工艺的安全质量隐患。

固体发动机的主体一般设计成长圆桶状结构,以利于其飞行性能。制造中常遇到需将两个大型的"舱段"装配并对接在一起,对舱段的装配和对接都会因变形而难以达到目的。变形识别与安全校正是解决结构件形变的一种方法。识别变形类型并定量测量变形的大小是确定校形方案的前提。

变形量产生的原因初步分析有以下两点:燃烧室自身重力作用下产生的变形;由加工、运输、装夹、起吊过程中,及其本身大开口薄壁件的特性等因素耦合作用下变形误差累积。其中,壳体加工的随机误差是经过焊接、热处理、机加、水压试验累计叠加所得。因此,为验证自身重力和耦合因素决定的燃烧室的变形结果,需进行有限元建模分析。

通过应力、应变云图可直观得到燃烧室的变形量与受力分布(见图 9 - 58),采集燃烧室对接径向 U 形件边沿的变形量,制定了单项或双向燃烧室变形安全 10 点校正值,校正后检测燃烧室对接部位无损伤脱黏,经 $\varphi2\ \mathrm{m}$/分段式发动机地面试车获得成功,证实校正值合理。

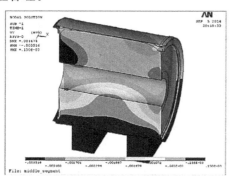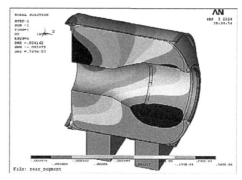

图 9 - 58　燃烧室中段及后段应变云图

利用吊车将燃烧室 1 及燃烧室 2 吊装至对接平台的托架上,如图 9 - 59 所示,通过测量燃烧室筒体开口边沿形状,经校正模型计算,以拟合最小位移量目标曲线为前提,调整校形卡爪夹形状并加力,校正壳体变形量。

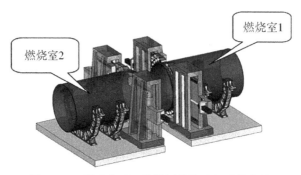

图 9 - 59　薄壁大开口分段固体发动机对接装置

启动固定在平台两侧的校形单元卡爪,利用校形卡爪夹紧力使燃烧室筒体对接径向变形,直至达到所需要的目标曲线形状为止,锁紧校形单元保持燃烧室开口形状,并将校形卡爪与立柱分离。

利用对接平台的 6 轴自由度运动功能,调节好燃烧室 2 空间轴线与燃烧室 1 同轴;连同校形单元卡爪轴向直线运动,时刻关注两燃烧室对接 U 型件临近距离,慢速将燃烧室 2 插入燃烧室 1,实现对接工作。

结合实际工况,可将校形卡爪结构设计如图 9 - 60 所示。半椭圆形校形卡爪左右各一件,为蜂窝结构,保证较高的刚度质量比,且相对合拢后的内圆为标准椭圆,在卡爪内圆壁上设有若干校形滚轮,保证校正的 10 个点施加位移到位。

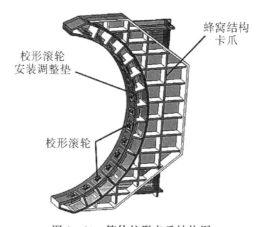

图 9 - 60　筒体校形卡爪结构图

总之,径向圆周 10 点均分校正法是分段式固体发动机对接装配解决变形的有效途径,相对错位法验证了中段与前段燃烧室对接径向间距最大为 0.02 mm,实现了 Φ2 m 分段式大开口发动机对接装配工作。

9.7.2　基于 Creo 的固体火箭发动机试验虚拟装配技术

(1)建立三维模型。建立实体装配对象的三维模型是进行虚拟装配的首要前提,参与试验的实体主要有试验工装、设备、工位等。

其中,按照使用功能可以将试验工装分为通用承载工装和边界支承工装。通用承载工装与试验室内的固定承载件或边界支承工装构成承载系统,主要包括承力点接头、承力梁、承力地轨螺栓、拉杆系统以及标准立柱等,部分三维模型如图所示。边界支承工装是模拟试验件两端边界条件的工装,主要包括加力梁、加力帽、笼形支承、试验平台、模拟过渡段等,部分三维模型如图 9-61 和图 9-62 所示。

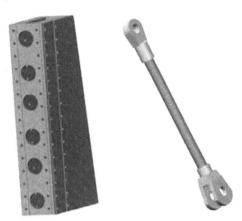

图 9-61　通用承载工装三维模型

图 9-62　边界支承工装三维模型

参与到装配过程的试验设备主要为加载系统(液压作动筒),三维模型如图 9-63 所示。试验工位主要指试验场地及试验室内的固定承载件(承力点、承力地轨、承力墙和承力地坑等),与通用承载工装组合构成一个完整的承载系统,试验平台及剪力墙等试验工位如图 9-63 所示,可以完成试验工装和试验件的装配及固定。

图 9-63　液压作动筒和试验工位三维模型

(2)虚拟装配。虚拟装配技术主要在 Creo 环境中运行。根据试验大纲提出的试验要求及初步确定的试验工艺流程,在 Creo 的装配界面按照工艺流程进行各零部件的组装。以某型号固体火箭发动机壳体的外载荷试验为例,虚拟装配的基本流程如图 9-64

所示。

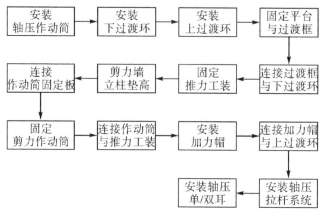

图 9 - 64 壳体外载荷试验装配工艺流程

1)选择试验工位。根据试验件连接尺寸及加载要求选择匹配的试验工位,试验主要使用试验平台及剪力墙工位。

2)确定装配工艺流程。装配工艺流程是虚拟装配技术的重要内容,如图 9 - 64 所示,为某型号固体火箭发动机壳体的外载荷试验装配工艺流程。装配过程涉及试验件、试验设备(液压作动筒)、试验工装在试验场地的安装固定。

3)验证装配工艺流程。将试验件、试验工装及试验设备,按照装配工艺流程逐步导入 Creo 装配模块,并根据各零件之间的位置关系,使用"距离""重合""角度"和"法向"等放置约束将其安装固定。作动筒固定板的装配过程如图 9 - 65 所示。另外,装配过程需要综合考虑安装工具的可操作性。在试验常用装配工具包括螺丝刀、套筒、扳手和量具等,因此在虚拟装配时加入工具的实体模型并分析空间可操作性,才能形成较为完善、符合实际操作的装配工艺。图 9 - 66 为扳手安装承立柱螺栓的装配过程图,从图中可以看出扳手的操作空间足够,可顺利安装。

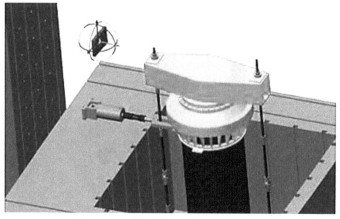

图 9 - 65 作动筒固定板装配过程图

图 9 - 66　扳手安装承力柱螺栓装配过程

根据装配工艺流程完成某型号固体火箭发动机壳体外载荷试验的装配,过程中未出现试验工装和试验件之间的碰撞,验证安装流程设计合理,装配结果如图 9 - 67 所示。

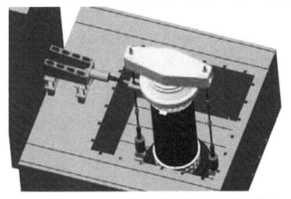

图 9 - 67　某型号发动机壳体外载荷试验装配结果

（3）干涉检测。Creo 软件的虚拟装配模块具有多种类型的功能性检测手段,利用分析模块中的全局干涉、体积干涉、全局间隙和配合间隙等功能,可以检测试验件与工装、工装与工装的配合情况,依据检查结果修改工装尺寸或装配方式。利用 Creo 虚拟装配模块中的全局干涉功能,检查试验工装装配情况,发现过渡框与试验平台、作动筒与底座之间存在干涉,如图 9 - 68 所示。通过加长连接螺栓、修改底座尺寸,解决干涉问题,修改结果如图 9 - 69 所示。

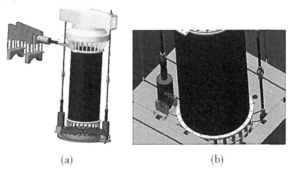

（a）　　　　　　　　　　　　（b）

图 9 - 68　安装干涉情况

（a）过渡框与试验平台;（b）作动筒与底座

　　由于虚拟装配技术加强了装配过程最关键的空间、尺寸控制,在虚拟装配过程中不仅可以获得试验件与工装的尺寸配合从而指导现场安装,并且可以对试验工装设计的准确性进行验证,因此能够提前发现在试验中可能出现的工装、试验件的设计问题,降低技术风险,提高装配效率。

图 9 - 69　工装干涉处理结果

　　通过固体火箭发动机虚拟试验技术的应用,可以实现试验工装的三维可视化,并开展装配顺序规划,有利于探索多种试验方案,帮助工艺人员获得最优化的装配方案。同时可以验证安装的准确性,极大地避免实际试验装配过程中可能出现的各种异常现象,简化试验装配中检测与诊断过程,提高试验的安全性与经济效益。

第10章 固体火箭发动机技术发展展望

10.1 高 能 化

10.1.1 研究进展

高能化发展一直是固体火箭发动机发展的目标之一,如何提高发动机质量比、冲质比,一直是战略导弹关键核心技术之一。

虽然美国近几十年来在役战略导弹未见更新,但通过各类专项计划如集成化高效益火箭推进技术计划、高能量密度材料计划、多学科大学研究倡议计划等的实施和推动(见表 10-1),其固体动力技术一直未停止发展,已经为下一代战略导弹的研制做好了准备。

表 10-1 美国固体动力专项研究计划

序 号	计划名称	计划周期	主要目标	发展情况
1	集成化高效益火箭推进技术(IHPRPT)计划	1996—2010 年	提高固体动力综合性能是该计划核心目标,比冲提高 8%,质量比提高 3%。	第一、二阶段目标已实现
2	先进的化学推进:高能量密度材料(HEDM)计划	1988 年—长期	为火箭推进应用鉴别和开发先进化学推进剂,使昨天的梦想在明天得以实现;推进剂的比冲增加 5%~10%	新型高能物质合成进展显著
3	洁净推进剂计划	2000 年—长期	高性能无毒无污染推进剂研制	第一阶段目标已实现
4	多学科大学研究倡议(MURI)计划	2001—2020 年	新型含能材料设计理论方法,固体推进剂关键基础问题	研究获得一大批基础理论成果
5	国防技术领域计划:国防部战术推进系统演示计划	1995—2005 年	CL-20 微烟推进剂演示 CL-20 有烟推进剂高压演示 洁净高能推进剂演示	目标已实现
6	军用关键技术:高能量密度材料目标与效益	2002—2035 年	高能、低易损性、低特征推进剂满足战略、战术导弹综合要求	——

续表

序　号	计划名称	计划周期	主要目标	发展情况
7	战术导弹领域潜在技术转移项目	2003 年—长期	满足战术导弹综合要求的膏体推进剂、低易损性推进剂研制	—
8	ASNR‑TMP 计划	1990 年—长期	战术导弹用高能钝感低特征信号推进剂研制	目标已实现

在上述研究计划的支持下,国外持续开展以含能黏结剂 GAP、BAMO、PGN 及高能氧化剂 CL‑20、ADN 等的应用为代表的新型高能固体推进剂,以零烧蚀喉衬材料、功能梯度型扩张段材料为代表的新型结构功能材料,以快速装药技术为代表的先进成型工艺技术等新技术研发工作,部分技术已经实现了型号应用。为了替代"民兵 3"导弹,美国空军计划研制的 GBSD 导弹仍将以高性能为主要方向,ATK 公司为该导弹开展了第三级固体发动机试验验证,演示样机采用了高性能固体推进剂、具有推力终止的石墨纤维壳体、更高冲质比的向量喷管等先进技术。

10.1.2　发展趋势

此外,国外先进固体发动机在导弹武器系统的持续牵引下,以精确设计和制造技术为支撑,经过多年的连续投入与系统研发,基于对固体发动机基础问题的深入认识,打造了以"casor"为代表的全流程高精度仿真软件平台,构建了一整套数字化设计仿真体系与自动化工艺制造体系,形成了完善的标准规范体系及高效率的研制流程等,从固体发动机设计到制造实现了精细化、精确化及精准化,在确保固体发动机组件使用性能充分发挥的同时,也使得整机的性能达到很高水平。如美国在 2000 年前后通过"先进火箭发动机仿真"和"多学科倡议专项"两个国家计划,已经形成了成熟的具有高精度的发动机性能评估方法。

(1)发动机能量水平不断攀升。能量水平是衡量导弹发动机性能的核心指针之一,国外导弹发动机技术一直以追求更高能量为发展的核心方向。三叉戟Ⅱ‑D5、MX、侏儒、M‑51 等战略导弹主发动机均采用 NEPE 高能推进剂。其中第一级发动机大多采用了高压强设计,大幅提升导弹发动机能量水平,俄罗斯的布拉瓦导弹第三级发动机采用了 AlH_3＋ADN 新型高能推进剂,比冲达到 300.7 s。以美、俄、欧等为代表的军事发达国家和地区,制定和实施了一系列国家层面的技术发展计划,发展跨学科、跨专业的组合能源应用模式及先进技术,加大基础理论、新型含能材料、新型高能推进剂技术途径研究,促进高功效、组合式化学能源动力系统的性能跃迁,持续推动化学能源原创性、前沿性技术发展,满足高性能战略战术导弹发动机的高比冲要求。

(2)发动机结构轻质化技术愈加成熟。轻质化水平是衡量导弹发动机性能的另一核心指针,发动机轻质化技术不仅成为导弹动力更新换代的重要保障,同时牵引带动了大量先进材料、力学、结构设计等基础、应用领域学科的进步。国外先进战略导弹发动机普遍采用了高性能壳体材料以及先进的连接结构以达到高质量比的性能水平,如三叉戟Ⅱ‑D5 与 M51 导弹一级、二级发动机的 IM7 以及三级发动机的 T800SC,布拉瓦三级发动机的高性能 APMOC 有机纤维;同时,普遍采用了轻质耐烧蚀的热结构材料,如纤维缠绕 EPDM、斜缠炭布/酚醛材料、C/C 扩张段等,直接降低结构质量,从而提高发动机的质量比水平。另外,国外高度自动化的工艺水平已经确保了产品的可靠性与一致性,欧、美等基于工业 4.0、智能制造等发展举措将进一步提升基础工业能力,推动其未来发动机结构向着更轻质、更可靠的方向发展。

(3)发动机实战化能力不断提高。美俄等军事强国依托完善的基础理论推动其发动机实战化能力不断提升。美国在其战略导弹服役后,对发动机的维护性能、寿命、成本等不断改进,显示出其对使用性能高度重视,并在第五代战略导弹研发及改进过程中充分考虑了发动机的使用寿命。以三叉戟导弹为例,经过多次改进计划,目前发动机使用寿命达到 30 年。同时,国外对于战略导弹使用环境的要求相对苛刻,要求发动机具有较高的发射环境及机动弹道的适应性。此外,固体姿轨控发动机技术已经日臻成熟,应用于机动弹头、末修与分导等方面,并在研发更加先进的可变推力固体姿轨控发动机,完成了多次飞行试验,将进一步提高实战化能力。

(4)精细化设计、仿真与制造水平不断提升。在精确的仿真和先进的制造技术支撑下,国外固体发动机从药型结构、喷管的细节结构、连接结构到整机的精确制造,具有丰富的材料库和材料选用规范,能够根据发动机喷管不同部位工况的不同,采用不同材料,都体现出设计与制造在不断追求精细化、精确化及精准化,不但使先进材料与推进剂的性能得到充分发挥,也使得整机的性能达到很高水平,美国三叉戟导弹发动机推力偏差已经达到 3% 以内的高水平。

10.2　大　型　化

大型整体式固体发动机的能力和规模直接影响着运载火箭进入空间的能力,需要开展火箭内外弹道一体化联合设计,优化发动机能量分配,实现运载火箭运载能力的最大化。大型整体式固体发动机总体发展趋势为大推力、高性能、低成本、高可靠性,以适应未来新一代运载火箭的发展需求。

(1)大型固体火箭发动机直接用作运载火箭芯级受到各国重视。将大型固体火箭发动机用作运载火箭芯级可有效减少发动机的并联数,进而可提高大型运载火箭的可靠性。因此,作为大型重型运载火箭发展途径之一,芯级使用固体火箭发动机逐渐受到各航天强国的重点关注。

目前已经投入使用大中型运载火箭芯级的固体火箭发动机为欧洲的"织女星"运载火箭、日本 M-V 运载火箭、印度 PSLV 运载火箭等。国外其他已规划论证的大型固体运载火箭主要包括美国战神-1 运载火箭、NGL 系列运载火箭等。其中,NGL 是由美国科学轨道公司(2017 年该公司被诺斯罗普·格鲁曼公司收购)为美国空军研制的一型面向大中型有效载荷发射的固体运载火箭,规划为起飞推力 600 t 和 1 000 t 量级的 2 种型号,均采用二级固体动力加一级液体动力的三级构型(见图 10-1)。

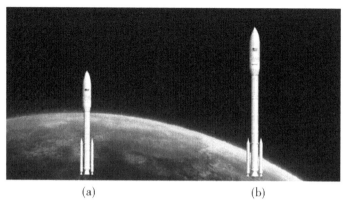

图 10 - 1　美国 NGL 固体运载火箭

(a)500 Series；(b)500XL Series

（2）为满足未来运载火箭发展，大推力固体火箭发动机的规模不断增大。随着设备能力的提升以及更高运载能力的需求，发展更大直径的固体火箭发动机也被提上日程。美国国家航空航天局（National Aeronauticsand Space Administration，NASA）在《2015技术路线图草案》中计划在 2030 年前发展直径为 4 m 的复合材料壳体火箭发动机，实现推力达到 2 000 t 的目标要求，并降低惰性质量和成本。欧洲在"ELV2020"计划中提出了一种装药量 500 t 级大型固体火箭发动机方案（P500），该发动机采用碳纤维壳体、HTPB 推进剂和柔性喷管，直径为 4.6 m，长度为 25 m，推进剂质量为 450 t，真空比冲为 2 744 N·s/kg，惰性质量为 30.0 t。

（3）整体式固体火箭发动机发展取代分段式固体火箭发动机趋势明显。分段式固体火箭发动机通过中间段增加可实现大吨位装药，进而实现发动机的大推力和运载能力的提升。但是，分段对接的结构使得分段式固体火箭发动机面临质量比低、工艺设备要求高等问题。整体式固体火箭发动机无需解决分段对接、绝热对接等技术难题，在可靠性、质量比、制造成本等方面优势明显。基于此，日本 H - 2A 运载火箭在 H - 2 运载火箭基础上，采用装药量为 66 t，质量比为 0.86 的整体式固体火箭发动机取代 H - 2 运载火箭装药量 59 t，质量比为 0.84 的分段式固体火箭发动机。阿里安 6 运载火箭最终方案也是采用整体式 P120C 固体火箭发动机取代阿里安 5 的分段式固体助推器 P230。

（4）复合材料结构件在大型固体火箭发动机的。应用日益广泛随着高性能复合材料的发展，将具有高比强度、比模量的复合材料应用于固体火箭发动机壳体或喷管可显著提升发动机的性能和质量比。改进型固体火箭发动机（Solid Rocket Motor Upgrade，SRMU）采用 IM - 7 石墨纤维/环氧复合材料壳体，可使运载火箭的有效载荷能力增加 25% 以上。升级版 SLS 助推器使用复合材料代替钢制外壳，相较于目前的助推器成本降低 40%、可靠性增加 24%，可使 SLS 的有效载荷发射能力从 130 t 提升至 150 t。P80 发动机使用碳纤维缠绕壳体，相较于其他 3 m 级钢壳体固体火箭发动机，质量比有较大提升，达到 0.923。基于复合缠绕壳体的优点，阿里安特技术系统（Alliant Techsystems，ATK）公司新研的用于美国 NGL 的 Castor - 300、600、1200 三型固体火箭发动机，欧洲新研的 P120C 发动机以及我国正在研制的 KZ - 11 运载火箭固体火箭发动机均采用复合材料壳体。复合材料壳体的应用已成为国际研究和开发应用的主要方向。

10.3　多模态、跨介质

10.3.1　研究进展

多模态跨介质组合发动机是针对未来智能化武器装备跨域、跨介质作战需求而创新发展的一种新型固体组合动力。该动力以高性能特种固体推进剂作为燃料,同时具有空气冲压和水冲压两种工作模态且模态间可智能转换,具备灵活的推力调节能力和多次启动的能力,可满足武器装备空中高超声速巡航、水下超高速航行的动力需求。

近年来,国内相继开展了固体火箭冲压发动机及水冲压发动机原理探索和技术研发工作,研制了高热值、高密度的固体推进剂基础配方,可初步满足空水跨介质组合发动机的应用需求;突破了流量调节技术,实现了推力动态调节,满足智能武器推力调节需求;完成了金属燃料水冲压发动机地面集成及湖态航行试验,验证了水冲压发动机工作原理,为空水跨介质组合发动机技术的发展奠定了较好的技术基础。

10.3.2　性能特点与优势

空水跨介质组合动力具有六项显著特点:①比冲和能量密度高。空水跨介质组合动力主要以冲压模态工作,利用飞行/航行介质作为氧化剂,发动机的比冲可达常规火箭动力的 2～3 倍;同时推进剂密度很高,可大幅减小动力系统的体积。②推力输出调控灵活性高,且具备多次开关机的能力,可大幅提高飞行弹道设计的灵活性。③飞行/航行速度高,可大幅提高导弹的突防能力和毁伤效果。④实战化性能高,具有更高的安全性和可靠性,更强的环境适应性和贮存性。⑤一体化程度高。采用一体化设计方案,一型动力可同时满足上天、下海的动力需求,可大幅降低导弹的消极质量和体积。⑥制造和使用成本低。固体燃料原材料制备工艺成熟,成本低;无需复杂的装药绝热工艺过程,工艺周期短,工艺成本低。

10.3.3　主要关键技术

针对多模态跨介质组合发动机技术的发展需求及现状,需从以下六个方向开展关键技术攻关:

(1)固体燃料空水跨介质组合动力总体设计技术。通过总体结构布局和设计参数的优化论证,建立结构、防热及性能一体化设计方法及高精度的全包线性能预示模型,形成高性能弹用空水跨介质组合动力技术方案。

(2)高热值、高密度固体推进剂配方技术。针对空水跨介质组合动力的应用需求,发展能够同时兼顾超燃、水冲压模态的高热值、高密度、易于输送和流化的高性能固体推进剂配方,并通过地面试验进行考核验证。

(3)高精度流量调节技术。揭示高速稠密两相流条件下流量调节控制机理,发展高效流量调节方案,建立高精度的流量调节与控制模型,满足空水跨介质发动机多次启动及多模态下推力调节的需求。

（4）不同氧化剂环境下固体燃料的高效燃烧组织技术。针对跨介质发动机两个模态工作的特点,深入揭示固体燃料在超声速空气和水的氧化剂环境下的点火燃烧机理,建立高精度的固体推进剂掺混燃烧数值仿真模型,并系统研究不同氧化剂环境下影响掺混燃烧性能的关键因素及规律。在此基础上,完成高效燃烧跨介质组合动力燃烧室的优化设计及验证。

（5）空水跨介质组合动力长时间热防护技术。深入研究固体跨介质组合动力在不同模态下的热力载荷条件,并充分考虑不同模态下环境介质的冷却能力,发展主被动相结合的热量管理和热防护技术方案,并通过地面单项和集成验证试验进行考核验证。

（6）空水跨介质组合动力模态转换技术。针对不同模态转换的需求,形成介质涵道、推进剂输送系统、燃烧室及尾喷管的调节及控制方案,并通过单项和集成试验进行考验验证。

10.4　固　体　超　燃

10.4.1　研究进展

固体火箭超燃冲压发动机以贫氧推进剂为燃料,推进剂经过一次燃烧后产生高温、高压多相富燃燃气射流,富燃燃气射流与由进气道捕获的空气在超声速燃烧室中进行超声速燃烧释放能量并产生推力。工作过程中可通过流量调节装置实时进行推力调节以满足导弹宽域工作和机动飞行的需求。

国内发展了弹机高度一体化的固体火箭超燃冲压发动机技术方案,并充分验证了发动机原理及关键技术解决方案的可行性;形成了适用于固体火箭超燃冲压发动机的高性能硼基燃料贫氧推进剂配方;研究了影响固体火箭超燃冲压发动机燃烧性能的关键因素及规律,实现了固体火箭超燃冲压发动机的稳定燃烧;发展了基于 C/SiC 超高温陶瓷材料的固体火箭超燃冲压发动机被动式热防护设计方案,并成功通过长时间地面直连集成验证试验;突破了适用于固体火箭超燃冲压发动机的固体燃气流量调节与控制技术,完成了地面单项及集成试验考核;开展了进发匹配设计技术研究,完成了自由射流试验发动机设计。

10.4.2　性能特点与优势

固体火箭超燃冲压发动机具有四项显著特点:一是比冲和能量密度高,发动机比冲可达到常规火箭动力的 3 倍以上,同时推进剂能量密度是液体超燃冲压发动机的 1.6 倍以上。二是工作包线宽、加速能力强,燃气发生器一次燃烧产生的高温燃气可起到点火、火焰稳定和燃烧促进的作用,不存在熄火的问题;贫氧推进剂中由于自带一部分氧化剂,因此在相同的进气道捕获面积条件下发动机的推力可达到液体超燃冲压发动机的 1.7 倍。三是巡航速度高、推进效率高,可大幅提高导弹的突防能力和毁伤效果。四是实战化性能高,固体火箭超燃冲压发动机兼具结构简单、长期贮存、强环境适应、高安全及高可靠等优点,可满足导弹实战化需求。

10.4.3　主要关键技术

针对固体火箭超燃冲压发动机技术的发展需求及现状,需从以下五个方向开展关键技术攻关:

(1)固体火箭超燃冲压发动机总体设计技术。通过弹机一体化论证,确定高性能弹用固体火箭超燃冲压发动机的结构布局和进气道布局形式,建立结构、防热及总体参数优化设计方法及性能预示模型。

(2)高性能硼基燃料贫氧推进剂配方技术。依据固体火箭超燃冲压发动机燃烧的特点,研发高热值、高燃烧效率、高压力指数、低沉积的硼基贫氧推进剂配方,并通过一次燃烧和二次燃烧试验进行考核验证。

(3)固体火箭超燃冲压发动机高效燃烧组织技术。通过数值仿真和地面试验系统研究不同因素对掺混燃烧性能的影响掺混燃烧性能的关键因素及规律,建立固体火箭超燃冲压发动机优化设计方法。

(4)固体火箭超燃冲压发动机长时间热防护技术。深入研究固体火箭超燃冲压发动机燃烧室的内外热力载荷特性,并以此为输入,发展被动式和主被动相结合的热防护设计技术方案,满足固体火箭超燃冲压发动机长时间工作的需求。

(5)固体火箭超燃冲压发动机进发匹配设计技术。通过数值仿真和试验相结合的方式,系统研究进气道、燃烧室、尾喷管的耦合工作特性,建立适用于固体超燃冲压发动机的一体化内流道优化设计方法。

10.5　智　能　调　控

为满足未来智能导弹的发展需求,动力系统的工作过程要与导弹的任务实时匹配,实现推力的动态调控,同时还要具备在全寿命周期的自身状态智慧管理。为实现上述目标,均需依赖先进推进剂技术和先进的测试判断手段的发展。目前,国内外均已开展具有智能化雏形的固体推进剂技术探索,新型固体推进剂及其先进制造技术也有了创新进展,尤其是美、印等国已开展了固体推进剂药柱打印成型技术研究,初步验证了复杂药型成型、药柱梯度成型等关键技术。本节提出了基于"可逆变推进剂+阵列式微传感器"或"仿生智慧推进剂"等两种构想的固体发动机工作过程及性能调控技术,可为固体动力的智能化发展提供思路。

10.5.1　可逆变推进剂＋阵列式微传感器

为了实现对发动机燃烧过程的调控、自身质量状态的管理,亟需解决发动机内部反馈机制缺失和药柱状态不可变的问题。一种可行方案是通过将阵列式微传感器内嵌(打印或浇注)到药柱中,以此实现对发动机内部状态的实时监测,同时以监测到的状态信息作为发动机调控的输入,以此建立起发动机内部的反馈机制。将具有状态可逆变的推进剂作为固体装药,根据传感器反馈的发动机状态参数,通过发动机智能决策发出对装药的调节和修复指令,在外加场的作用下,对预置传感器产生特定激励,实现对发动机的调节与缺陷修复,从而使得发动机具有自适应、自感知、自修复的功能。例如,当阵列式微传感器监测到药柱内部出现微裂纹等缺陷时,便可将此信息反馈至发动机,发动机据此信号作出反应,利用可逆变推进剂的特性,在外部激励(电、磁、热等)作用下,对特定位置的传感器产生加热作用使得推进剂自发愈合缺陷,实现自我修复。

10.5.2　仿生智慧推进剂

如果推进剂自身具备类似阵列式微传感器的信号反馈机制,那么就可以实现只通过装药便实现发动机的性能调控,无需外部传感器的植入。以新一代场控型推进剂为基础,再加上仿生学的类神经网络结构,即可实现上述"智慧"推进剂的构想。具体来说,为实现推进剂的"智慧"行为,可通过研制特种含能材料结合打印技术制造类神经网络结构(如丝瓜瓤结构),在这些结构内部打印具有神经末梢功能的含能单元,通过类神经网络结构将这些信号传递给发动机。发动机通过综合状态分析,在导弹任务变化的情况下,通过一定的电、磁或其他能源的特定激励,实现对场控推进剂的结构或性能的管理,真正实现发动机智能随控。

10.5.3　性能特点与优势

固体发动机工作过程及性能调控技术具有两项显著特点:一是固体装药可以自感知、自修复。通过对装药及其界面的实时监控掌握自身质量状态,在外部激励下实现自修复。二是可实现燃烧控制。通过外加场对内置传感器或推进剂中的网络结构进行作用,改变推进剂的燃烧状态。

10.5.4　主要关键技术

针对固体发动机工作过程及性能调控技术的发展需求及现状,需从以下三个方向开展关键技术攻关:

(1)可逆变固体推进剂技术。通过可逆变固体推进剂配方设计与调试,研究推进剂的燃烧性能、力学性能、缺陷敏感性及外加场作用下推进剂变形特性和燃烧特性。

(2)微小型智能传感器技术。发展先进的传感器材料、新型传感器原理方法、微小型传感器制造工艺,使得传感器可以被预置入固体装药之中,可以感知推进剂的状态变化,同时可以作为外部场激励的接收终端,实现对推进剂的状态改变。

(3)仿生智慧推进剂技术。通过神经网络结构设计制造、新型含能神经单元设计与合成、外加场下神经网络结构与单元响应规律等研究,发展智慧固体推进剂。

参 考 文 献

[1] 任全彬,何景轩,刘伟凯.固体火箭发动机设计技术基础[M].西安:西北工业大学出版社,2016.

[2] 陈汝训.固体火箭发动机设计与研究:上册[M].北京:中国宇航出版社,1991.

[3] 陈汝训.固体火箭发动机设计与研究:下册[M].北京:中国宇航出版社,1992.

[4] 王光林.固体火箭发动机设计[M].西安:西北工业大学出版社,1994.

[5] 王元有.固体火箭发动机设计[M].北京:国防工业出版社,1984.

[6] 李宜敏.固体火箭发动机原理[M].北京:北京航空航天大学出版社,1991.

[7] 鲍福廷,侯晓.固体火箭发动机设计[M].北京:中国宇航出版社,2016.

[8] 崔红,王晓洁,闫联生.固体火箭发动机复合材料与工艺[M].西安:西北工业大学出版社,2016.

[9] 卜昭献,王春光.战术导弹与火箭固体发动机技术发展概论[M].北京:北京理工大学出版社,2020.

[10] 田维平,王春光,王伟.固体火箭发动机设计理论及仿真技术[M].西安:西北工业大学出版社,2021.

[11] 田维平,王立武,王伟,等.固体火箭发动机技术发展和面临的关键技术问题[J].固体火箭技术,2021,44(1):4-8.